KB266893

수학을 다시
시작할 결심

수학을 다시 시작할 결심

AI 시대, 수학자가 알려주는 생각의 기술

초판 1쇄 펴낸날 | 2026년 3월 17일

지은이 | 손진곤
펴낸이 | 이병래
펴낸곳 | (사) 한국방송통신대학교출판문화원
　　　　(03088) 서울시 종로구 이화장길 54
　　　　전화 1644-1232
　　　　팩스 (02) 741-4570
　　　　홈페이지 https://press.knou.ac.kr
　　　　출판등록 1982년 6월 7일 제1-491호

출판위원장 | 박지호
책임편집 | 장빛나
내지디자인 | (주)성지이디피
표지디자인 | 이하나

ⓒ 손진곤, 2026
ISBN　978-89-20-05495-2　03410

값 22,000원

수학을 다시 시작할 결심

손진곤 지음

AI로 이어지는 생각의 기술

지식의날개

AI 시대, 인간다움을 지키는 가장 우아한 도구

책에서 눈을 떼기 힘들었다. 골치 아픈 수학책이 무슨 흥미로운 소설책이라도 된단 말인가. 손진곤 교수의 《수학을 다시 시작할 결심》을 읽고 난 후의 답은 '그렇다'이다. 저자의 남다른 이야기 솜씨와 책의 전반을 장악하는 지식의 내공에 힘입어 수학에 문외한일지라도 책은 흥미롭게 읽힌다. 물론 치밀한 논리를 요구하는 대목도 있지만 전문적 내용을 담은 수학책이 이만큼 매끄럽게 읽힌다는 것은 커다란 미덕이다. 한마디로 이 책은 골치 아픈 수학책이 아니라 잘 읽히는 수학 교양서다. 이 책은 독자를 수험생으로 만들지 않고 책의 내용을 음미하며 세상의 이치를 탐구하는 독자로 거듭나게 할 것이다.

한국방송통신대학교 컴퓨터과학과 교수로서 오랫동안 수학 논리와 컴퓨터과학을 가르쳐 온 저자는 우리에게 묻는다. "챗GPT가 2~3초 만에 답을 내놓는 이 시대에, 인간에게 남은 최후의 능력은 무엇인가?" 이 책은 그 질문에 대한 대답이다.

계산은 AI에게, 사유는 인간에게 이 책의 가장 큰 미덕은 수학을 '골치 아픈 계산의 도구'가 아닌 '생각의 도구'로 재정의한다는 점이다. 저자는 복잡한 현실 세계에서 군더더기를 걷어 내고 본질적인 구조를 찾아내는 힘, 즉 '추상화abstraction'야말로 AI가 대체할 수 없는 인간의 능력이라고 강조한다.

과일 가게와 꽃가게의 서로 다른 상황을 수학적 기호로 치환해 본질을 꿰뚫는 과정이나, 데카르트가 천장의 파리를 보고 좌표계를 떠올리는 순간은 수학이 단순한 문제 풀이가 아니라 세상을 새롭게 바라볼 수 있는 '눈'을 기르는 훈련임을 보여 준다. 공식 암기에 지쳐 수학을 떠났던 이들에게, 저자는 계산은 기계에 맡기고 우리는 '사유의 기쁨'을 누리자고 제안한다.

완벽하지 않아서 더 위대한 천재들의 이야기 딱딱한 이론서일 것이라는 편견은 책장을 넘기는 순간 기분 좋게 내려놓아야 한다. 저자는 난해한 수식 대신 2,500년 수학사를 수놓은 거인들의 삶을 불러 낸다. 그 모습이 사뭇 흥미롭다.

별을 보며 걷다 우물에 빠져 하녀의 비웃음을 샀던 탈레스, 닭 도둑을 잡기 위해 '검은 닭'과 심리전을 벌였던 괴짜 네이피어, 심지어 행성의 운동 법칙을 발견한 위대한 케플러가 재혼 상대를 고르기 위해 수학적 점수판을 매기며 고뇌하는 장면에서는 웃음이 터진다. 뉴턴의 반려견 다이아몬드가 원고를 태워 버린 일화나, 동성애자라는 이유로 비극적인 최후를 맞이한 튜링의 이야기 등은 수학이 연구실에서가 아니라 부대끼는 인간의 삶 속에서 탄생했음을 말해 준다. 수학책이 이런 일상의 모습을 보여 준다는 것은 드문 일이다.

이러한 스토리텔링은 수학을 난해한 암호에서 '사람 냄새 나는 역사'로 변모시킨다. 독자는 유클리드의 《원론》이 어떻게 미국 독립선언서의 논리적 구조에 영향을 미쳤는지, 로그$^{\log}$의 발명이 어떻게 천문학자들의 수명을 연장해 주었는지를 저자로부터 전해 들으며, 수학이 하나의 분과 학문이 아니라 인류 문명사 전체를 관통하는 거대한 서사시임을 깨닫게 된다.

과학과 인문학이 만나는 통섭의 숲 《수학을 다시 시작할 결심》이 가진 또 다른 탁월함은 수학을 철학, 예술, 자연과학과 끊임없이 연결한다는 점이다. 플라톤이 정다면체를 통해 우주의 4원소^{불, 흙, 공기, 물}를 설명하려 했던 시도는 수학이 곧 철학이었음을 보여 주고, 대장간의 망치 소리에서 음계의 비율을 찾아낸 피타고라스의 일화는 수학이 곧 음악임을 증명한다. 해바라기 씨앗의 배열과 솔방울의 나선에서 피보나치 수열을 발견할 때, 우리는 "자연이라는 거대한 책은 수학이라는 언어로 쓰여 있다"는 갈릴레이의 말을 실감하게 된다. 이 책은 수학이 단순히 수를 세는 기술이 아니라, 인간이 우주와 자신을 이해하기 위해 만들어 낸 가장 정교하고 아름다운 인문학적 언어임을 웅변한다.

다시, 밤하늘의 별을 바라볼 용기 책의 제목처럼, 저자는 우리에게 '결심'을 요구한다. 하지만 그 결심은 문제집을 펴고 공식을 외우라는 팍팍한 요구가 아니다. 그것은 땅만 보고 걷던 우리에게 고개를 들어 다시 밤하늘의 별을 보라는 권유이며, 잃어버렸던 논리적 사

                                   수학을 다시 시작할 결심

고의 즐거움을 되찾으라는 따뜻한 위로다.

각 장의 끝에 마련된 '생각의 기술' 코너는 독자를 구경꾼에서 참여자로 이끈다. 저자의 친절한 안내를 따라가다 보면, 어느새 우리는 두려움 없이 '생각하는 근육'을 쓰고 있는 자신을 발견하게 될 것이다.

지식의 검색과 처리 능력은 단연 AI가 압도적이다. 이런 시대일수록 '인간만이 할 수 있는 생각'의 가치는 높아지고 있다. 수학은 우리를 어지럽히지 않는다. 세계의 질서에 대한 깨달음. 그것이 수학의 즐거움이 아닐까? 지적인 즐거움을 만끽하며 세상의 이면을 이해하고 싶은 모든 이들에게 이 책을 권한다. 이 책을 덮는 순간, 세상은 전보다 조금 더 선명해지고 고즈넉해지기 시작할 것이다. 지금이 바로, 수학을 다시 시작할 가장 적절한 시간이다. 이 책이 그 길의 안내자가 되어 주리라.

김 보 일

'독서대학 르네21' 기획위원이자 시인 그리고 동화작가로 활동하고 있다. 《한국의 교양을 읽는다2-과학편》, 《인문학으로 과학 읽기》, 《다윈의 동물원》, 《겨자씨의 문장》, 《살구나무 빵집》, 《나를 만나는 스무 살 철학》, 《모과》 외 다수의 저작으로 대중과 소통하고 있다.

인간다움을 향한 길

몹시 다행스럽게도 이 책은 입시용 문제집이 아니다. 그러나 어느 정도 독자의 좌절을 동반하는 건 어쩔 수 없다. 이 책에서 소개되는 수학자들의 면면이 지극히 비상하기 때문이다. 이들 덕에 수학이 시작되고 발전해 왔으며 우리도 문명이라는 것을 누리고 산다. 내가 아무리 발버둥 쳐 봐도 도저히 흉내조차 낼 수 없을 것만 같은 비범한 인물들이다. 정말 이 위대한 이들과 내가 한 인류라고? 그렇다면 나와 이들이 같은 '인간'이라고 묶일 수 있는 공통점이 무얼까? 질문을 좀 바꿔 볼까? 인간은 과연 무엇으로 인해 다른 것이 아니라 인간이 되는가? 인간만의 특징은 무엇일까?

그것을 알아내기 위한 것이라면 성인보다는 인위적, 후천적인 것에 덜 물든 어린이를 관찰하는 것이 낫다. 어린이가 말문이 트여 간단한 문장을 구사할 수 있게 되면 예외 없이 질문을 던진다, 그것도 하루에 수백 번씩. 이들은 천체가 하늘에서 왜 추락하지 않는지, 무지개는 왜 우천 후에 등장하는지, 구름의 모양은 왜 제각각인지 쉬지 않고 묻는다. 어떤 현상을 보고, 그것이 왜 그런지 묻는 것이다.

이 밑도 끝도 없는 질문들은 누가 가르쳐 줘서 하는 게 아니라는 점에서 본성이라고 할 만하고, 다른 생명체에게서는 관찰되는 바 없으니 인간만의 특징이라고 보아도 좋겠다. 과연 아리스토텔레스의 관찰은 옳다: "모든 사람은 태어나면서부터 앎을 욕구한다"《아리스토텔레스 형이상학》1장.

그러나 우리는 철이 들고 머리가 커지면서 이 질문들을 거둬들이고, 입시와 취직, 승진과 부가가치 증대를 위한 것들로 그 자리를 메워 나간다. 그러나 이것들은 엄밀히 말해 질문이 아니다. 우리의 제1의 본성은 앎의 욕구이고, 앎의 욕구를 표현하는 인간만의 방식이 질문인데, 이런 부류는 이미 정답도 풀이 과정도 다 나와 시중에 유통되는 것들, 질문의 대상조차 되지 못하는 것들이다. 질문은 주어진 데이터에 대한 관찰과 해석에서 비롯되어 탐구로 이어져야 한다. 이 탐구의 내용을 고대 그리스인들은 mathema마테마라고 불렀고, 오늘날 영어를 쓰는 이들이 이를 이어받아 mathematics라고 부른다. '배움'이라는 뜻이다.

불행히도 이 수학의 참모습은 우리 대부분이 학창 시절 고통스럽게 겪은 수학의 모습과는 너무나 다르다. 방정식이나 함수가 도대체 무엇인지 알고 배운 사람이 몇이나 될까? 방(方)과 정(程)이 무엇인지, 함수에 상자 함(函)자는 도대체 왜 있는 것인지 설명이랄게 없었다. 나중에 외국 학생들이 이 둘을 각각 equation과 function이라는 일상의 언어로 배운다는 것을 들어 알고 느낀 충격이 아직 생생하다. 이것이 도대체 무엇인지, 이것이 어떤 절박함과 경이에서 우러나온 것인지 알지 못하는데, 문제를 푼 들 무슨 소용이 있을 까?

그래서 입시과목으로서의 수학은 일종의 암기과목이 되고 말았 다. 단원마다 몇 가지 패턴과 풀이법을 익힌 다음, 해당 시험문제가 그중 어디에 속하는지 '교통정리'를 해주면 벌써 반은 맞춘 셈이니 까. 이 과정에서 결여된 것은 묻고 따지는 지성의 활동이다. 따라서 이것은 '배움'이라고 말하기 민망한 것이 되고 만다.

'수학'을 숫자나 계산을 다루는 분야 정도로 보는 것은 너무 빈약 한 접근이고, 인간의 본성인 앎의 욕구를 표현하고 그 과정에서 한 계를 두지 않고 지적인 모험을 감행하는 인간 정신의 총체적인 활동 이라고 보는 것이 나을 것이다. '배움'이라는 이름에는 그 정도의 무 게가 실린다.

실제로 많은 문명권에서 당장의 중차대한 현실적인 요구를 해결 하는 수단으로 수와 계산이 활용되어 왔다. 이집트에서는 정기적인 나일강의 대범람으로 인해 매년 새로운 토지측량이 필수적이었고 이 문제를 해결하기 위해 측량술이 고도로 발전하였다. 적분^{integral} 과 비슷한 개념을 사용하여 곡선으로 둘러싸인 면적을 계산할 정도 였으니 그 세련됨은 이루 말할 수 없다. 중국에도 구장산술^{九章算術} 이라는 책이 있어 논밭의 넓이, 입방체의 부피 등을 구하는 실무가 발달하였다고 한다.

그러나 이 책에는 그런 이야기들이 뒷전으로 밀리고 고대 그리스

　　　　　수학을 다시 시작할 결심

의 수학자 이야기들이 처음을 차지한다. 세무나 관개사업 등 현안을 해결하기 위한 측량술, 측정술의 외견은 수학과 닮아 있으나, 그 본질이 다르기 때문이다. 이 책은 구체적인 측량술을 추상적인 기하학으로 일신한 학자들의 이야기부터 소개한다. 독자 여러분도 이 차이에 주목하시기 바란다. 보고 만질 수 있는 토지의 구획을 넘어, 눈에 보이지 않는 영원과 보편을 향해 논리와 추론의 힘으로 외길을 걸어간 이들의 경이로운 자세를 읽어 낸다면 값진 수확일 것이다.

그래도 어떤 이들은 그 골치 아픈 거 뭣하러 직접 하느냐, AI에게 얼마든지 맡기고 우리는 좀 놀면 안 되겠냐고 묻는다. 그런 분들에게는 나무늘보나 고양이로 환생하는 편을 권하고 싶다. 놀고 쉬는 건 그 친구들이 월등히 잘하니까. 우리는 지금 '인간다움'에 관해 말하고 있다. 인간다움은 질문을 던지며 앞으로 나아가는 과정에서 결정된다. 앎에 대한 욕구를 포기한 채 쉽사리 AI에게 외주를 주는 건 곧 인간다움의 포기와도 같은 말이다.

AI를 무조건 쓰지 말자는 게 아니다. AI는 AI대로 선용을 하되, 우리의 잠재력과 역량도 포기하지 말자는 뜻이다. 우리에겐 앎에 대한 본성, 즉 잠재력이 있는데, 이를 시도도 안 해보고 포기한다는 건 얼마나 억울한 일인가. 페라리를 사서 동네 마트만 오가는 격이다.

손진곤 선생님의 책은 수학자들의 일화를 보여 주며 수학의 본질적인 측면들을 넌지시 보여 준다. 우리 대부분은 아마 이들이 이뤄

낸 업적은 고사하고 그 내용과 의미를 이해하기에도 벅찰 것이다. 그럼에도 우리는 이들과 같은 마음가짐을 가질 수는 있다. 이들은 앎에 매료된 이들, 다시 말해 인간다움을 향해 나아가는 가장 지적인 길에 매료된 이들이었다. 우리도 앎을 욕구하는 인류의 일원이라면, 불가능은 아니리라. 로마 시인 호라티우스의 말을 인용하며 추천의 글을 마친다. Sapere aude 사페레 아우데. 앎을 감행하라.

이준석

한국방송통신대학교 문화교양학과 교수. 스위스 바젤대학교에서 호메로스의 〈오뒷세이아〉로 박사논문을 썼다. 그리스 고전 번역에 몰두하고 있다. 옮긴 책으로는 《일리아스》, 《오뒷세이아》, 《소포클레스 전집》이 있다.

수학의 어원은 '수'가 아니라 '배우는 모든 것'

여러분은 '수학' 하면 무엇이 먼저 떠오르나요? 이해되지 않는 공식들, 빽빽한 문제집, 풀지 못하는 좌절감이 먼저 생각날지도 모릅니다. 혹은 이렇게 말하고 싶을 수도 있습니다.

"나는 원래 수포자라 수학이랑 안 맞아."

"이제 와서 수학을 다시 시작한들 무슨 의미가 있을까?"

아마 이런 마음을 가진 분들이 적지 않을 것입니다. 그런데 이 책은 그런 독자에게 아주 조심스럽게 말을 건넵니다.

"수학은 원래 그런 과목이 아니었습니다."

이 책의 저자는 인공지능 시대에 우리가 길러야 할 것은 지식을 많이 아는 능력이 아니라, 문제의 본질을 포착하고, 논리적으로 판단하며, 다른 사람과 협력하고 새로운 관점으로 재구성하는 힘이라고 말합니다. 그리고 그 능력을 키우는 가장 좋은 도구가 바로 수학이라고 이야기합니다.

이 책은 독자에게 또 하나의 문제집을 내밀지 않습니다. 대신 인류의 지성사를 걸어온 수학자들의 이야기를 들려줍니다. 피타고라스, 유클리드, 피보나치, 뉴턴, … 교과서 속 공식 이름으로만 만나던 사람들이 이 책 속에서 실패와 고민, 질문과 용기를 지닌 인간으로 다가옵니다.

이 책은 그들의 성공 이야기 대신에, 그들도 정답을 향해 곧바로 달려간 사람이 아니라 수없이 흔들리고 실수하면서도 다시 질문을 던지고 끝까지 생각한 사람들이었다고 전합니다. 그래서 우리는 깨닫게 됩니다. 수학은 공식과 계산을 통해 정답을 맞히는 과목이 아니라, 수와 기호를 통하여 세상을 이해하려는 인간의 깊은 노력이라는 사실을.

수학의 어원은 '수'가 아니라 '배우는 모든 것'이라는 뜻입니다. 수학은 '수'를 대상으로 하는 학문이 아니라 세상을 이해하기 위한 사고의 도구입니다. 그래서 이 책은 '처음부터 다시'가 아니라 '다르게 다시' 수학을 만나도록 초대합니다.

책을 읽다 보면 자연스레 깨닫게 될 겁니다. 수학은 세상을 이해하고, 나 자신을 이해하기 위해 인간이 만들어 낸 가장 인간적인 언어라는 사실을. 그래서 이 책은 화려한 기교보다 깊은 사색을, 정답보다 성찰을 권합니다. 그리고 수학을 통해 생각하는 즐거움을 천천히 되찾도록 이끌어 줍니다.

수학을 다시 시작하려는 용기, 스스로 생각하고 질문하려는 태도, AI 시대에 길을 잃지 않도록 지켜 주는 내적인 나침반. 《수학을 다시 시작할 결심》은 바로 그 나침반을 독자에게 건네는 책입니다.

AI가 대신 답을 줄 수는 있지만, 어떤 삶을 살 것인지, 무엇을 중요하게 볼 것인지는 여전히 우리의 선택입니다. 이 책이 그 여정에서 따뜻한 길잡이가 되기를 진심으로 바랍니다. 그리고 이 책이 많은 분들께 수학과 화해하는 첫걸음, 생각의 기쁨을 회복하는 소중한 계기가 되리라 믿습니다.

최 재 용

괌대학교 University of Guam 수학과/데이터과학과 교수. 뉴욕주립대 수학과 박사. 세상을 표현하는 하나의 언어로서 수학을 바라보고, 수학적 사고와 데이터 분석을 통해 세상을 이해하는 방법을 가르치고 연구하고 있다.

수학자의 삶에서 길어 올린 생각의 힘

"교수님, '이산수학' 공부할 때 너무 힘들었는데요, '디지털 논리 회로' 수업에서 배운 것이 그대로 적용되더라고요. 그래서 이번에 A+ 땄어요."

"선형대수 배울 때 벡터 부분이 엄청 어려웠었는데, 이번에 인공 지능 공부할 때 왜 벡터 공부를 해야 했는지 잘 알게 되었어요."

강의를 마치고 나오는데 학생들이 제게 와서 해준 이야기입니다. 저로서도 무척 감사한 일입니다. 따분할 수 있는 수학 과목을 학생이 잘 마치고 다른 과목에서 수학이 만들어 준 힘을 제대로 사용한 것 같아 보람을 느꼈습니다. 교수로서 이런 순간이 가장 행복하답니다.

저는 한국방송통신대학교 컴퓨터과학과 교수로서 35년 동안 학생들을 가르쳐 왔습니다. 그동안 수학이 어렵기는 했지만, 그 덕분에 다른 분야를 공부하기가 수월해졌다는 학생들의 '고백'을 자주 들어 왔습니다. 하지만 여전히 수학을 싫어하고 어려워하는 학생들이 많은 것도 사실이지요. 저는 왜 그럴까 생각해 보았습니다.

수학을 다시 시작할 결심

사실은 저도 비슷한 경험이 있었답니다. 제가 수학과 대학생일 때 교수님께서는 처음부터 끝까지 정리定理를 증명하는 방법만 가르쳐 주셨습니다. 왜 그렇게 가르치셨는지 지금이야 이유를 알고 있지만, 당시 저로서는 증명 방법도 중요하지만, 도대체 어떤 사람이 어떤 상황에서 이런 정리를 만들었을까가 더 궁금했습니다.

어떤 학문이든 그 역사를 알아야 더욱 정확히 배울 수 있다는 생각에 '수학사연구회'라는 동아리도 만들어 학우들과 같이 공부했답니다. 그때 피타고라스 정리가 피타고라스학파를 붕괴시켰다는 이야기도 재미있게 알게 되었고요. 5차 방정식의 해법이 없음을 증명한 20대 천재 갈로아가 결투 전날 밤, 자신이 죽을 것을 예감하고 밤새 친구에게 자신의 증명 내용을 편지로 남겼다는 비운의 이야기도 이때 알게 되었답니다.

이렇게 수학자들의 삶을 통해 수학의 인간적인 맛을 느꼈던 저의 경험을 우리 학생들과 나누고 싶었습니다. 그러면 수학을 결코 지루하게 여기지 않을 테니까요. 그래서 5년 전부터 컴퓨터 교과서가 아닌, 수학의 재미를 오롯이 담아낸 책 한 권을 준비해 왔습니다. 정년퇴임 전까지 수학이 얼마나 매력적인 과목인지 학생들에게 꼭 전하고 싶었기 때문입니다. 하지만 교과서가 아닌 책을 처음 써 보는 저로서는 관련 자료를 모으고 이렇게 쓸까, 저렇게 쓸까, 고민만 하고 있었습니다.

그러다가 최근에 '앗! 안 되겠다. 빨리 마무리를 해야겠다'는 생각이 들었습니다. 그것은 바로 인공지능AI 때문입니다. 지금 인류는 엄청난 대변혁의 시대, 즉 인공지능 시대에 살고 있습니다. 어떤 사람은 AI가 새로운 도구로서 인류에게 도움을 줄 것이라고도 말합니다. 하지만, 또 어떤 사람은 마치 영화 〈터미네이터〉에서처럼 AI가 인류를 위협할 것이라고도 주장합니다.

저는 대학에서 수학적 논리가 컴퓨터 과학과 인공지능으로 이어지는 과정을 가르쳐 왔습니다. 그리고 AI 시대가 가속화될수록, 지식의 습득보다는 생각의 힘 thinking power 을 기르는 것이 절실하다는 확신을 갖게 되었습니다. 그러한 확신이 있었기에 이 책을 마무리할 수 있었습니다.

생각의 힘은 책을 읽고 공식을 외운다고 생기는 것이 아닙니다. 생각의 힘은 훈련을 거쳐야 생기는 것입니다. 마치 헬스장에서 '하나만 더, 하나만 더'하면서 근육이 키워지는 것처럼 말이지요. 수학은 바로 이 생각의 힘을 키우는 훈련 과정이랍니다. 어떤 학문을 하든 수학이 기초과목으로 꼭 필요하다는 것은 그리스 시대부터 지금까지 잘 알려진 사실입니다. 왜 그럴까요? 네, 바로 수학이 학문을 하기 위해 필요한 생각의 힘을 키워 주기 때문인 것이죠.

『수학을 다시 시작할 결심』은 모두 15개의 장으로 구성되어 있습니다. 각 장마다 위대한 수학자의 재미나는 이야기가 나옵니다. 제논의 역설도 나오고, 플라톤과 영화 〈제5원소〉 이야기도 함께 다룹니다. 기하학에는 왕도가 없다고 이야기하는 유클리드도 나오고 원주율을 구한 아르키메데스 이야기도 재미있습니다. 대수학의 아버지 이야기랑 숫자 0의 발명 이야기도 있습니다. 닭 도둑을 잡은 마법사 네이피어 이야기도 있고 지동설을 주장하게 된 갈릴레이, 천체로부터 음악을 듣는 케플러, 파리를 잡는 데카르트 이야기도 있습니다. 뉴턴의 사과 이야기와 튜링의 사과 이야기도 있지요.

각 장의 끝에는 '생각의 기술' 코너가 있는데, 여러분이 생각해 볼 흥미로운 소재를 제공합니다. 책의 내용만 읽어도 좋지만, 여러분이 생각의 근육을 키우기 위해서는 이 코너를 잘 활용해 보시기 바랍니다. 학교에서 배운 것을 이용해서 해결할 수도 있습니다. 하지만 이 코너는 여러분만의 독특한 생각으로 도전해 보라는 것입니다. 곰곰이 여러분만의 생각을 만드는 동안 여러분의 생각의 근육이 탄탄해질 것입니다.

마지막으로 15명의 수학자를 직접 만나 인터뷰하는 '특별 부록: 2026 타임머신'도 마련했습니다. 타임머신을 타고 과거로 날아간 강이성姜理性은 15명의 수학자를 만납니다. 그는 우리를 대신해서 AI 시대에 어떻게 살아야 하는지를 묻고 그들로부터 금과옥조 같은 조언을 듣고 돌아 왔답니다. 15명의 현인들이 전해 준 다정한 위로와 날카로운 통찰의 메시지. 강이성이 가져온 이 소중한 이야기들이 AI 시대를 살아가는 여러분에게 좋은 영감을 주고 든든한 이정표가 되기를 바랍니다.

이 책의 마지막 장을 덮을 때쯤, 여러분은 더 이상 수학을 두려워하지 않게 될 것입니다. 오히려 수학이 우리의 삶과 철학, 미래를 이해하는 가장 확실하고 강력한 도구였음을 깨닫게 될 것입니다. 특히 AI 시대를 현명하게 살아가기 위해서는 생각의 힘을 키우고 훌륭한 질문을 할 수 있어야 함을 깨닫고, 스스로 수학을 다시 시작할 결심을 하게 될 것입니다.

자, 이제 15인의 위대한 스승이 안내하는 생각의 길로 함께 떠나볼까요? 이 길 위에서 여러분의 시야가 넓어지고, 세상을 보는 눈이 새로워지는 즐거운 경험이 시작되길 바랍니다.

2026년 이른 봄

저자 손 진 곤

　　　　　　　　　　수학을 다시 시작할 결심

차례

추천사 • 4

머리말 • 16

프롤로그 • 23

수학 연대기 • 32

I부.   생각의 탄생: 보이지 않는 질서를 발견하다 • 37

1장. 그리스인 허생 _ 탈레스 • 39

2장. 피타고라스가 만들지 않았다고? _ 피타고라스 • 53

3장. 아킬레스와 거북이 _ 제논 • 69

4장. 기하학을 모르는 자는 들어오지 마라 _ 플라톤 • 79

5장. 공부하는 왕들 _ 유클리드 • 93

II부.   생각의 도약: 보이지 않는 값을 설계하다 • 109

6장. 역사상 최초의 스트리커 _ 아르키메데스 • 111

7장. 대수학의 아버지 _ 디오판토스 • 127

8장. 0의 역사 _ 알콰리즈미 • 145

9장. 이곳에도 황금비율이 있다니? _ 피보나치 • 161

III부. **생각의 확장: 만물을 수학으로 번역하다** • 177

10장. 닭 도둑 잡는 마법사 _ 네이피어 • 179

11장. 그래도 지구는 돈다 _ 갈릴레이 • 193

12장. 결혼도 수학적으로 _ 케플러 • 211

13장. 파리를 어떻게 잡지? _ 데카르트 • 233

IV부. **생각의 진화: 기계의 지능을 설계하다** • 255

14장. 거인의 어깨에 서서 _ 뉴턴 • 257

15장. 컴퓨터와 인공지능의 아버지 _ 튜링 • 277

부록

1. 생각의 기술 • 295

2. 타임머신 2026 – 거장에게 길을 묻다 • 333

∞ 함께 읽기_ 저자의 권장 도서 • 382

생각의 근육 스트레칭 시간

수학, 왜 다시 시작해야 할까요?

우리는 지금 인공지능AI이 세상을 이끌어 가는 거대한 패러다임 변화의 한복판에 서 있습니다. 얼마 전까지만 해도 정보나 지식을 얻기 위해 인터넷 검색창에 키워드를 입력하였습니다. 그러면 컴퓨터는 우리에게 백만 가지 이상의 링크를 주었습니다. 그중에서 가장 그럴듯한 링크를 클릭해서 원하는 정보나 지식을 얻었습니다.

그러나 2022년 11월말, 챗GPT ChatGPT 라는 생성형 AI가 발표된 이래 우리는 AI와 대화 형식으로 묻고 답하게 되었습니다. 질문거리가 생기면 챗GPT나 구글 제미나이 Gemini 와 같은 생성형 AI에게 물어봅니다. 그러면 질문을 던지기가 무섭게 뚝딱 답변을 만들어 줍니다. 심지어 답변의 근거까지 알려 주지요.

이제 AI가 지식을 저장하고 신속하게 제공하는 시대입니다. 과거처럼 지식을 찾기가 어렵지 않습니다. 원하는 지식을 얻기에 너무나 손쉬운 시대가 되었습니다. 심지어 요즘 초등학생들은 챗GPT가 없으면 숙제를 못 할 정도가 되었다는 이야기도 들었습니다.

그렇다면 이러한 AI 시대에 우리 인간에게 진정으로 필요한 능력은 무엇일까요? 바로 복잡한 현실 세계에서 문제의 본질을 꿰뚫어 보고, 논리적으로 추론하며, 창의적으로 해결하는 능력, 즉 생각의 기술입니다. 그리고 이 생각의 기술을 가장 완벽하고 가장 순수하게 단련할 수 있는 도구, 그것이 바로 수학입니다.

그러므로 우리는 과거의 아픈 기억 속에 수학을 방치해 두어서는 안 됩니다. 점수를 얻기 위해 지루함을 견뎌 내야 했던 '죽은 수학'이 아니라, AI가 결코 대신할 수 없는 나만의 사고력을 기르기 위해, 그리고 마침내 수학이 주는 지적 즐거움을 온전히 누리기 위해, 우리는 이제야말로 우리 곁에 살아 숨쉬는 수학을 제대로 다시 시작해야 합니다.

수학 Mathematics 이라는 단어는 고대 그리스어 마테마타 mathemata 에서 유래했습니다. 이 말의 원래 뜻은 '배우는 모든 것' 또는 '공부하다'입니다. 여기서 함께 생각해 보시죠. 경제학은 '경제 현상'을, 영문학은 '영어로 작성된 문학'을 공부의 대상으로 삼습니다. 그렇다면 수학은 무엇을 공부의 대상으로 할까요?

수학은 그 자체가 특정한 대상을 가지고 있지 않다고 말할 수 있습니다. 오히려 수학은 세상을 이해하기 위한 논리적 구조와 공부하는 방법 그 자체를 배움으로써, 우리의 '생각하는 힘'을 키우는 학문인 것이죠.

  수학을 다시 시작할 결심

그래서 수학은 고대 그리스부터 중세, 근대, 그리고 현대에 이르기까지 모든 학문의 기초로서 중요하게 다뤄졌답니다. 초등학교, 중학교, 고등학교, 대학교에 이르기까지 수학을 가르치지 않는 학교가 하나도 없는 것도 바로 이 때문이죠.

물론 우리가 시장에서 사과 몇 개를 살 때 미적분학을 사용하지는 않습니다. 그럼에도 전 세계 모든 학생은 미적분학을 배웁니다. 그것은 뉴턴과 라이프니츠가 움직이는 물체의 운동을 설명하기 위해 고안해 낸 '생각하는 기술'을 미적분학을 통해 배우기 위함이죠.

수학적 사고의 첫걸음: 본질을 꿰뚫는 질문

본격적인 이야기로 들어가기 전에, 잠시 제 대학 시절의 기억을 꺼내어 수학적 사고가 무엇인지, 우리가 무엇을 고민해야 하는지 함께 나누고 싶습니다.

"제군들, 수는 발견되는 것인가? 아니면 만들어지는 것인가?"

해석학 첫 번째 시간에 노교수님께서 우리에게 물으셨습니다. 1981년 봄, 제가 대학 2학년 때 일입니다. 1학년 때는 교양과목들과 실험실습 위주의 공통 과목들을 수강하고 이제 처음으로 수학과로 전입한 우리에게 한필하 교수님께서는 밑도 끝도 없이 물으셨습니다. 혹시 여러분은 이 질문의 정답을 아시나요? 저는 아직도 정답을 모릅니다. 그리고 이 질문은 현재진행형으로 아직까지 풀리지 않은 채 제게 남아 있답니다.

어쩌면 우리는 자연에 숨어 있는 수를 '발견'하는 것일지도 모릅니다. 대표적인 사례는 피보나치 수열입니다9장 참조. 피보나치 수열은 1, 1, 2, 3, 5, 8, 13, …처럼 앞의 두 수를 더해 다음 수가 되는 단순한 규칙을 가졌지만, 놀랍게도 해바라기 씨앗 배열, 솔방울 비늘의 패턴, 조개껍데기의 성장 나선, 심지어 나뭇가지가 뻗어 나가는 방식 등 자연계의 많은 현상에 일관되게 나타납니다. 특히 인접한 두 항의 비율이 황금비 golden ratio에 수렴하는 이 현상은 참으로 놀랍습니다. 이러한 사실로부터 수는 이미 자연의 설계도처럼 존재하고 있었고 인간이 그것을 발견하는 것인지도 모릅니다.

한편, 수는 인간의 필요에 의해서 '발명'한 것이라고도 볼 수 있습니다. 예를 들어, 숫자 0을 생각해 봅시다8장 참조. 0은 현실 세계에서 직접 만지거나 셀 수 있는 대상이 아니었습니다. 고대 문명에서 자릿값을 표시하거나 '무無'라는 개념을 추상적으로 다루기 위해 수학자들이 의도적으로 '0'이라는 기호와 개념을 창조해 낸 것입니다. 이 0의 발명은 단순한 계산을 넘어 대수학과 미적분의 토대가 되었으며, 수학과 과학의 폭발적인 발전을 가능케 했습니다. 이렇게 수는 필요에 의해 인간의 사고와 상상력으로 만들어진 것일지도 모릅니다.

생각의 힘은 추상화로부터

　다음 그림을 보시죠. 그림에는 꽃과 자동차 그리고 멍멍이들이 그려져 있습니다. 여기서 공통점이 무엇인지 아시겠죠? 그 공통점은 사람이라면 어느 나라 사람인가에 관계없이 알 수 있습니다. 다만, 그것을 나라에 따라 '셋'이라고도 하고 'three'라고도 하며 '三'이라고도 할 것입니다.

　'셋', 'three', '三'은 수^{number}를 나타내는 문자, 즉 숫자^{numeral}입니다. 수와 숫자는 다르답니다. 수는 앞서 말씀드린 것처럼 누구나 알 수 있는 공통점 그 자체로서 머릿속에만 있는 것이고, 숫자는 그 개념을 표현하는 언어입니다.

추상화: 수와 숫자의 차이

여기에서 우리는 추상화 abstraction 라는 인간의 지적 활동의 중요성을 확인할 수 있습니다. 그림에서 공통점이 무엇인지를 알아내는 능력 말입니다. 꽃의 색깔이나 잎의 개수는 상관없습니다. 자동차의 색깔이나 차종도 상관없습니다. 멍멍이도 크기나 종류에는 상관없습니다. 이와 같이 중요하지 않은 것을 제거하고 핵심만 찾아내는 능력이 바로 추상화입니다.

가장 쉽게 발견할 수 있는 추상화의 산물이 언어입니다. 우리가 '사과'라고 말을 하면 누구나 그것이 무얼 말하는지 알 수 있습니다. 그러나 사람마다 생각하는 사과는 다를 수 있습니다. 어떤 사람은 붉고 새큼한 사과를, 어떤 사람은 연두색의 달콤한 사과를 생각할 수 있는 것이지요. 자연에서 직접 보고 만질 수 있는 사과는 사실 모두 다릅니다. 하지만 우리의 추상화 능력은 이 모든 것을 '사과'라고 단순화시킵니다. 이 '사과'는 머릿속에만 있는 개념입니다. 즉, 사과로서 갖추어야 할 본질 이외의 중요하지 않은 것들을 모두 제거시켜 현실 속의 사과들을 대표하게 만듭니다.

추상화라고 불리는 이 지적 능력은 모든 사람이 가지고 있습니다. 다만, 근육의 발달 정도가 사람마다 다르듯이 추상화 능력도 사람마다 차이가 있습니다. 수학은 바로 이 추상화 능력의 결정체입니다. 즉, 수학이란 복잡한 현상 속에서 핵심을 꿰뚫어 보려는 인간의 추상화 과정이 빚어낸 결과물인 것이죠. 따라서 수학을 따라가다 보면 여러분의 추상화 능력은 이전보다 훨씬 깊고 단단해질 것입니다.

   수학을 다시 시작할 결심

추상화 능력이 뛰어난 사람과 아직 많이 부족한 사람의 차이점을 예를 들어 설명해 보겠습니다. 김 과장님이 어제 업체와의 미팅 내용을 보고해 달라고 합니다. 이 대리는 회의에서 나왔던 이야기들을 시간 순서대로 모두 보고합니다.

"어제 2시에 카페에서 만났는데 해당 업체의 김 부장님이 차가 막혀서 10분 늦으셨습니다. 오시자마자 날씨 얘기를 좀 했고요, 커피를 마시면서 우리 신제품 얘기를 꺼냈는데, 김 부장님이 관심을 보이면서 가격이 좀 비싸다고 했습니다. 그래서 제가 할인 정책을 설명했고…."

박 대리는 다음과 같이 회의 핵심만을 정리해서 보고합니다.

"미팅 결과, 계약 성사 가능성은 90% 정도라고 판단합니다. 단, 해당 업체는 가격 경쟁력을 우려하고 있습니다. 이에 대한 대응으로 우리 회사의 할인 정책을 제안하면 다음 주 내로 도장을 찍을 수 있습니다."

아마 김 과장님은 박 대리의 보고를 듣고 "좋아. 회사 할인 정책안을 승인해 줄게. 바로 진행시켜요"라고 말할 것 같네요. 하지만 이 대리의 보고를 듣고는 "그래서 결론이 뭡니까? 계약한다는 거요, 만다는 거요?"라고 핀잔을 줄 것 같지 않나요?

이처럼 추상화 능력은 중요하지 않은 것을 버리고, 본질만 남기는 기술입니다. 예를 들어 '철수가 시속 5km로 걷고 영희는…'이라고 시작하는 문장에서 철수와 영희라는 이름, 그때의 날씨, 걷는 이유는 중요하지 않습니다. 이런 종류의 문제를 해결하면서 우리는 오직 '속력(v)이란 이동한 거리(d)를 소요 시간(t)으로 나눈 것'이라는 핵심 구조($v = d/t$)만 뽑아내는 훈련을 반복합니다.

이러한 추상화 훈련과정을 거친 사람은 살아가면서 복잡한 문제 앞에서도 감정에 동요되거나 잡음에 휘둘리지 않고, "그래서 이 문제의 본질이 뭐지?"라고 핵심을 꿰뚫어 볼 수 있게 됩니다.

그렇다면 이토록 중요한 추상화 능력, 즉 생각의 근육은 어떻게 키울 수 있을까요? 다시 머리 아픈 공식을 외워야 할까요? 아닙니다. 저는 여러분께 훨씬 더 흥미롭고 강력한 방법을 제안하려 합니다. 바로 우리 앞에서 먼저 그 길을 걸어간 위대한 수학자들의 이야기를 통해서 말입니다.

공식이 아닌, 삶의 이야기를 만나는 수학

여러분은 수학에게 어떤 이름표를 붙였습니까? 혹시 '포기', '좌절', '넘사벽', 아니면 '이해할 수 없는 암호'라고 부르셨나요? 이 책은 그 이름표를 떼어 내기 위한 초대장입니다. AI가 지식을 신속하게 전달하는 시대, 우리는 더 이상 정답을 외울 필요가 없습니다. 이제 중요한 것은 올바른 질문을 던지는 힘과 논리적으로 추론하는 능력, 그리고 창의적으로 해결하는 인간의 지적 능력입니다. 이 생각하는 힘이야말로 AI가 대체할 수 없는 인간 지성의 최후 영역이며, 수학은 이 힘을 단련하는 가장 완벽한 도구입니다.

누군가에게 수학은 따분하고 지루합니다. 그런데 유명한 수학자들은 한결같이 수학이 참 아름답다고 합니다. 그렇다면 우리가 무언가 놓치고 있는 것은 아닐까요? 자기들만 아름다운 것을 감상하고 있다면 좀 배가 아프지 않나요? 우리도 수학이 아름답다는 것을 깨달을 수는 없을까요?

《수학을 다시 시작할 결심》은 그 질문의 답을 찾고 싶은 당신에게 바치는 책입니다. 공식과 연습문제와 풀이로 꽉 차 있던 교과서에서는 발견할 수 없었던 이야기, 그 공식을 발견한 수학자들의 인간미 넘치는 삶의 이야기, 자연의 비밀을 포착하려 했던 그들의 치열한 이야기를 담았습니다. 그들의 땀과 고뇌가 담긴 이야기를 읽다 보면 "아, 수학은 저렇게 하는 것이었구나!"라는 유레카Eureka를 외치게 될 것입니다.

> "그래도 지구는 돌고 있다"라는 명언으로 알려진 갈릴레오 갈릴레이는 "자연이라는 거대한 책은 수학이라는 언어로 쓰여 있다(The great book of nature is written in the language of mathematics.)"라는 말을 남겼습니다.

AI로 이어지는 생각의 흐름

I. 생각의 탄생: 보이지 않는 질서를 발견하다

B.C. 626? **탈레스**Tales **탄생**

자연 현상을 관찰에 입각한 과학으로 설명한 최초의 철학자.
일식을 예견하고 피라미드의 높이도 계산한 수학자.

B.C. 570? **피타고라스**Pythagoras **탄생**

만물의 근원을 수數라고 주장하고 모든 현상을 수의 비율로 설명하였음.
철학이라는 말을 처음 사용하였고 자신을 철학자라고 소개함.

B.C. 490? **제논**Zeno **탄생**

'제논의 역설'로 유명하고 이 때문에 변증술의 창시자로 불림.
이 역설은 모두 무한과 관련된 것으로 미적분학 등에 큰 영향을 끼침.

B.C. 428? **플라톤** Plato **탄생**

수학이 영원불변한 진리에 도달하는 유일한 수단이라고 주장한 철학자.
"기하학을 모르는 자는 이곳에 들어오지 마라."

B.C. 300? **유클리드**Euclid **활동**

성경 다음으로 많이 출간된 책《원론》의 저자.
"왕이시여, 기하학에는 왕도가 없나이다."

II. 생각의 도약: 보이지 않는 값을 설계하다

B.C. 287? 　아르키메데스 Archimedes 탄생

엄청나게 무식한 방법으로 원주율, 원의 면적, 구의 부피 등을 구함.
지렛대로 세상을 들어 올리려 했던 몰입의 천재 수학자.

214? 　디오판토스 Diophantos 탄생

방정식을 만들고 풀어내는 수학적 퍼즐에 평생을 바친 탐구자로,
자신이 몇 살에 죽었는지도 방정식 문제로 만든 대수학의 아버지.

350? 　히파티아 Hypatia 탄생

고대 수학 저서에 해설을 달아 수학 지식을 다음 세대에 전함.
뛰어난 지성과 미모, 강의 능력을 갖춘 기록상 최초의 여성 수학자.

598? 　브라마굽타 Brahmagupta 탄생

최초로 0을 정의하고 음수의 산술 규칙을 체계화한 인도 수학자.
재산과 빚이라는 실용적인 개념을 이용해 양수와 음수를 설명함.

780? 　알콰리즈미 Al-Khwarizmi 탄생

아라비아 숫자를 이용해서 최초로 사칙 연산을 만든 페르시아 수학자.
그의 저서에서 알고리즘 algorithm 과 대수학 algebra 이라는 용어가 나옴.

1175? 　피보나치 Fibonacci 탄생

《산반서》를 통해 0과 아라비아 숫자를 유럽에 전파한 이탈리아 수학자.
복잡한 로마 숫자 대신 아라비아 숫자의 효율적인 계산법을 가르침.

III. 생각의 확장: 만물을 수학으로 번역하다

1473 　코페르니쿠스 Copernicus 탄생

폴란드의 가톨릭 성직자 겸 천문학자로, 《천구의 회전에 관하여》라는
저서를 통하여 천문학의 혁명(지동설)을 불러일으켰음.

1550 　네이피어 Napier 탄생

로그 개념을 만들어 천문학, 항해술에서 필요한 계산 시간을 획기적으로
단축시킨 계산의 혁신가. 닭 도둑 잡는 마법사로도 알려짐.

1564 **갈릴레이**Galilei 탄생

실험과 수학적 분석을 결합한 새로운 연구방법론을 제시한 근대 과학의
아버지. "그래도 지구는 돈다"며 지동설을 주장함.

1571 **케플러**Kepler 탄생

'행성 운동의 세 가지 법칙'으로 천문학을 혁신적으로 발전시킴.
세계 최초의 SF 소설 《꿈 The Dream》의 작가.

1596 **데카르트**Descartes 탄생

늦잠꾸러기로 어느날 자신을 깨운 파리를 잡다가 좌표계를 발명함.
"나는 생각한다. 따라서 나는 존재한다."

1601 **페르마**Fermat 탄생

기록상 프랑스의 법률가이자 아마추어 수학자. 근대 정수론의 창시자.
'페르마의 마지막 정리'를 남겨 후대 수학자들에게 고통(?)을 안겨 줌.

IV. 생각의 진화: 기계의 지능을 설계하다

1623 **파스칼**Pascal 탄생

확률론의 기초를 세우고 최초의 기계식 계산기 '파스칼린'을 발명함.
'인간은 생각하는 갈대'로 잘 알려진 《팡세》의 저자.

1642 **뉴턴**Newton 탄생

미적분학을 창시하고 만유인력의 법칙을 수학적으로 증명.
떨어지는 사과를 보며 보편적인 법칙을 발견한 추상화 능력의 대가.

1646 **라이프니츠**Leibniz 탄생

뉴턴과 독립적으로 미적분학 창시. 사칙 연산이 가능한 최초의 기계식
계산기를 발명함. 2진법 논리의 기계화로 컴퓨터를 꿈꾼 철학자.

1707 **오일러**Euler 탄생

시력을 잃고도 연구에 매진, '세상에서 가장 아름다운 등식 $(e^{i\pi}+1=0)$'
을 만들어 WiFi, 노이즈캔슬링 등 전자공학을 이용하게 한 천재 수학자.

1777 **가우스**Gauss 탄생

10살 때 1부터 100까지 더하는 문제를 순식간에 해결.
정수론 등 현대수학의 모든 기초를 세운 수학의 왕.

  수학을 다시 시작할 결심

1791 **배비지**Babbage 탄생

영국의 수학자로 프로그래밍이 가능한 최초의 기계식 계산기를 제안함.
지금의 전자공학이 있었다면 컴퓨터는 이때 개발되었을 것임.

1811 **갈루아**Galois 탄생

20세의 나이에 여성을 둘러싼 명예 문제로 결투에서 사망.
결투 전날 밤, 현대 대수학의 핵심인 군론群論을 정리하여 유서로 남김.

1815 **부울**Boole 탄생

부울 대수 Boolean algebra 를 창안한 영국의 수학자.
부울 대수는 현대 컴퓨터에서 없어서는 안 되는 핵심 이론.

에이다Ada 탄생

잉글랜드의 여성 수학자이자 세계 최초의 컴퓨터 프로그래머.
구현되지도 않은 배비지의 계산기를 이용해 알고리즘을 작성.

1845 **칸토어**Cantor 탄생

집합론을 창시하고 무한에도 서로 다른 크기가 있음을 증명.
당대에는 '미친 생각' 취급을 받았지만, 후대 수학자들에 의해 재조명됨.

1862 **힐베르트**Hilbert 탄생

수학의 논리적 엄밀성에 대한 깊은 믿음을 보여준 독일 수학자.
1900년 국제 수학자 대회에서 23개의 미해결 난제를 제시함.

1912 **튜링**Turing 탄생

컴퓨터과학의 아버지. 튜링 테스트를 통해 기계가 지능이 있는지 판별함.
제2차 세계대전에서 독일군의 에니그마 암호를 해독함.

2016 **인간(이세돌)과 인공지능의 바둑 대결**

구글이 개발한 바둑 인공지능과 대결해서 거둔 인류의 마지막 승리.

2022 **허준이 필즈상 수상**

수학계의 노벨상인 필즈상은 수학 분야에서 가장 권위 있는 상.
'서로에게, 그리고 자신에게 친절하시길'(서울대 졸업식 연설에서)

ChatGPT 공개

대화형으로 인간의 질문에 대해 답변을 생성하는 인공지능의 출현.
지식 검색의 시대에서 지식 제공의 시대로 패러다임을 전환시킴.

I

생각의 탄생:
보이지 않는 질서를 발견하다

인생에서 가장 어려운 일은 자신을 아는 것이다.

The most difficult thing in life is to know yourself.

일식을 예언해 전쟁을 멈추고 피라미드의 높이를 측량한 탈레스. 그는 '만물의 근원은 물'이라는 단 한 문장으로 우주의 비밀에 다가갔습니다. 현상이 아닌 논리로 세상을 읽어낸 그의 통찰력은 그를 서양 철학의 아버지라고 부르게 하였습니다.

1

그리스인 허생

　1장의 제목을 '그리스인 허생'이라고 붙여 보았습니다. 그는 누구일까요? 잘 모르신다면 허생이 무엇으로 유명한지를 알아보면 답이 나오지 않을까요? 연암 박지원이 지은 《허생전》의 주인공은 남산 아래에서 오막살이를 하는 가난한 선비였지요. 부인은 일은 하지 않고 책만 보는 남편에게 바가지를 긁었고, 허생은 바가지에 못 이겨 책을 덮고 한 부자에게서 무담보로 1만 냥을 빌립니다. 그 돈으로 허생은 제사용 과일을 모조리 사들였고, 얼마 가지 않아 한양에서는 과일을 구할 수가 없어 제사를 못 지내는 지경에 이르렀습니다. 이때 허생은 모아 둔 과일을 모두 비싼 값에 팔아 큰돈을 얻게되었죠. 요즘 말로 매점매석을 한 사람입니다. 그리스에도 이와 비슷한 인물이 있었습니다. 바로 탈레스랍니다.

　탈레스는 현실에서 볼 수 있는 대상보다는, 그 대상을 변화시키는, 그러나 눈에는 보이지 않는 '그 어떤' 것에 깊은 관심을 가진 그리스 사람이었습니다. 사람들은 그가 세상의 원리나 이치에만 관심을 가졌을 뿐 경제생활 같은 현실에는 서투르다고 비웃곤 하였습니다. 심지어 별을 관찰하며 걷다가 도랑인지 우물인지에 빠진 에피소드는 사람들에게 웃음거리가 되기도 하였습니다.

탈레스는 생각의 힘이 얼마나 중요하고 대단한 것인지를 보여 주기 위해 직접 돈벌이에 나섰습니다. 탈레스는 하늘을 면밀하게 관찰하였습니다. 그리고 다음 해에 날씨가 좋을 것이며, 그로 인해 그리스의 특산물인 올리브가 대풍년이 될 것이라고 예측하였습니다. 그래서 한겨울에 기름을 짜는 데 필요한 압축기를 모두 사들였습니다. 혹자는 압축기 사용권을 샀다고도 합니다. 어찌 되었든, 그 당시 사람들은 올리브를 짤 때도 아닌데 압축기를 산다고 탈레스를 또 놀려댔습니다.

그러나 다음 해에 정말로 올리브는 대풍년이 들었습니다. 올리브 기름을 만들기 위해서는 압축기가 필수적인데, 압축기를 가진 사람은 탈레스뿐이었죠. 결국 사람들은 많은 돈을 지불하고 탈레스에게 압축기를 빌려야 했고 탈레스는 순식간에 큰 부자가 되었답니다. 이것은 오늘날의 매점매석 또는 파생금융 상품의 한 종류인 '옵션 거래'에 해당합니다. 이러한 점에서 볼 때 탈레스는 조선의 선비 허생과 비슷하다고 볼 수 있습니다.

탈레스는 고대 그리스 이오니아 지방의 밀레투스에서 태어났다고 전하는데, 밀레투스는 지금의 터키 남서부 지방에 해당합니다. 탈레스는 고대 그리스의 철학자이자 수학자, 그리고 천문학자로서, 피타고라스, 소크라테스, 플라톤, 아리스토텔레스와 함께 고대 그

I. 생각의 탄생: 보이지 않는 질서를 발견하다

리스 철학의 주춧돌을 놓은 사람 중 하나로 평가받습니다. 그의 수학적 업적은 이후 수천 년 동안 학문과 과학의 발전에 지대한 영향을 미쳤습니다. 탈레스의 생애와 업적에 대한 흥미로운 이야기를 살펴보면, 그의 위대함을 더욱 잘 이해할 수 있을 것입니다.

피라미드의 높이를 측정하다

탈레스는 이집트를 여행하던 중 이집트의 왕 파라오에게서 피라미드의 높이를 측정해 달라는 요청을 받았답니다. 당시 별다른 측정 도구가 없이 피라미드의 높이를 측정하는 것은 매우 어려운 일이었습니다.

그러나 탈레스는 자신의 지팡이를 이용해서 이것을 해결했습니다[그림 1-1]. 그는 자신의 지팡이와 그림자의 길이를 측정하고, 같은

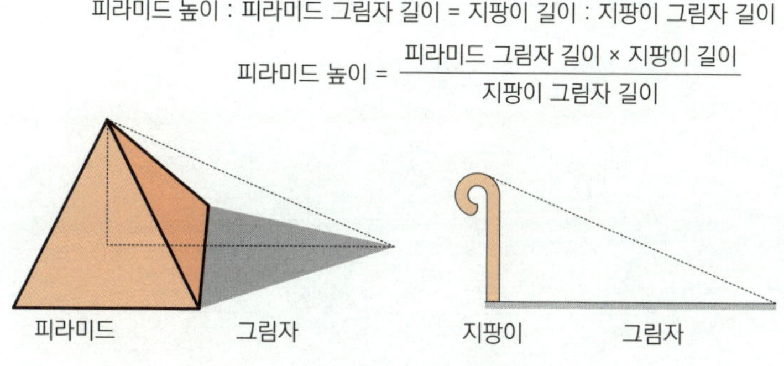

[그림 1-1] 피라미드의 높이를 재는 방법

시간에 피라미드의 그림자의 길이를 측정하여 비례식을 통해 피라미드의 높이를 계산했습니다. 이 방법은 기하학적 사고를 활용한 최초의 사례 중 하나로 기록됩니다.

삼각형 내각의 합이 180도임을 증명하다

탈레스는 삼각형의 내각의 합이 180도임을 증명한 최초의 인물로 알려져 있습니다. 합동인 직각삼각형 두 개를 빗면을 맞대어 붙이면 직각사각형이 됩니다. 직각사각형은 네 개의 직각으로 이루어졌으므로 내각의 합은 360도이지요. 따라서 하나의 직각삼각형의 내각의 합은 90도가 됩니다.

하지만 탈레스는 직각삼각형이라는 특수한 틀을 넘어, 어떤 삼각형이든 내각의 합이 180도라는 것을 증명했지요. [그림 1-2]에서 꼭짓점 C에 선분 AB와 평행한 직선 하나를 긋고 엇각을 이용해 흩어

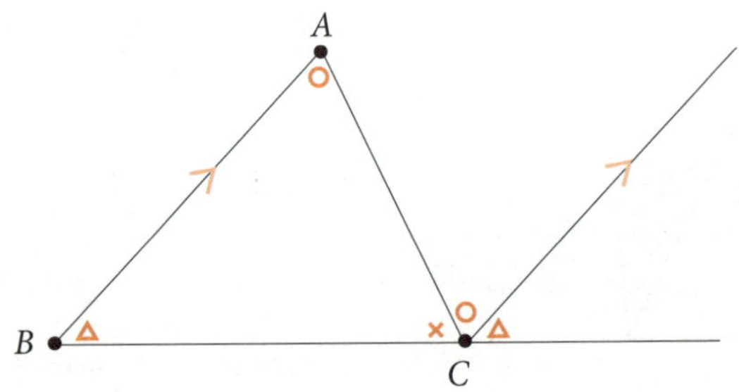

[그림 1-2] 삼각형 내각의 합이 180도임을 증명

     I. 생각의 탄생: 보이지 않는 질서를 발견하다

져 있던 세 각을 한곳으로 모으자, 그것들은 정확히 일직선180도을 이루었습니다. 이는 특수한 사례를 일반적인 진리로 확장시킨 최초의 논리적 도약이었습니다.

일식을 예언하다

탈레스는 천문학에서도 뛰어난 재능을 보였습니다. 그는 B.C. 585년 5월 28일에 달이 태양을 가리는 일식이 있을 것이라고 예언하였답니다. 그런데 이날 아나톨리아를 두고 전쟁을 치르고 있던 리디아와 메디아 군대가 갑자기 싸움을 멈추게 되었어요. 그 이유는 대낮에 해가 사라져 어둠이 찾아왔기 때문이었죠. 공포에 질린 병사들은 무기를 던졌답니다. 두 나라는 이 희괴한 현상을 신의 노여움이라 확신하고 전쟁을 끝냈습니다.

이 사건 덕분에 탈레스는 신에 버금가는 사람으로 당시 사람들에게 큰 존경을 받게 되었습니다. 그런데 사실은 탈레스가 바빌로니아 천문학자들의 기록을 바탕으로 주기성을 발견하고, 이를 통해 일식의 날짜를 예측할 수 있었던 것입니다.

또한 탈레스는 1년이 365일이라는 사실을 그리스에 처음으로 전했습니다. 그는 한 달을 30일로 정하고, 여기에 신들에게 바치는 5일의 휴일을 더해 1년의 길이를 확립했다고 알려져 있습니다.

탈레스의 우물 이야기

탈레스는 철학적 사색을 즐겼으며, 이로 인해 때때로 곤란한 상황에 처하기도 했습니다. 전해지는 이야기에 따르면, 어느 날 탈레스가 하늘의 별들이 움직이는 규칙을 관찰하며 걷다가 그만 발밑에 있던 우물*에 빠지고 말았습니다.

이 광경을 목격한 한 하녀는 "발밑의 우물도 보지 못하면서 어떻게 하늘의 이치를 알 수 있겠냐"라며 그를 비웃었다고 합니다. 이 이야기는 실생활에 도움이 안 되는 생각에 빠져 사는, 현실감이 부족한 생활 태도를 경계할 때 자주 인용됩니다.

하지만 탈레스는 단순히 멍하니 걷던 것이 아니라, 보이는 현상 너머의 질서를 찾기 위해 인간이 도달할 수 있는 최고의 집중력을 발휘하고 있었습니다. 그의 몰입은 헛된 것이 아니었습니다. 그는 하늘의 별을 관찰한 덕분에 일식의 시기를 정확히 예측하여 전쟁을 멈추기도 했고, 날씨의 변화를 미리 읽어내어 큰 경제적 성공을 거두기도 했습니다. 탈레스가 우물에 빠졌던 그 순간은, 본질적인 진리를 찾기 위해 일상의 불편함조차 잊을 만큼 몰입했던 시간이었던 것입니다. 이런 압도적인 몰입의 힘이 있었기에 오늘날 그가 서양 철학의 아버지라 불리는지도 모르겠습니다.

* 플라톤의 《테아이테토스》에는 우물(well) 또는 물웅덩이(puddle)에 빠졌다고 묘사되어 있습니다.

탈레스의 기하학

탈레스는 수학 분야, 특히 기하학 분야에서 큰 기여를 했습니다. 우리가 초등학교와 중학교때 배운 내용 중에 탈레스에 의해 발견된 것이 꽤 많답니다. [그림 1-3]을 참고해서 기억을 더듬어 보시길 바랍니다.

⑴ 원은 그 지름에 의해 이등분된다.

⑵ 이등변삼각형의 두 밑각은 서로 같다.

⑶ 두 직선이 만날 때 그 맞꼭지각은 서로 같다.

⑷ 한 변과 양 끝각이 서로 같은 두 삼각형은 합동이다.

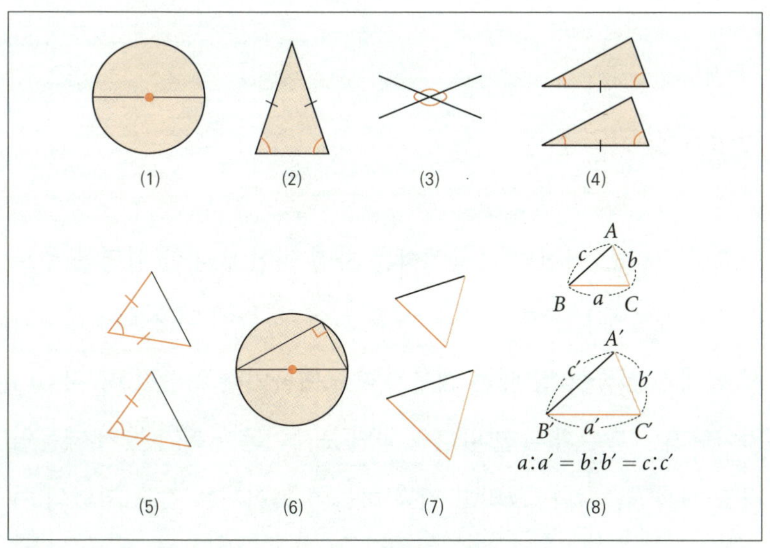

[그림 1-3] 탈레스의 기하학

⑸ 두 변의 길이와 그 끼인각이 같으면 두 삼각형은 합동이다.

⑹ 반원 안에 그려지는 삼각형은 직각삼각형이다.

⑺ 대응하는 변이 모두 평행하게 놓여 있으면 두 삼각형은 서로 닮은 삼각형이다.

⑻ 닮은 삼각형의 대응하는 변들은 일정한 비율을 유지한다.

특히 ⑹번은 '탈레스의 정리'로 알려져 있습니다. 탈레스의 정리는 여러 가지로 설명할 수 있는데 "원에 내접하는 직각삼각형의 빗변은 항상 원의 지름이 된다" 또는 "원의 지름을 한 변으로 하고 원에 내접하는 삼각형은 직각삼각형이다", 그리고 "지름 위의 원주각은 항상 90도이다"라고도 표현할 수 있습니다.

보이는 것 뒤의 진실

고대 그리스 이전의 문화에서는 자연 현상에 대한 설명을 주로 신화와 전설에 의존했습니다. 예를 들어, 하늘에 먹구름이 몰려와서 번개와 천둥이 칠 때는 제우스의 노여움이라고 여겼고, 지진이 일어나거나 홍수가 나면 바다의 신인 포세이돈이 화가 났기 때문이라고 생각했습니다. 그리고 저녁 하늘이 붉어지는 것은 저녁의 여신 헤스페리데스의 피부 색깔 때문이라고 생각했습니다.

하지만 탈레스는 자연 현상을 이와 다른 방식으로 설명하려고 노력했습니다. 즉, 자연 현상을 신화나 전설로 설명하는 것이 아니라 그러한 현상이 발생하는 원인을 찾고, 이를 체계적이고 보편적인 방식으로 설명하려고 했습니다. 탈레스는 자연 변화의 배후에 보이지 않는 질서와 원리가 있어서, 자연이 변화하고 있어도 항상 동일하게 유지된다고 보았습니다. 그는 만물의 근원은 물이라고 주장하였는데, 그 이유는 물이 얼음고체이나 증기기체로 변할 수 있지만 결국 물이라는 본질은 변하지 않는다는 점에서 만물의 근원으로 적합하다고 보았던 것이지요.

이런 점에서 탈레스와 그를 따르는 밀레토스 학파(아낙시만드로스, 아르키메데스, 데모크리토스, 헤라클레이토스 등)는 만물의 근원, 즉 '아르케arche'에 대한 답을 찾고자 했던 것입니다. 자연철학자라고 불리는 이들의 연구와 발견은 오늘날 우리가 자연을 이해하는 데 큰 기초가 되었답니다.*

탈레스는 물질 세계의 본질을 이해하려는 첫 번째 자연철학자였습니다. 이러한 그의 시도는 모든 사물이 신의 의지나 초자연적 힘이 아닌, 자연적인 원인으로부터 비롯된다고 보는 첫 번째 생각으로 평가됩니다. 즉, 탈레스는 자연 현상을 설명하는 데 신화적 이야기가 아닌 합리적인 설명을 도입함으로써 철학적 사고의 전환을 이

---

* 밀레토스 학파의 데모크리토스는 원자 개념을 최초로 제시하였고, 이것을 바탕으로 우리가 화학 시간에 배웠던 존 돌턴의 원자론이 탄생하게 되었습니다.

끌었습니다. 그는 눈에 보이는 자연 현상 뒤에 있는 추상적인 대상을 찾는 철학자로서 인류가 자연 세계를 이해하는 방식을 근본적으로 변화시켰습니다. 이러한 까닭으로 탈레스는 서양 철학의 시초 그리고 자연철학의 토대를 마련한 인물로 평가받습니다.

추상화의 아버지

우리가 탈레스의 이야기를 통해서 얻어야 하는 것 중에 가장 중요한 것은 '추상화抽象化, abstraction'일 것입니다. 즉, 보이는 현상 뒤에 더 중요한 핵심을 찾아내는 것 말입니다. 이것은 수학을 통해 얻어야 하는 가장 중요한 역량이기 때문입니다. 탈레스의 일화를 통해 추상화가 무엇인지 어떤 역할을 하는지 알아보는 것도 재미있을 것 같습니다.

먼저 탈레스는 일식을 예측했습니다. 일식은 당시 사람들에게는 무시무시한 신의 경고였을 것입니다. 그러나 탈레스는 바빌로니아 천문학자들의 기록을 바탕으로 일식이라는 자연 현상이 일정한 규칙과 주기를 가지고 있다는 것을 찾아 냈습니다. 일식이라는 눈에 보이는 현상 뒤에 그 현상을 만들어 내는 규칙을 찾아내는 능력, 이것이 바로 추상화 능력입니다.

두 번째, 탈레스는 피라미드의 높이를 측량했습니다. 피라미드는

　　　　　　I. 생각의 탄생: 보이지 않는 질서를 발견하다

눈에 보이는 대상입니다. 지팡이와 그림자도 눈에 보이는 대상입니다. 그러나 피라미드와 피라미드의 그림자, 지팡이와 지팡이의 그림자, 이 네 가지 대상 사이에 있는 '눈에 보이지 않는' 비례를 찾아내는 것이 추상화 능력입니다. 탈레스의 눈에는, 정확히 말한다면 그의 머릿속에는 [그림 1-3]의 (8)번이 보였을 것이고 이 비례식을 이용하여 그는 피라미드에 올라가지 않고서도 피라미드의 높이를 측량할 수 있었던 것입니다.

나일강이 자주 범람하던 이집트에서는 자연스럽게 토지 측량 등의 기하학적 지식이 필요했을 것입니다.* 그러나 이집트에서의 경험적, 실용적 지식은 눈에 보이는 것 위주였지만 탈레스는 눈에 보이지 않는 추상적인 직선과 각, 그리고 '평행하다', '도형이 서로 닮았다', '도형이 서로 합동이다' 등의 개념을 만들어 내고 이용하였습니다.

그리고 눈에 보이는 도형들의 성질을 눈에 보이는 방법으로 확인하는 것이 아니라, 눈에 보이지 않는 개념들을 활용하여 증명하였다는 것이 탈레스에게서 배워야 하는 점입니다. 예를 들어, 이등변삼각형의 두 밑각은 서로 같다는 것을 증명한다고 하겠습니다. 과거에는 '눈에 보이는 방법', 즉 각도계 등을 이용해서 두 밑각이 같

---

* 기하학을 말하는 영어 단어 geometry는 '땅(goe)을 재는(metria) 법'이라는 뜻입니다. 나일강의 홍수로 사라진 토지의 경계선을 복구하려던 사람들의 노력이 오늘날 기하학이라는 위대한 학문의 뿌리가 되었답니다.

은지를 확인하였을 것입니다. 그러면 무수히 많은 이등변삼각형에 대해서 하나하나 측정해야겠지요. 따라서 모든 이등변삼각형에 대한 확인은 불가능하게 됩니다. 그러나 탈레스는 '눈에 보이지 않는 개념', 즉 이등변삼각형의 특성을 이용해서 모든 이등변삼각형에 대해서 보편적으로 성립하는 것을 확인한다는 말입니다. 이제 우리도 확인해볼까요? 바쁘시다면 넘어가셔도 됩니다만, 만일 시간을 내어 읽고 확인해 보신다면 저는 기쁘겠습니다.

[그림 1-3] (2)번 그림에서 위 꼭짓점으로부터 아래 밑변의 중심을 지나는 직선을 하나 내려 긋습니다. 그러면 왼쪽과 오른쪽에 하나씩 두 개의 직각삼각형이 만들어집니다. 이 두 개의 직각삼각형은 "두 변의 길이가 같고 그 끼인 각이 같으므로" 서로 합동입니다. 합동인 두 삼각형은 대응하는 각이 서로 같습니다. 따라서 이등변삼각형의 두 밑각은 서로 같다는 것이 증명되었습니다.

정리하자면, 탈레스 이전에는 수학적 사실들이 주로 경험적 관찰이나 직관에 의존하여 받아들여졌습니다. 그러나 탈레스는 논리적이고 체계적인 방법을 통해 수학적 진리를 증명하려 했습니다. 즉, 그는 눈에 보이는 현상을 이해하기 위해 그 현상 너머에 있는 동작 원리나 핵심을 찾고자 하였던 것입니다. 그렇게 얻은 원리는 눈에 보이는 많은 것들에 그대로 적용되었고요. 이런 이유로 서양 철학의 아버지인 탈레스를 저는 '추상화의 아버지'라고 부르고 싶군요.

　I. 생각의 탄생: 보이지 않는 질서를 발견하다

다음 문제는 탈레스가 증명하였다고 알려진 정리입니다. 여러분은 어떻게 증명하시겠습니까? 함께 생각해 보아요.

원의 지름을 한 변으로 하고 원에 내접하는 삼각형은 직각삼각형이다.

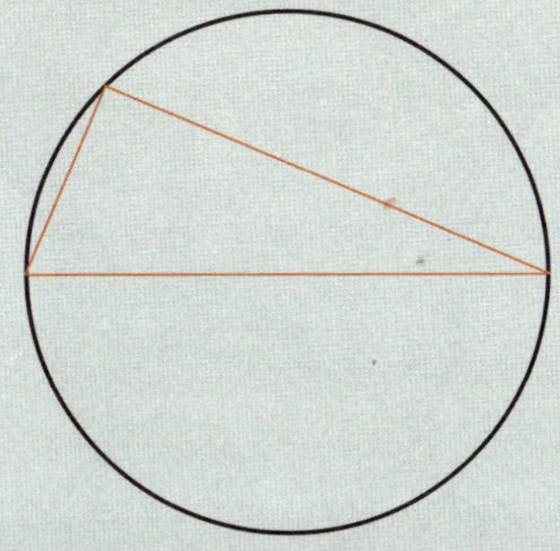

모든 것은 수(數)다. 수가 우주를 지배한다.
All is number. Number rules the universe.

피타고라스의 정리는 피타고라스가 발견한 것이 아니라는 사실. 그리고 루미스(Elisha Loomis)가 저술한 《피타고라스의 명제》에는 약 370개의 증명 방법이 소개되어 있습니다. 증명한 사람 중에는 한국 사람들도 있답니다. 이제 여러분이 증명할 차례는 아닐까요?

2

피타고라스가 만들지 않았다고?

아무리 수포자^{수학을 포기한}자라고 하더라도 피타고라스의 정리를 모르는 사람은 없을 것입니다. 직각삼각형에서 세 변, 즉 밑변(a)과 높이(b), 빗변(c) 사이의 관계를 표현하는 공식이죠. 바로 $a^2 + b^2 = c^2$이 피타고라스의 정리입니다[그림 2-1]. 우리는 대부분 '누구의 정리'라고 하면 그 정리가 바로 그 '누구'가 발견한 것이라고 생각합니다. 대부분은 맞습니다. 하지만 피타고라스의 정리는 피타고라스가 발견한 것이 아닙니다.

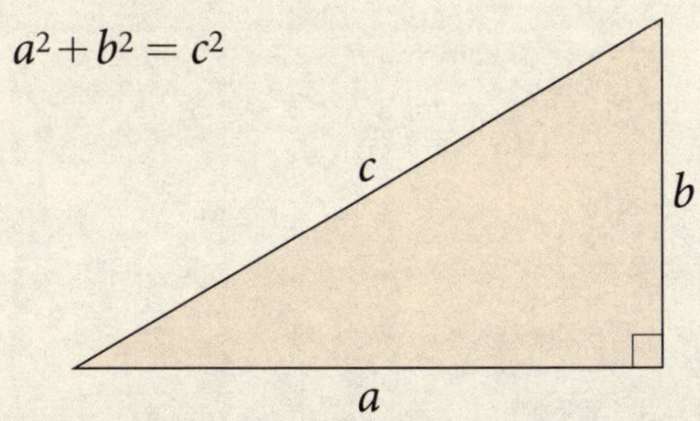

[그림 2-1] 피타고라스의 정리

바빌로니아 수학자들도 직각삼각형에서 세 변 사이의 관계를 알
고 있었다고 전해집니다. 바빌로니아는 고대 메소포타미아 문명의
중심지로, 지금으로 치면 이라크의 남부 지역에 해당합니다. 바빌
로니아 문명은 B.C. 2000년경부터 이 지역에서 번성하던 수메르 문
명을 대체할 정도였습니다. 그러나 수메르 문명 역시 대단했습니
다. 그들은 도시를 건설하며, 수로를 개발하고, 법도 만들었으며,
심지어 우편 제도까지 갖추었다고 전해집니다. 특히 수메르인들은
쐐기 모양의 문자^{설형문자}를 개발하여 사용하였습니다. 이 문자들을
말랑한 점토판 위에 새긴 뒤, 뜨거운 태양 아래서 단단하게 말려 보
존하였습니다. 이러한 문자 시스템을 바빌로니아인도 채택하여 사

[그림 2-2] 바빌로니안 점토판(《Plimpton 322》, 컬럼비아 대학 소장)

용하였습니다. 현재 컬럼비아 대학에 보관된 바빌로니안 점토판 Babylonian clay tablet 에는 다음과 같은 내용이 적혀 있답니다 [그림 2-2].

> 한 변의 길이가 4이고 대각선 길이가 5라면, 다른 한 변의 길이는?
>
> 4 곱하기 4는 16이다.
>
> 5 곱하기 5는 25이다.
>
> 이제 25에서 16을 빼면 9가 된다.
>
> 어떤 수를 두 번 곱해서 9를 얻게 될까?
>
> 3 곱하기 3은 9이다.
>
> 따라서 다른 한 변의 길이는 3이다.

이 점토판의 이야기에서 직각삼각형이라는 말은 없지만, 무얼 말하는지 아시겠죠? 3, 4, 5는 직각삼각형의 세 변의 길이입니다. 이와 같이 피타고라스의 정리를 만족하는 세 가지 정수를 우리는 '피타고라스 세 쌍 Pythagoras triple' (또는 피타고라스의 삼중수) 이라고 부릅니다. 그런데 바빌로니안 점토판에는 피타고라스 세 쌍이 여러 개 적혀 있다고 합니다. 그러니 피타고라스보다 약 1,000년 전에 바빌로니아 수학자들은 이미 피타고라스의 정리를 알고 있었다는 것이죠. 참고로 피타고라스는 B.C. 570년경에 태어나 495년경에 죽었고, 바빌로니아 점토판은 대략 B.C. 1800년에서 1650년 사이에 만들어진 것으로 알려져 있답니다.

고대 중국에서도 있었다.

중국에서도 피타고라스의 정리에 해당하는 것이 있었답니다. 이름하여 '구고句股 정리' 또는 '구고현句股弦 정리'라고 불립니다. 직각삼각형에서 직각을 낀 두 변 가운데 짧은 변을 구句, 긴 변을 고股, 빗변을 가리키는 현弦이라고 부릅니다. 구는 사람의 종아리를 의미하고 고는 넓적다리를 의미하는데요, 종아리와 넓적다리 사이의 각도를 직각으로 두어 상상해 보는 것도 재미있을 것 같군요.

이 정리는 《주비산경周髀算經》이라는 고대 중국의 천문학 책에서 발견됩니다. 《주비산경》은 B.C. 1200년에서 1000년 사이에 작성된 것으로 추정되며, 이것은 피타고라스가 활동하던 시기보다 수백년이나 앞선 기록입니다. 이 책을 통해 당시 중국에서도 직각삼각형의 변들 사이의 관계를 이해하고 있었음을 알 수 있습니다.

《주비산경》에는 다음과 같은 문구가 있답니다.

故折矩 , 以爲句廣三 , 股修四 , 徑隅五。
따라서 직각삼각형을 만들어, 구句를 3으로, 고股를 4로 두면
빗변은 5가 된다.

그리고 아무런 수식이나 설명 없이 다음과 같이 바둑판 형태의 그림 한 장으로만 구고 정리를 증명하고 있습니다[그림 2-3].

   I. 생각의 탄생: 보이지 않는 질서를 발견하다

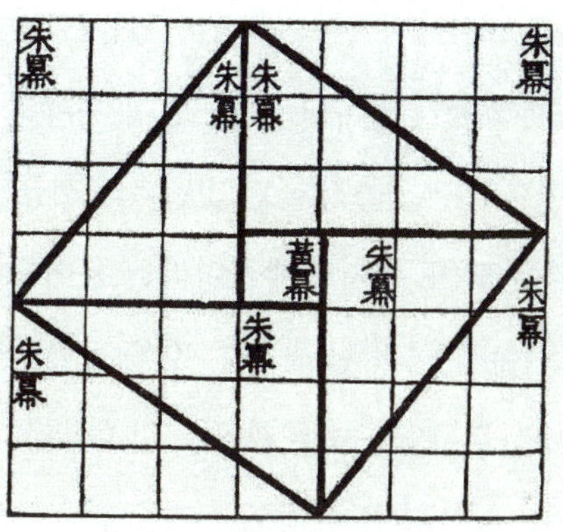

[그림 2-3] 구고 정리를 나타낸 그림

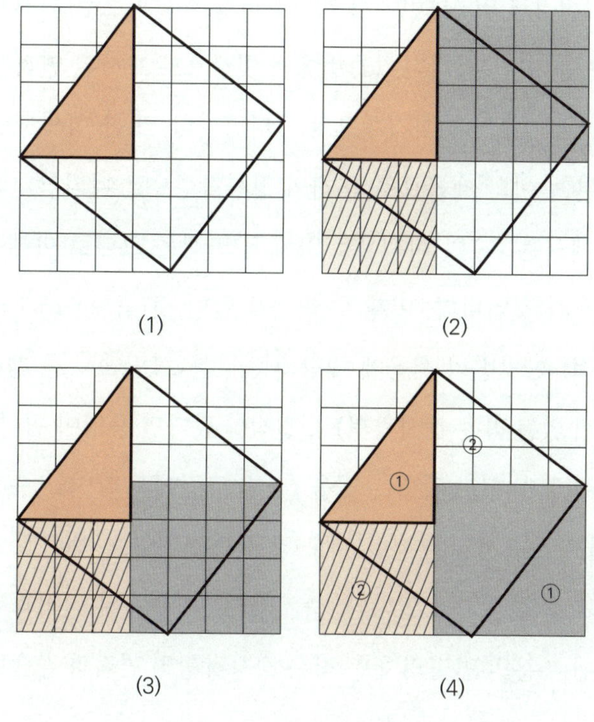

(1)

(2)

(3)

(4)

[그림 2-4] 구고 정리의 증명

[그림 2-3]에서 왼쪽에 적혀 있는 한자 글귀는 '구고멱합이성현멱勾股冪合以成弦冪'입니다. 이를 현대 수학의 언어로 해석하면 "밑변句과 높이股의 제곱을 합하면 빗변弦의 제곱과 같다"라는 뜻이 됩니다. 여러분은 멱 또는 거듭제곱이라는 용어를 들어보셨을 것입니다. 둘 다 같은 수를 여러 번 곱하는 것을 말합니다. 구고 정리에서의 멱은 같은 수를 두 번 곱하는 제곱을 의미합니다. 결국 이 여덟 글자는 피타고라스의 정리를 동양의 문장으로 완벽하게 설명하고 있습니다.

[그림 2-3]으로 구고 정리를 증명하는 것은 쉽게 유추할 수 있습니다. [그림 2-4]의 (1)번에서 직각삼각형을 살펴보겠습니다. 밑변이 3이고 높이가 4입니다. (2)번에서 빗금으로 표시된 면적은 밑변의 제곱으로 9개의 정사각형으로 나타납니다. 또한 회색으로 표시된 면적은 높이의 제곱으로 16개의 정사각형으로 나타납니다. (3)번 그림에서는 (2)의 회색으로 표시된 면적을 그대로 아래쪽으로만 이동시킨 것입니다. 이제 두 면적을 합한 것(즉 9+16개의 정사각형 면적)과 빗변의 제곱에 해당되는 부분(그림에서 큰 정사각형 안에 들어 있는 작은 정사각형)의 면적이 같다면 증명이 됩니다.

이 두 면적이 서로 같다는 것을 (4)번 그림에서 확인할 수 있습니다. ①번으로 표시된 부분은 서로 같은 면적이고, ②번으로 표시된 부분도 서로 같은 면적입니다. 즉, 빗금으로 표시된 면적과 회색으로 표시된 부분의 면적의 합은 작은 정사각형의 면적과 같습니다.

  I. 생각의 탄생: 보이지 않는 질서를 발견하다

그럼 왜 피타고라스 정리라고 부를까?

그것은 직각삼각형의 이러한 성질을 피타고라스가 처음으로 증명하였기 때문이라고 알려져 있습니다. 사실 이것도 정확한 역사적 근거가 있는 것은 아니랍니다. 다만, 그가 이 정리를 알고 있었고, 그의 제자들이 이를 통해 수학을 발전시켰다는 기록들은 남아 있습니다. 즉, 고대 그리스 이후 여러 문헌에서 이 정리를 피타고라스와 연관지어 언급하였고, 이로 인해 피타고라스의 이름이 이 정리와 함께 전해져 내려왔습니다. 이러한 과정을 거치며 자연스럽게 '피타고라스의 정리'라는 이름으로 굳어지게 되었습니다.

수의 조화로움

피타고라스는 이 세상을 구성하는 원소로 수를 제시하였습니다. 정확하게 말한다면 수의 비比, ratio가 이 세상을 움직이는 원리라고 주장하였습니다. 일화 하나를 볼까요? 어느 날 피타고라스가 대장간 앞을 지나고 있었는데, 쇠를 두드리는 소리가 쇠에 따라 다르다는 것을 알게 되었죠. 분명 쇠의 성분은 같을 텐데 어떻게 다른 소리가 날 수 있을까 생각하다가 쇠의 길이가 다르기 때문이라는 것을 발견합니다. 또한 피타고라스는 길이가 서로 다른 여러 개의 현줄을 매달고서 길이가 긴 현에서부터 짧은 현까지 튕겼을 때 소리가 저음에서 고음으로 바뀐다는 사실을 알아냅니다.

그가 발견한 중요한 사실은 현의 길이를 간단한 정수 비율로 줄였을 때 가장 조화로운 소리가 난다는 것이었습니다. 즉, 현의 길이를 절반으로 줄여서 튕기면 원래 현에서 나던 소리보다는 음높이가 높은데 잘 어울리는 소리가 난다는 것입니다. 이것은 처음 현의 음을 도^{C}음이라고 하였을 때 1/2 길이의 현에서 나는 음은 한 옥타브 위의 도^{C}음이라는 사실을 발견한 것입니다. 두 번째 발견은 현의 길이를 2/3만 남기고 잘라낸 뒤 튕기면 역시 잘 어울리는 소리가 난다는 것입니다. 이것은 처음 현의 음을 도^{C}음이라고 하였을 때 2/3 길이의 현에서 나는 음은 솔^{G}음이 나는 것을 발견한 것입니다. 음악에 조금만 관심이 있는 독자라면 이것은 완전 5도 화음이라는 것을 눈치채셨을 것입니다.

현의 길이를 음의 높이 순(도-솔-도)으로 나열하면 1, 2/3, 1/2의 순서입니다. 그런데 피타고라스는 이 수열의 역수를 취해 봅니다. 그랬더니 1, 3/2, 2가 되는데 이것은 차가 1/2인 등차수열^{等差數列}이 됩니다. 여기서 역수가 등차수열인 수열을 조화수열^{調和數列}이라고 부릅니다. 피타고라스는 귀에 들리는 아름다운 음악 뒤에 숨어 있던 질서, 즉 수^{number}의 조화로운 비율을 찾아낸 것입니다.

음악 이야기는 여기까지만 하겠습니다만, 관심 있으신 독자는 피타고라스가 음계를 만들었다는 사실을 검색해 보시면 좋겠습니다.

 I. 생각의 탄생: 보이지 않는 질서를 발견하다

그리고 12장에서 케플러가 어떻게 태양계 행성들의 소리를 듣게 되는지도 확인해 보시면 흥미로운 사실을 알게 될 것입니다.

앞에서 말씀드렸듯이 피타고라스는 이 세상을 움직이는 원리가 수의 비^{比}라고 보았는데, 이것은 수의 '조화^{harmony}'라고 바꿔 말할 수 있습니다. 그는 음악의 아름다운 선율이나 밤하늘 행성들의 규칙적인 운행 이면에 공통된 수치적 질서가 숨어 있다고 확신한 것입니다. 음악에서 '피타고라스 음계'라는 구체적인 결실을 보았듯이, 이제 여러분도 천문학을 비롯한 세상의 다양한 영역 속에 어떤 수의 조화가 숨어 있는지 직접 발견해 보시기를 권합니다.

황금비율

조화롭다는 것의 대표적인 예로는 신의 비율$^{divine\ proportions}$이라고도 부르는 황금비율$^{黃金比率,\ golden\ ratio}$을 들 수 있을 것입니다. 황금비율이란 사람에게 가장 균형적이고 이상적이라고 느껴지는 비율을 말하는데 이것을 말로 표현하면 다소 복잡해 보입니다. 즉, '선분을 둘로 나누었을 때, 긴 부분과 짧은 부분의 비가 전체 선분과 긴 부분의 비와 같게 만든 비율'입니다. 수학을 좋아하시는 독자를 위해서 수식으로 나타내 보겠습니다[그림 2-5].

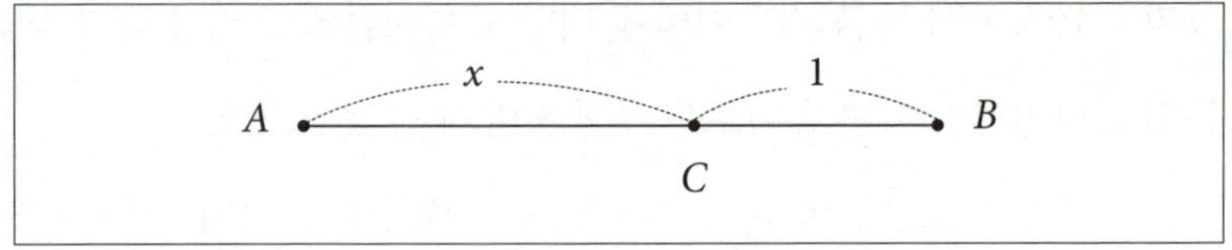

[그림 2-5] 황금비율의 계산

[그림 2-5]에서 점 A와 점 B가 두 끝점인 선분이 있고 이 선분을 점 C로 나누었다고 하였을 때, 다음과 같은 식이 만족해야 합니다.

$$x : 1 = x + 1 : x$$

이러한 비례식에서 여러분은 외항의 곱은 내항의 곱과 같다는 것을 기억하시지요? 따라서 $x^2 = x + 1$가 되고 일반적인 2차방정식 모양으로 나타내면 다음 식이 됩니다.

$$x^2 - x - 1 = 0 \qquad\qquad \cdots\cdots \text{식 2-1}$$

여기에서 여러분의 오래된 기억을 꺼내드리겠습니다. 바로 2차방정식의 근의 공식입니다. 참 오랜만이시죠? 2차방정식 $ax^2 + bx + c = 0$의 근의 공식은 다음과 같습니다.

$$x = \frac{-b \pm \sqrt{b^2 - 4ac}}{2a} \qquad\qquad \cdots\cdots \text{식 2-2}$$

식 2-1에서 $a = 1$, $b = -1$, $c = -1$이므로 이것을 식 2-2에 대입하면

$$x = \frac{1 \pm \sqrt{5}}{2}$$

I. 생각의 탄생: 보이지 않는 질서를 발견하다

를 얻게 됩니다. x는 음수가 아니므로 양수만 구하여 계산하면 $x = 1.618033898\cdots$와 같이 무리수가 나옵니다. 그래서 보통 1.618 정도를 황금비율로 사용합니다.

황금비율은 미술, 건축, 음악 등 다양한 분야에서 사용됩니다. 예를 들어 밀로의 비너스 조각상에서 배꼽을 기준으로 상반신 대 하반신 길이의 비율이 황금비율이라고 합니다. 미켈란젤로의 다비드 조각상도 황금비율이 적용되었다고 하지요. 또한, 그리스 아테네의 파르테논 신전 전면에서도 황금비율을 발견할 수 있다고 합니다. 그리고 각종 신용카드와 A4 용지에서도 황금비율을 발견할 수 있습니다. 물론 그 비율이 정확히 1.618은 아닌 경우가 많다고 지적하는 사람들도 있습니다. 하지만, 비너스상의 경우 1.555, 다비드상은 1.535, 파르테논 신전은 1.6, 신용카드는 1.574, A4 용지는 1.414 등으로 황금비율의 근사값입니다.

참고로 우리나라를 비롯한 동양에서도 전통적으로 조화로운 비율로 금강비金剛比를 사용하였다고 합니다. 금강비는 1 대 $\sqrt{2}$의 비율로서 약 1.414에 해당하는데, 이는 정사각형의 한 변과 대각선의 길이 비에서 유래한 것입니다. 실제로 영주 부석사의 무량수전, 석굴암의 본존불 법당 구성, 그리고 첨성대의 단면 구조 등에서 금강비의 정교한 아름다움을 찾아볼 수 있습니다. 흥미롭게도 이 금강비는 현대인의 일상에서도 발견됩니다. 우리가 매일 사용하는 A4 용지의 가로와 세로의 비가 바로 금강비랍니다.

그렇다면 황금비율과 피타고라스는 어떤 관련이 있을까요? 피타고라스는 철학 philosophy 이라는 용어를 처음 만들어 사용하였으며, 자신을 철학자, 즉 지혜를 사랑하는 자라 불렀습니다. 그는 언제나 세상을 수의 비율로 관찰했습니다. 그런 그가 자신의 학파를 상징할 문장으로 선택한 것은 정오각형 안에 그려진 별이었습니다.

[그림 2-6]을 보면, 오각형 안에 별 모양이 있는데, 이 별을 이루는 선분들은 서로를 분할하고 있습니다. 바로 황금비율로요. 인간이 생각하는 가장 아름다운 비가 황금비율이란 것을 알고 있던 그가 황금비율이 숨어 있는 정오각형 안의 별을 좋아하지 않을 수는 없었던 것이죠.

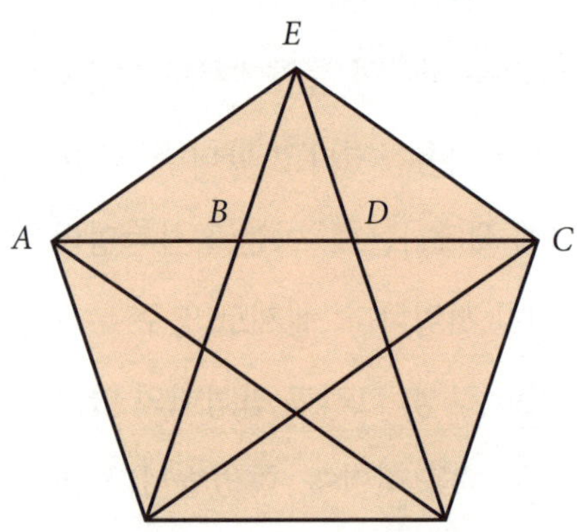

$$\overline{AB} : \overline{BC} = \overline{AE} : \overline{AC} = \overline{BD} : \overline{DC} = 1 : 1.618$$

[그림 2-6] 피타고라스 학파의 상징 – 정오각별(pentagram)

     I. 생각의 탄생: 보이지 않는 질서를 발견하다

수학사의 첫 번째 살인 사건

이 세상은 수와 수의 조화로운 비로 움직인다고 믿었던 피타고라스 학파에게 수란 정수와 정수의 비, 즉 유리수有理數, rational number 만을 의미하는 것이었고, 따라서 정수의 비로 표현될 수 없는 수가 존재한다는 것은 받아들일 수 없었습니다. 어느 날 히파소스라는 젊은 제자가 다음과 같이 매우 쉬운 질문을 하였습니다. "한 변의 길이가 1인 정사각형의 대각선의 길이는 어떤 정수의 비로 나타낼 수 있습니까?"라는 것이었죠. 여러분은 벌써 눈치채셨겠지만 이것은 $\sqrt{2}$ 라는 무리수無理數, irrational number 입니다.

히파소스는 이것이 정수의 비로 표현될 수 없는 수라는 걸 알아내고 사람들에게 공개하려 했습니다. 만일 이것이 외부로 알려진다면 그동안 피타고라스 학파가 견지해 오던, 이 세상은 수의 비로 조화롭게 표현된다는 주장이 한순간에 무너질 판이었습니다. 그래서 전해지는 바에 따르면 피타고라스 학파 사람들은 히파소스에게 금은보화를 쥐어주고 배에 태워 추방시켰는데 그 배에서 바다로 던져 죽였다고 합니다. 그러나 진실은 숨길 수 없는 법이지요. 여러분이 현재 무리수를 알고 계신다는 것이 그 증거입니다.

혹시 소설을 좋아하시는 독자가 계시나요? 그렇다면 《살인을 부르는 수학 공식》*을 꼭 읽어 보시길 추천합니다. 소설에서는 2500

---

* 테프크로스 미카엘리데스 지음, 전행선 옮김, 2010년 출간

년 전 무리수의 비밀을 발설하려다 살해당한 히파소스의 살인 사건과 1900년 파리에서 벌어진 스테파노스의 살인 사건을 액자 소설 형식으로 전개하여 유사성을 보여 줍니다. 죽은 스테파노스의 오랜 친구인 주인공 미카엘의 회상을 통해 19세기부터 20세기까지의 수학사를 재미있게 다룹니다. 유리수의 세상에서 허락될 수 없었던 무리수를 발견한 것처럼 새로운 수학의 창조이면서 종말이 되는 비밀스러운 수학 공식이 과연 무엇인지 여러분도 함께 파헤쳐 보시길 권합니다.

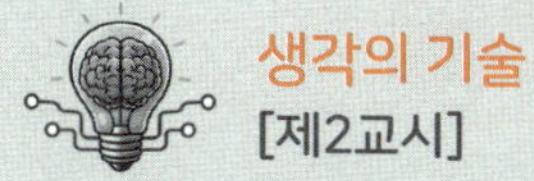

피타고라스 정리의 내용은 고대 바빌로니아에서부터 알려져 있었으나 피타고라스에 의해 수학적으로 증명되었다고 합니다. 이 정리의 증명 방법은 400개가 넘습니다. 그만큼 사람들에게 흥미를 주는 문제이지요. 상대성 이론으로 유명한 알베르트 아인슈타인도 12세 때 증명했다고 알려져 있습니다. 하지만 그의 증명방법은 이미 다른 사람에 의해 사용된 것이라고 하네요. 참고로 우리나라 최초로 피타고라스 정리를 증명한 분은 경남대 수학교육과 박부성 교수로 알려져 있습니다. 여러분도 한번 도전해 보시길 바랍니다.

다음 그림은 피타고라스 정리를 증명할 때 사용된 것입니다. 이 그림을 이용하여 피타고라스 정리를 증명하려면 어떻게 하면 될까요? 함께 생각해 보아요.

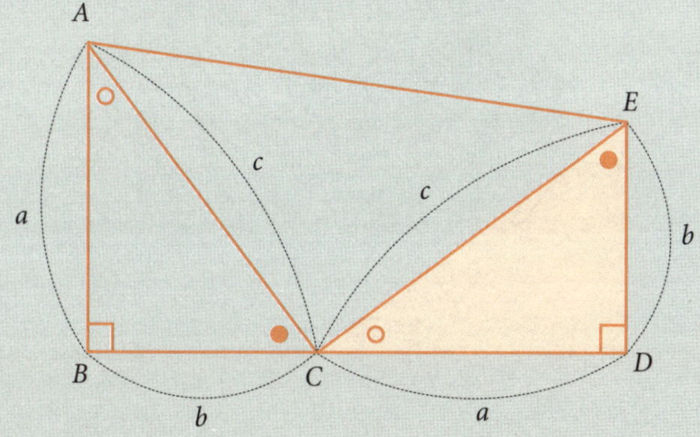

우리의 귀가 두 개이고 입이 하나인 이유는
적게 말하고 더 많이 듣기 위함입니다.
We have two ears and one mouth, so we should listen more than we say.

제논은 '아킬레스와 거북이'와 같은 기발한 역설을 통해 우리가 경험하는 운동과 변화에는 논리적 모순이 있으며, 따라서 세상에 변하는 것은 없다고 주장하였죠. 이러한 제논의 역설은 단순한 논리 퍼즐이 아닙니다. 이것은 우리가 시간, 공간, 연속성과 그 의미를 어떻게 이해해야 하는지를 근본부터 묻는 질문입니다.

3

아킬레스와 거북이

여러분은 그리스의 꽃미남 장군 아킬레스에 대해 한번쯤 들어보셨을 것입니다. 치명적인 약점을 뜻하는 '아킬레스건'이라는 말로도 그의 이름은 유명하죠. 그의 어머니인 테티스는 바다의 요정이었는데 아들을 무적의 몸으로 만들고자 저승의 강물에 담갔다고 합니다. 하지만 안타깝게도 그녀가 손으로 꼭 붙잡고 있었던 아들의 발목 뒤 힘줄만큼은 강물에 닿지 않았습니다. 결국 천하무적이었던 아킬레스는 훗날 유일한 약점인 그곳에 화살을 맞아 전사하게 됩니다. 이것이 강인한 전사의 가장 취약한 급소, 아킬레스건의 유래입니다.

아킬레스는 달리기를 엄청나게 잘하는 강인한 전사였습니다. 그런데 아킬레스를 갑자기 거북이와 달리기 시합을 시킨 사람이 있습니다. 그가 바로 고대 그리스의 철학자이자 수학자인 제논입니다.

제논은 엘레아(현재의 이탈리아 남부 벨리아)에서 태어났습니다. 그의 사상은 자신의 스승인 파르메니데스의 철학을 옹호하고 확장하는 데 중점을 두었습니다. 제논은 스승의 일원론(一元論)을 지지하며, 이를 반박할 수 없도록 유명한 역설을 제시하였습니다.

아킬레스와 거북이 역설

이것은 당시 가장 빠르다고 소문이 난 아킬레스가 느린 거북이를 결코 따라잡을 수 없다는 역설입니다. 경주가 시작될 때, 거북이는 아킬레스보다 조금 앞선 지점에서 출발합니다. [그림 3-1]에서 아킬레스는 a지점에서 출발하고 거북이는 b지점에서 출발합니다. 아킬레스가 거북이가 출발한 b지점에 도달하면, 거북이는 조금 더 앞으로 나아가 c지점에 도착합니다. 아킬레스가 거북이가 도착한 c지점에 도달하면, 거북이는 또다시 조금 더 앞으로 나아갑니다. 이 과정을 무한히 반복하면 아킬레스는 결코 거북이를 추월할 수 없습니다[그림 3-1].

이 역설은 무한히 나눌 수 있는 분할 개념을 이용하여, 직관적으로 명백한 사실(아킬레스가 거북이를 따라잡는 것)을 논리적으로

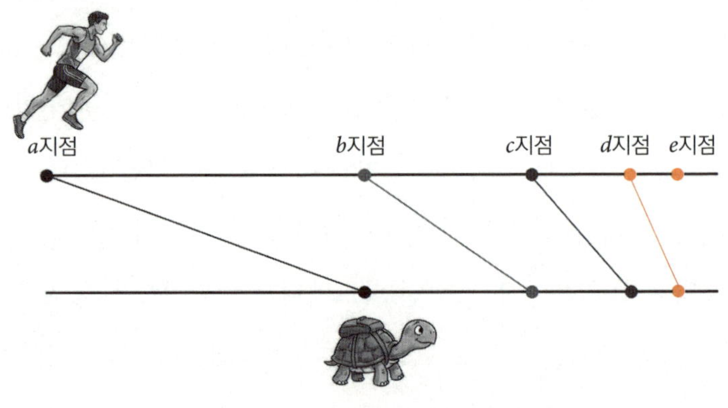

[그림 3-1] 아킬레스와 거북이 역설

    I. 생각의 탄생: 보이지 않는 질서를 발견하다

반박합니다. 이것은 우리가 미적분학에서 배웠던 무한소와 극한 개념에 대한 논의를 촉발시키는 중요한 문제입니다.

이분법 역설

이분법 역설The Dichotomy Paradox이란 어떤 거리를 이동하기 위해서는 먼저 그 거리의 절반을 가야 하고, 그다음에는 그 절반의 절반을 가야 하므로 결국 목적지에 도달할 수 없다는 역설입니다.

어떤 사람이 목적지에 도달하기 위해서는 먼저 그 거리의 절반을 가야 합니다. 절반을 간 후에는 남은 거리의 절반을 가야 합니다. 이 과정을 무한히 반복하면, 사람이 주어진 목적지에 도달하려면 무한히 많은 구간을 지나야 하므로 결국 도달할 수 없다는 이야기입니다.

이 역설은 무한히 나눌 수 있는 거리의 개념을 이용하여, 유한한 시간 내에 유한한 거리를 이동하는 것이 불가능하다는 것을 논리적으로 보여 줍니다. 이것을 통해 운동과 무한의 개념을 다른 시각으로 바라보게 되었습니다.

화살 역설

화살 역설 The Arrow Paradox 이란 날아가는 화살은 매 순간 정지해 있다는 역설입니다. 날아가는 화살을 생각해 보면, 매 순간 화살은 공간의 특정한 한 점에 위치해 있습니다. 이 순간순간의 모든 시간에서 화살은 정지해 있습니다. 이렇게 모든 순간마다 화살이 정지해 있다면, 화살은 결코 움직일 수 없습니다.

이 역설은 시간의 분할과 운동의 연속성에 대한 문제를 제기합니다. 이는 시간과 운동의 본질에 대한 철학적 질문을 불러일으키며, 연속성과 분할의 개념을 깊이 있게 탐구하도록 이끌었습니다.

장소 역설

장소 역설 The Place Paradox 이란 모든 사물은 특정한 장소에 존재해야 하지만, 그 장소 자체도 또 다른 장소에 존재해야 한다는 역설입니다. 어떤 물체가 존재하려면, 그 물체는 특정한 장소에 존재해야 합니다. 그 장소도 또한 다른 장소에 있어야 하며, 이렇게 무한히 이어집니다.

예를 들어 나는 방에 있고, 이 방은 건물에 있고, 이 건물은 지구에 있고, 지구는 태양계에 있고…. 갑자기 러시아 전통 인형 마트료

　　　　　I. 생각의 탄생: 보이지 않는 질서를 발견하다

시카가 생각나네요. 이렇게 '나'가 존재하기 위해서는 서로 포함 관계를 갖는 무수한 장소들이 필요하게 됩니다. 제논은 장소 역설을 이용해서 유한한 사물이 존재하기 위해 무한의 장소가 필요하다는 것이 비논리적이라고 주장하고 있습니다.

이 역설은 공간의 개념과 사물이 존재하는 방식에 대한 질문을 던집니다. 이렇게 우리가 당연하게 여기는 '공간'조차 논리적 언어의 잣대를 대면 반박하기 어려운 미궁에 빠집니다.

다소 복잡한 이야기이지만, 원래 역설이란 것이 말도 안 되는 것 같은데 반박하기 어려워서 그럴 것입니다. 제논은 자신의 스승이 주장하였던 일원론monoism과 운동 불가능론을 옹호하기 위해 이러한 역설을 만들었다고 전해집니다. 일원론에서는 '존재하는 것은 변하지 않으며 하나'라고 주장합니다. 따라서 제논의 역설은 구별 가능하고 운동이 가능한 사물들을 주장하는 다원론多元論, plurality과 운동과 변화를 주장하는 철학자들의 생각을 반박하기 위한 것이었습니다.

위키피디아Wikipedia에 따르면 제논이 "설명적인 언어가 아닌 논증적인 언어를 사용한 최초의 철학자였다"라고 서술되어 있습니다. 설명적인 언어descriptive language란 사물이나 현상을 있는 그대로 묘사하고 설명하는 데 사용됩니다. 예를 들어, 탈레스는 '만물의 근원은 물'이라고 설명하였고, 아낙시만드로스는 '무한한 것이 만물의 근원'이라고 설명하였습니다. 반면에, 논증적 언어argumentative language는 어떤 주장을 논리적으로 입증하거나 반박하는 데 사용됩니다. 이것은 명제, 증명, 반증 등을 통해 논리적 일관성을 유지하는 방식으로 진행됩니다.

제논은 단순히 자신의 견해를 설명하는 것에 그치지 않고, 반대 의견을 논리적으로 반박하거나 자신의 주장을 입증하는 논증을 제시했습니다. 특히, 제논은 논리적 대화와 토론을 통해 진리를 탐구하는 변증법적 접근을 사용했습니다. 이러한 까닭에 훗날 아리스토텔레스는 제논을 '변증법*의 창시자'라고 부르게 됩니다.

수학사적 의미

제논은 주로 그의 유명한 역설들로 수학사에서 중요한 위치를 차지합니다. 그의 역설들은 무한성과 연속성에 관한 심오한 철학적 질문들을 제기하며, 이후 수학자와 철학자들에게 큰 영향을 미쳤습니다.

제논의 '아킬레스와 거북이' 역설을 듣고 많은 사람들이 혼란스러워했습니다. 아킬레스가 거북이를 따라잡을 수 없다는 주장은 직

---

*　변증법이라고 하면 흔히 헤겔의 정반합의 구조를 떠올리겠지만 제논의 변증법은 오늘날 수학에서의 귀류법(Proof by Contradiction)과 매우 유사합니다. 즉, 상대방의 주장을 일단 받아들인 뒤, 그 논리를 따라갔을 때 발생하는 모순을 찾아서 본래의 주장이 틀렸음을 증명하는 대화 및 논증 기술을 말합니다.

　　　I. 생각의 탄생: 보이지 않는 질서를 발견하다

관적으로 받아들이기 어려웠습니다. 이 역설을 설명할 때 제논은 많은 사람들에게 그 속에 담긴 논리적 구조를 이해시키기 위해 끊임없이 노력했습니다. 이를 통해 제논은 사람들에게 논리적 사고의 중요성을 일깨워 주었고, 나아가 무한과 연속성이라는 난해한 개념을 철학적 대상으로 끌어올렸습니다.

제논의 역설들은 특히 무한과 연속성의 문제를 다루는 데 있어 중요한 출발점이 되었으며, 이는 미적분학과 현대 수학의 발전에 기여했습니다.

제논이 던진 역설, 다시 말해 '반박하기 어려운 질문'들은 수천 년 뒤 현대 수학과 과학이 비약적으로 발전하기 위한 소중한 밑거름이 되었습니다. 제논이 제기한 무한의 문제를 해결하기 위해 수학자들은 미적분학과 극한 이론을 정립하게 되었죠. 또한 화살의 역설은 현대 물리학에서 시간의 최소 단위를 탐구하게 만드는 계기가 되었습니다. 아킬레스와 거북이의 역설은 현재 수학적 계산으로 반박할 수 있게 되었지만, 공간과 시간이 하나의 부드러운 선연속체인지 아니면 아주 작은 점들의 모임이산 단위인지에 대한 논쟁은 현대 물리학에서 여전히 진행 중이랍니다.

결국 제논은 정답을 제시한 사람이 아니라, 인류가 수천 년간 풀어야 할 가장 수준 높은 질문을 던진 사람이었습니다. 인공지능 시대에 우리에게 필요한 것도 정답을 찾는 능력보다는 수준 높은 질문을 할 수 있는 능력이 아닐까요?

논리는 차갑고 신념은 뜨거운 사람

　냉철한 논리학자 제논은 반박하기 어려운 역설로 세상을 당혹케 했지만, 목숨을 걸고 불의에 맞섰던 뜨거운 사람이었습니다. 그는 B.C. 5세기경 현재 이탈리아 나폴리 남쪽 해안가의 엘레아 출신입니다. 당시 엘레아는 폭군 니아르코스에 의해 지배받고 있었습니다. 제논은 고향 엘레아의 자유를 되찾기 위해 니아르코스를 축출하기 위한 은밀한 모의에 가담했답니다. 그러나 불행히도 사전에 발각되어 체포되고 말았습니다. 폭군은 공모자들의 이름을 밝히라며 제논을 고문하기 시작했습니다.

　이때 제논은 그답게 기막힌 방법으로 응수합니다. 그는 폭군에게 "당신의 귀에 조용히 공모자들의 이름을 말해 주겠다"며 가까이 오게 했습니다. 폭군이 귀를 내밀자, 제논은 폭군의 귀를 꽉 깨물고는 놓지 않았습니다. 당황한 폭군이 그를 죽이려 하자, 제논은 자신의 혀를 스스로 깨물어 잘라낸 뒤, 그것을 폭군의 얼굴에 뱉어버렸답니다. 더 이상 고문을 당해도 스스로 아무 말도 할 수 없게 만들었던 것이죠.

　상대의 주장을 역이용해 그 허점을 끝까지 파고들었던 그의 철학적 태도는 현실의 불의 앞에서도 변하지 않았던 것 같습니다. 논리적으로는 화살이 멈춰 있다고 말했던 제논이었지만, 정의를 향한 그의 삶은 뜨겁게 날아갔던 것입니다.

　　　　　　I. 생각의 탄생: 보이지 않는 질서를 발견하다

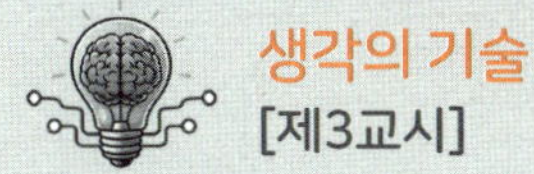

제논의 역설들은 대부분 무한에 관한 것입니다. 그래서 우리가 아는 미적분학이 나온 바탕이 되기도 하지요. 아킬레스와 거북이 역설은 당연히 현실에서는 일어나지 않죠. 그렇다면 어떻게 아킬레스와 거북이 역설을 반박할 수 있을까요? 함께 생각해 보아요.

수학은 신이 인간에게 말을 건네는 언어이다.

Mathematics is the language in which the gods talk to people.

플라톤의 다면체는 왜 다섯 개밖에 없는지를 설명합니다. 또한 이러한 아름다운 기하 구조가 향후 케플러에 의해 어떻게 행성 궤도에 사용되는지 살펴봅니다. 이 과정을 통해 수학적 사유가 우주의 질서를 이해하려는 인간의 오랜 탐구와 어떻게 맞닿아 있는지도 함께 조명합니다.

4

기하학을 모르는 자는 들어오지 마라

여러분은 혹시 로마의 바티칸 박물관 안에 있는 시스티나 예배당Sistine Chapel에 가보셨는지요? 시스티나 예배당에는 미켈란젤로Michelangelo의 천장화 〈천지창조〉와 같은 명작들이 꽤 많지만, 서양의 철학과 과학을 좋아하는 분이라면 [그림 4-1]에 보이는 〈아테네 학당The School of Athens〉을 직접 마주하고 싶으실 것입니다. 이 그림은 르네상스 시대에 이탈리아 화가 라파엘로Raffaello가 그린 벽화로, 서양 철학의 중요한 인물들을 한자리에 모아 놓은 것으로 유명합니다. 앞 장에서 살펴본 탈레스가 나오지 않은 것은 조금 섭섭하지만, 피타고라스와 제논은 등장합니다. 과연 어디에 있을까요? 재미 삼아 한번 찾아보시지요.

이 벽화의 정 가운데에 있는 두 인물은 서양 철학을 대표하는 플라톤과 아리스토텔레스입니다. 플라톤은 왼쪽에 붉은 가사를 입고 손가락으로 하늘을 가리키고 있으며, 그의 저서 《대화Timaeus》를 들고 있습니다. 플라톤의 오른쪽에서 푸른 가사를 두르고 그를 바라보는 사람은 플라톤의 제자 아리스토텔레스입니다. 그는 손바닥으

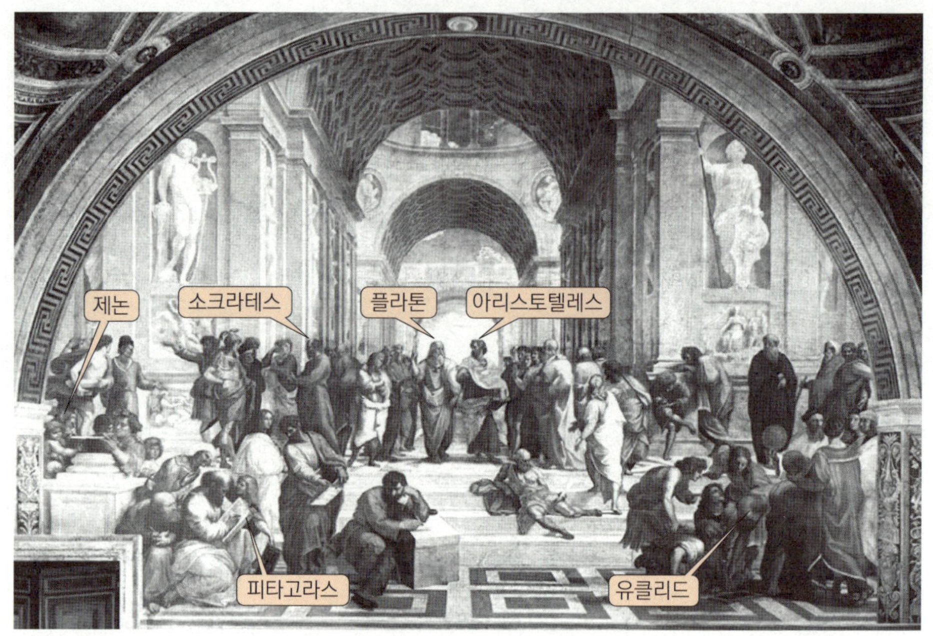

[그림 4-1] 라파엘로의 〈아테네 학당〉

로 땅을 가리키고 있으며 그의 저서 《니코마코스 윤리학Nicomachean Ethics》을 들고 있습니다.

이 두 사람의 왼편에는 플라톤의 스승인 소크라테스가 풀잎 색 옷을 입고서 논쟁을 벌이고 있습니다. 어쩌면 "너 자신을 좀 알라"고 말하고 있는지도 모르겠습니다. 왼쪽 아래로 시선을 옮기면 우리의 피타고라스가 연분홍색 옷을 입고 있습니다. 왼손에 잉크병을 들고 오른손으로 두껍고 큰 책에 무언가를 적고 있습니다. 모여 있는 사람들에게 '세상을 구성하고 움직이는 것은 눈에 보이지 않는 수數'라고 설명하는 듯합니다. 무한無限의 개념을 이용해서 재미난

   I. 생각의 탄생: 보이지 않는 질서를 발견하다

역설을 만들어 낸 제논은 왼쪽 가장자리의 아치가 시작하는 부분에
서 찾을 수 있습니다. 녹색 모자를 쓰고 있는 흰 수염을 가진 사람이
라고 하는데 마치 아이를 안고 있는 듯한 모습입니다.

이데아와 기하학

플라톤은 왜 손가락으로 하늘을 가리키고 있을까요? 이것은 그
의 철학적 사상, 특히 이데아론 Theory of Forms 을 상징하는 중요한 제
스처입니다. 플라톤의 이데아론*에 따르면, 모든 물리적 사물의 배
후에는 완전하고 변하지 않는 이데아가 존재합니다. 즉, 이 세계에
존재하는 모든 사물은 이데아의 모사에 불과하다고 주장합니다. 이
이데아는 물질 세계의 경험적 현실과는 별개의 차원에서 존재하며,
진정한 지식은 이데아를 인식하는 데서 나온다고 강조합니다. 플라
톤이 손가락으로 하늘을 가리키는 것은 이데아가 물질적 세계 너머
에 존재하는 형이상학적 세계에 있다는 것을 나타냅니다.

플라톤은 고대 그리스의 철학자이자 수학자로, 서양 철학과 수학
의 기초를 세운 인물 중 하나입니다. 플라톤은 수학적 대상들이 이

---

* 플라톤의 이데아론은 그의 저서 《국가(The Republic)》에 나오는 '동굴의 비유
(Allegory of the Cave)'로 잘 설명됩니다. 이 비유에 따르면, 우리가 공부하는
수학과 철학이란 동굴 벽면의 그림자(현상)만 보고 살던 우리가 고개를 돌려
태양(본질)을 바라보게 하는 훈련입니다.

데아의 예시라고 보았습니다. 예를 들어, 우리는 하루 동안 아주 다양한 원圓, circle 을 만납니다. 밥그릇이라든가 차바퀴라든가 어린이가 컴퍼스로 그린 원도 만나게 됩니다.

기하학에서 원은 '평면 위에서 한 점을 중심으로 두고, 중심으로부터 같은 거리에 있는 모든 점의 집합'으로 정의됩니다. 하지만 아주 미세하게 살펴본다면 정확한 원은 현실 세계에서 발견할 수 없습니다. 즉, 기하학에서 정의하는 원이데아은 현실 세계에는 없습니다. 밥그릇, 차바퀴, 어린이가 작도한 원 등은 모두 이데아를 흉내낸 것이라고 플라톤은 말하는 것입니다.

플라톤은 철학적 진리를 탐구하는 데 수학이 중요한 역할을 한다고 보았고 따라서 수학을 철학 교육의 기초로 가르쳤습니다. 왜냐하면 수학이 감각 경험에 의존하지 않고 순수한 이성적 사고를 통해 진리를 탐구할 수 있는 학문이라고 믿었기 때문입니다. 이러한 믿음을 직접적으로 보여 주는 것이 있습니다. 바로 플라톤의 아카데미아Academia* 입구에 새겨져 있었다고 전해지는 글귀입니다.

"기하학을 모르는 자는 이곳에 들어오지 마라."

---

* 플라톤은 그의 나이 42살이 되던 해인 B.C. 387년에 아테네 외곽에 아카데미아라는 학당을 세웠습니다. A.D. 529년 로마가 이곳을 폐쇄할 때까지 약 900년 동안 아카데미아는 서양 고등교육 시설의 전형으로 운영되었습니다. B.C. 367년에는 17살의 아리스토텔레스가 플라톤의 제자로 이 학당에 입교하였습니다. 라파엘로의 벽화 〈아테네 학당〉은 플라톤의 아카데미아를 상정하고 그렸을 것입니다.

    I. 생각의 탄생: 보이지 않는 질서를 발견하다

플라톤은 기하학이 영혼을 정화하고 진리에 도달하기 위해 중요한 도구라고 믿었습니다. 그는 자신의 주장을 기하학과 연결시키려고 시도한 철학자입니다. 이것을 설명하기 위해서는 먼저 그리스 철학자들의 원소론元素論에 대해 알아보아야 합니다.

1장에서 이미 살펴본 이야기입니다만, 탈레스 이전에는 자연 현상을 주로 신화와 전설에 의존하여 설명하였습니다. 탈레스는 자연 현상이 발생하는 원인을 찾고, 이를 과학적인 방식으로 설명하려고 시도한 첫 번째 역사적 인물입니다. 인간을 신화의 세계에서 이성의 세계로 인도한 탈레스는 만물의 근원을 물이라고 주장했습니다. 비슷한 시대에 다른 철학자들도 만물의 근원에 대해 고민하였고 그 결과로 아낙시메네스는 '공기'를, 헤라클레이토스는 '불'을 만물의 근원이라고 주장하였습니다.

그러나, 초기 철학자들의 일원론은 세상의 다양성을 더 설득력 있게 설명하고자 하는 다원론적 사고로 진화하기 시작했습니다. 예를 들어 만물의 근원을 빛과 어둠이라는 두 요소로 보는 시도처럼 일원론을 탈피하게 되었지요. 이러한 흐름 속에서 엠페도클레스Empedokles는 불, 공기, 물, 흙이라는 네 가지 원소가 만물의 기본 요소라는 4원소론(四元素論)을 정립하며 다원론의 체계를 굳건히 다졌습니다. 이후 4원소론은 플라톤과 아리스토텔레스를 거치며 더욱 정교하게 발전하게 됩니다.

플라톤의 정다면체

플라톤은 자신이 발전시킨 4원소론을 기하학을 이용하여 설명하고 있습니다. 플라톤은 정다면체에 특별한 의미를 부여하여 다섯 가지의 정다면체正多面體로 세상을 구성하는 원소들을 설명합니다. 그래서 정다면체를 플라톤의 입체도형 Platonic Solid 이라고도 부릅니다[그림 4-2].

정다면체는 모든 면이 합동인 정다각형으로 이루어져 있으며, 각 꼭짓점에서 만나는 면의 개수가 같은 도형을 말합니다. 우리가 자주 볼 수 있는 정다면체는 정육면체로 주사위가 대표적입니다. 정육면체는 각 면이 모두 합동인 정사각형으로 되어 있고, 각 꼭짓점에 모인 면의 개수가 3개로 똑같습니다. 정다각형은 무수히 많이 존재할 수 있지만, 정다면체는 정사면체, 정육면체, 정팔면체, 정십이면체, 정이십면체로 오직 5개뿐입니다.

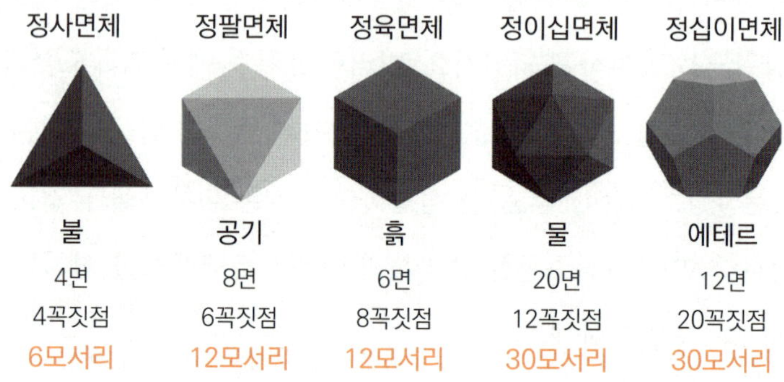

[그림 4-2] 플라톤의 입체 도형

   I. 생각의 탄생: 보이지 않는 질서를 발견하다

여러분도 어렸을 때 도형의 전개도를 가지고 정육면체를 조립했던 기억이 날 것입니다. 초등학교 저학년 때는 평면 도형을 주로 배우지만, 고학년이 되면서 입체 도형을, 그중에서도 특히 정육면체를 포함하는 정다면체에 대해 배웠죠.

사실 정다면체는 고대 그리스 시대부터 연구되었답니다. 문헌에 따르면, 피타고라스학파는 이미 정사면체, 정육면체, 정십이면체를 알고 있었을 가능성이 큽니다. 그리고 정팔면체와 정이십면체는 플라톤의 동료였던 수학자 테아이테토스가 발견했다는 견해가 유력합니다. 어떤 경우든, 테아이테토스가 볼록 정다면체는 오직 이 다섯 가지만 존재한다는 사실을 최초로 증명한 인물로 여겨집니다.

이렇게 플라톤 이전에는 순수하게 수학적 차원에서 정다면체를 연구하였으나, 플라톤은 철학적 차원으로 정다면체를 연구하였고 자신의 저서 《대화》에서 우주의 창조와 물질의 변화를 정다면체를 이용하여 설명하고 있습니다. 플라톤은 불fire을 사면체로 비유하였는데, 사면체는 네 면과 네 꼭짓점을 가지며 뾰족하고 날카로운 모양이 불의 특성과 일치한다고 보았습니다. 공기air는 팔면체로 비유하였는데, 팔면체는 여덟 면과 여섯 꼭짓점을 가지며 상대적으로 부드럽고 유연한 모양이 공기의 특성과 일치한다고 보았습니다. 흙earth은 정육면체로 비유하였는데, 정육면체는 여섯 면과 여덟 꼭짓점을 가지며 안정적이고 단단한 모양이 흙의 특성과 일치한다고 보았습니다. 물water은 이십면체로 비유하였습니다. 이십면체는 스무 면과 열두 꼭짓점을 가지며 유동적이고 부드러운 모양이 물의 특성과 일치한다고 보았습니다. 마지막으로 황도 12궁처럼 12개의 면을 가지고 있는 정십이면체는 지상의 물질을 넘어선 천상의 물질인 에테르aether를 상징한다고 주장하였습니다. 에테르는 영원불변한 별들의 세계, 즉 우주를 구성하는 원소로서 신성하고 순수한 물질로 여겨졌습니다.

여기서 잠깐만요. 혹시 브루스 윌리스와 밀라 요보비치가 주연으로 나오는 〈제5원소〉라는 영화를 보신 적이 있는지요? 뤽 베송이 감독한 이 영화는, 거대한 행성이 다가오며 지구가 멸망할 위기에 처하지만 이것을 다섯 개의 원소로 해결해 나가는 이야기입니다. 영화 속에 나오는 이집트 피라미드 안의 4개의 돌은 플라톤의 4원소, 즉 불, 물, 흙, 공기와 같고, 플라톤이 제5원소라 불렀던 에테르는 사랑으로 각색되어 나옵니다.

플라톤이 4원소들을 정다면체와 연관시켜 생각하였다는 것은 과학적이기보다는 어찌 보면 영화 〈제5원소〉에서처럼 상상력의 결과가 아닌가 생각되기도 합니다. 그러나 인류가 지금까지 발전해 오면서 새로운 학문을 처음 열 때는 대부분 멋진 상상력으로 시작하였다는 것을 강조하고 싶습니다. 이 책의 12장에서 소개할 케플러J. Kepler가 행성의 궤도를 다섯 개의 정다면체와 연관시켜 설명한 것이나, "두 눈을 감고 우주를 보았다"고 말한 천재 수학자 오일러L. Euler가 정다면체를 포함한 다면체 정리를 밝혀낸 것 등은 이러한 플라톤의 상상력에서 시작된 것이라고 말할 수 있겠습니다.

이 책에서는 아쉽게도 오일러라는 집념의 수학자에 대해서 따로 다루지 못했습니다. 그래서 정다면체와 관련된 이야기를 하면서 여기에 오일러를 간략하게 소개하고자 합니다.

그는 18세기를 대표하는 수학자로, 수많은 공식과 기호를 정립하여 현대 수학의 기초를 닦은 인물입니다. 그는 특히 다면체 공식을 발견함으로써, 고대 그리스인들이 직관적으로 찾았던 정다면체는 단 5개뿐이라는 사실을 수학적 공식으로 증명해 냈습니다.

오일러의 다면체 공식은 아주 간단합니다. 모든 볼록 다면체에서 다음 식이 성립한다는 것이지요.

$$V - E + F = 2$$

여기서, V는 꼭짓점의 수, E는 모서리의 수, F는 면의 수를 말합니다.

그런데 다면체가 정다면체가 되기 위해서는 다음 두 가지 조건이 필요합니다.

⑴ 다면체를 이루는 정다각형은 모두 동일한 것이어야 하므로 정다각형의 변의 수(m)는 모두 같아야 한다. 단, $m \geq 3$ (즉, 삼각형 이상)

⑵ 한 꼭짓점에 모이는 면의 개수(n)가 모두 같아야 한다.

　단, $n \geq 3$ (입체도형이 되기 위한 조건임)

이 두 가지 조건과 오일러의 다면체 정리를 함께 생각해 보면, 모서리의 수(E)는 다음과 같은 식으로 정리됩니다. (이 식을 직접 유도해 보시죠. 유도과정은 다음 페이지를 참고하세요. 수식 울렁증이 있는 독자는 패스해도 됩니다.)

$$E = \frac{2mn}{2m + 2n - mn}$$

여기서 분모는 반드시 0보다 커야 합니다. 왜냐하면 모서리의 수는 양수이어야 하니까요. 따라서 다음의 부등식을 얻을 수 있습니다.

$$2m + 2n - mn > 0$$

이제 이 부등식을 만족하는 3 이상의 자연수 m과 n의 조합을 찾아보면 다음 표에서처럼 오직 다섯 가지 경우만 나옵니다. 즉, 정다면체의 개수는 다섯 개라는 것이 증명된 것이지요. 이 부등식과 아래 표를 이용해서 직접 확인해 보시기를 권합니다.

구성하는 정다각형의 모양(m)	한 꼭지점에 모이는 면의 수(n)	정다각형의 모양
정삼각형 (3)	3개	정사면체
	4개	정팔면체
	5개	정이십면체
정사각형 (4)	3개	정육면체
정오각형 (5)	3개	정십이면체

정리하자면 테아이에테토스의 증명은 "도형을 직접 붙여 보니 다섯 개 말고는 안 만들어지네!"라는 기하학적 증명이었다면, 오일러의 증명은 "공식에 대입해 보니 만족하는 해가 5개밖에 안 나오네!"라는 대수학적 증명이라고 비교할 수 있습니다.

오일러를 소개할 때, 보통 "눈이 멀어가는 역경 속에서도 머릿속으로 수천 개의 공식을 계산해 낸 위대한 수학자'라는 수식어가 따라옵니다. 갑자기 악성樂聖 베토벤이 떠오르네요. 음악가에게 청력이, 수학자에게 시력이 생명과도 같음을 생각할 때, 베토벤과 오일러의 위대함은 그 결핍마저 창조의 동력으로 삼은 것이 유사하기 때문인 것 같습니다. 소리를 듣지 못하게 된 뒤 탄생한 베토벤의 합창 교향곡처럼, 눈이 안 보일 때 비로소 보이기 시작한 오일러의 엄청난 공식들은 인간 승리의 놀라운 결과물입니다.

〈식의 유도과정〉

정다면체의 한 면이 정m각형이고 면의 수가 F개라면, 모든 변의 개수는 mF입니다. 그런데 모서리는 두 개의 면이 만나서 생기므로, 실제 모서리의 수 E는 전체 변의 수의 절반이 됩니다.

$$즉, E = \frac{mF}{2} \text{이고, 따라서 } F = \frac{2E}{m}$$

또한, 한 꼭짓점에 n개의 면이 모인다는 것은 그 꼭짓점에 n개의 모서리가 모인다는 것과 같습니다. 모든 꼭짓점에서 나오는 모서리를 다 더하면 nV가 되는데, 하나의 모서리는 두 개의 꼭짓점을 연결하므로 모서리의 수 E는 nV의 절반이 됩니다.

$$즉, \ E = \frac{nV}{2} \ 이고, \ 따라서 \ V = \frac{2E}{n}$$

이제 F와 V를 오일러의 다면체 공식에 대입하여 E를 구합니다.

$$E = V + F - 2 = \frac{2E}{n} + \frac{2E}{m} - 2 \ 이고,$$

양변에 mn을 곱하면, $mnE = 2mE + 2nE - 2mn$이 되는데

이것을 E에 대해 정리하면 $E = \dfrac{2mn}{2m + 2n - mn}$을 얻게 됩니다.

I. 생각의 탄생: 보이지 않는 질서를 발견하다

플라톤은 아주 유명한 철학자입니다. 그런데 그는 플라톤의 정다면체로도 유명하지요. 다음은 정육면체의 전개도입니다. 정육면체의 전개도는 이것말고도 10개나 더 있답니다. 한번 그려보시겠어요? 또한, 정팔면체의 전개도는 어떻게 그리면 될까요? 플라톤이 우주를 상징한다고 이야기했던 정십이면체의 전개도는 어떻게 그리면 될까요? 함께 생각해 보아요.

증명 없이 받아들일 수 있는 것은 증명 없이 거부될 수 있다.

What can be asserted without proof can be denied without proof.

유클리드는 단지 기하학자에 그치지 않고, 《원론》에서 공리와 논리적 증명을 체계화하여
이후 수천 년 동안 서양 학문의 뼈대를 구축하였습니다. 《원론》은 정답을 주지 않습니다.
대신, 스스로 진리에 도달하는 방법을 가르쳐주는 가장 위대한 책입니다.

5

공부하는 왕들

조선 시대의 왕은 유럽의 왕들과는 많이 달랐습니다. 조선의 왕은 유럽의 왕처럼 절대권력자라고 말할 수가 없지요. 마음먹은 일을 하고 싶어도 신하들과의 토론을 거쳐야 할 수 있었으니까요. 반드시 명분이 있어야 신하들의 허락(?)이 가능하였는데 가장 중요한 명분은 바로 백성을 위해서 일해야 한다는 것이었습니다. 물론 이것을 잘 안 지킨 왕도 있었지만요.

2023년 10월 15일에 광화문은 새롭게 단장한 모습으로 시민에게 공개되었습니다[그림 5-1]. 일제강점기 시절, 경복궁 안에다가 조선총독부 건물을 집어넣은 일본은 광화문 앞에 있던 월대月臺도 없앴습니다. 월대는 조선 시대 궁궐 앞에 설치된 장소로, 이곳에서 왕이 백성과 소통했다고 합니다. 고증을 거쳐 약 2년 동안 복원사업을 추진하였고 드디어 과거 경복궁의 모습이 되살아났습니다.

월대의 가운데에는 폭 7m의 어도御道라 부르는 왕의 길이 있습니다. 조선의 왕이 멋진 곤룡포를 입고 광화문을 열고 일직선으로 쭉 뻗은 이 길을 걸어 나와 백성들과 직접 이야기를 나누었다는 것이

[그림 5-1] 경복궁 월대(月臺)와 어도(御道)

죠. 이런 풍경을 상상하는 것만으로도 기분이 좋아집니다. 권위로 군림하던 유럽의 군주들과 달리, 탁 트인 길 위에서 백성의 목소리에 귀 기울이고자 했던 조선 왕의 모습은 우리에게 자부심을 안겨 줍니다.

왕들은 무엇을 공부하였을까?

고대로부터 어느 나라이건 왕들은 백성을 잘 다스리기 위해 다양한 공부를 하였습니다. 특히, 기후에 대한 공부는 꼭 필요하였죠. 농사와 깊이 관련이 있었으니까요. 언제 비가 많이 오는지, 언제 가뭄

   I. 생각의 탄생: 보이지 않는 질서를 발견하다

이 드는지 등을 알아야 왕권을 잘 유지할 수 있었습니다. 그런 이유로 달력을 정확하게 만드는 일 역시 왕들에게는 매우 중요한 과업이었습니다. 따라서 왕들은 천문학, 기상학, 기하학, 건축학, 기계공학 등 다양한 학문을 공부해야 했습니다. 이집트의 왕이 그랬고 중국의 왕도 그랬고 고구려, 신라, 고려, 조선의 왕도 그랬습니다.

세종대왕이라고 하면 떠오르는 많은 업적 중에 해시계^{앙부일구, 현주일구, 천평일구, 정남일구 등}, 물시계^{자격루}, 천문기기^{혼천의, 간의, 관천대, 규표 등}, 기후측정기^{풍기대, 수표, 측우기 등} 등은 모두 농사를 잘 짓기 위해서 필요한 도구로서 천문학과 수학적 지식이 없이는 제작할 수 없는 것이었습니다.

세종대왕은 천문과 역법을 연구하기 위해 직접 수학을 공부하였답니다. 다음은 《세종실록》* 50권에 나오는 기사입니다.

임금이 계몽산^{啓蒙算}을 배우는데, 부제학 정인지^{鄭麟趾}가 들어와서 모시고 왕의 질문을 기다리고 있으니, 임금이 말하기를, "임금이 직접 산수^{算數}를 필요로 하는 일은 없을 것이지만, 이것은 성인이 제정한 것이므로 나는 이것을 알고자 한다" 하였다.

---

* 《세종실록》은 총 163권 154책으로 구성된 방대한 기록물입니다. 특히 제76권의 내용이 최근에 관심을 끌었습니다. 왜냐하면 2017년 네이처(Nature)지에 실린 논문의 중요한 참고문헌이 되었기 때문이죠. 이 논문은 별의 진화 과정 중 특히 신성이 폭발한 뒤 다시 폭발하기까지의 반복 주기를 밝혀 내기 위한 것인데, 600년 전의 우리 선조의 기록이 핵심 근거가 되었답니다.

여기서 계몽산이란 원나라의 주세걸이 1299년에 지은 수학책으로 정식 명칭은 《신편산학계몽 新編算學啓蒙》입니다. 이 책에는 곱셈, 나눗셈은 물론 원주율, 제곱근 구하기 등 259개의 문제가 실려 있는 상당히 어려운 수학책이라고 합니다. 부제학 정인지는 우리나라 최초의 역법서인 《칠정산 내편》*을 편찬하는 데 참여한 신하였는데 세종대왕이 계몽산에 나오는 수학 문제를 풀다가 어려운 부분이 나오면 정인지에게 물어 설명을 들었다고 합니다.

당시 조선의 신하들은 세종대왕이 국정 업무만으로 바쁜 와중에도 유학儒學이 아닌 수학을 공부하는 임금이 못마땅하였는지 수학을 공부하지 말고 유학 공부에 힘쓰기를 간언하였다고 합니다. 위의 기사는 그에 대한 세종대왕의 답변인 셈이지요. 즉, 유교의 나라 중국에서도 성인들이 수학을 익혔으니 나도 수학 공부를 해야겠다고 신하들의 요청을 거절한 것이었죠.

---

* 《칠정산(七政算) 내편》은 1444년(세종 26년)에 출판된 역법서로서 해, 달, 화성, 수성, 목성, 금성, 토성을 의미하는 칠정의 위치를 계산하는 방법이 포함되어 있습니다. 당시 한양을 기준으로 하여 해가 뜨고 지는 시간과 밤낮의 길이 등을 나타낸 표도 들어 있어 중국이 아닌 우리나라를 표준으로 천문학을 재정비한 기술력을 보여 줍니다.

  I. 생각의 탄생: 보이지 않는 질서를 발견하다

이집트의 왕은 수포자?

왕이 수학을 공부하였다는 이야기는 고대 이집트에도 전해집니다. 프톨레마이오스 Ptolemy 1세는 B.C. 367년경 마케도니아(지금의 그리스 일부)에서 태어났습니다. 마케도니아 알렉산더 대왕 휘하의 장군으로 페르시아 원정과 인도 원정에도 참여하였습니다. 어린 시절 그는 알렉산더 대왕과 가까운 사이로 아리스토텔레스에게 함께 가르침을 받았다고 전해집니다. 알렉산더 대왕 사후에 이집트에 프톨레마이오스 왕국을 건립하여 초대 파라오가 되었지요.

프톨레마이오스 1세는 이집트의 수도 알렉산드리아에 도서관을 지은 것으로 유명합니다. 알렉산드리아 도서관은 고대 세계에서 가장 큰 규모의 도서관으로 알려져 있으며, 철학, 과학, 수학, 문학, 의학 등 다양한 분야에 걸쳐 수십만 권의 두루마리를 소장하고 있었던 것으로 추정됩니다. 당대 최고의 학자를 도서관장으로 임명하고, 전 세계의 학자들을 알렉산드리아로 초빙하는 등 세계 최고의 도서관으로 유명합니다.

알렉산드리아 도서관은 로마가 이집트를 정복한 B.C. 30년대까지 지식과 학문의 중심지로 여겨졌습니다. 프톨레마이오스 왕조의 마지막 통치자인 클레오파트라도 천문학에 조예가 깊었으며 특히 지구의 둘레를 정확하게 계산한 것으로 유명한 에라토스테네스 등의 천문학자도 알렉산드리아에서 활동하였답니다.

프톨레마이오스 1세가 기하학을 공부한 것이 드러나는 유명한 일화가 있습니다. 그는 자신의 왕국을 세우고 통치하기에 시간과 노력이 많이 들었을 테니까 기하학을 조금 쉽고 빠르게 배우고 싶었겠죠. 그래서 자신의 스승인 유클리드에게 "기하학을 쉽게 배울 수 있는 방법이 없겠소?"라고 물었답니다. 이때 유클리드의 그 유명한 명언이 나오죠. "왕이시여. 길에는 왕께서 다니시도록 만들어 놓은 왕도가 있지만, 기하학에는 왕도가 없습니다".

유클리드의《원론》

유클리드는 고대 그리스의 수학자로, 정확한 생사의 기록은 전해지지 않으나 대략 B.C. 300년경에 활동한 것으로 알려져 있습니다. 그는 '기하학의 아버지'로 불리며, 그의 주요 저작인《원론元論, Elements》은 기하학의 기초를 세운 중요한 저서입니다. 위키피디아에 따르면,《원론》은 가장 성공적이고 영향력이 큰 교재로서 인쇄술이 발명된 이후 성경책 다음으로 가장 많이 재출간된 책이기도 합니다.

유클리드의《원론》은 13권으로 구성되어 있으며, 점, 선, 면, 각, 도형 등 기하학의 기본 개념부터 시작하여, 평면기하학, 수론, 비례론, 입체기하학 등에 관한 다양한 정리와 증명을 포함하고 있습니다.《원론》은 기하학 명제들을 체계적으로 배열하고 논리적으로 증명하는 방식을 통해 기하학의 기초를 확립하였습니다. 유클리드는 논리적 추론을 통해 기하학 명제를 증명하는 체계를 구축했으며, 이는 수학적 증명의 표준이 되었습니다.

유클리드의 대표 저서 《원론》 표지
출처: 위키피디아

《원론》은 2000년 이상 동안 수학 교육의 교재로 사용되었습니다. 아마도 독자 여러분은 이 책을 읽어 보지는 않았을 수 있으나 이 책에 나오는 내용은 거의 다 알고 계실 것입니다. 아니라고요? 그러실까요? 설마 정삼각형이 무엇인지, 이등변 삼각형이 무엇인지 모르시진 않겠죠? 삼각형의 합동, 원에 내접하는 삼각형 등이 이 책에 설명되어 있답니다. 제1권의 마지막에는 그 유명한 피타고라스의 정리가 증명되어 있습니다.

그 밖에도 소수, 최대공약수, 최소공배수, 무리수, 구, 원기둥, 정다면체 등에 대한 성질도 증명되어 있답니다. 특히, 최대공약수를 구하는 '유클리드의 호제법'이라든가 소수는 무한히 많다는 것도 들어보셨을 것입니다. 그러니, 이제 어디에 가서도 유클리드의 《원론》을 '웬만큼은' 안다고 하셔도 됩니다.

《원론》의 서술 방식

유클리드의 《원론》은 그 내용도 중요하지만 그것을 서술하는 방식에서 더욱 유명하다고 할 수 있습니다. 이 책의 구성은 정의, 공리, 공준, 정리, 증명^{證明}의 순서로 되어 있습니다.

'정의^{定義, definition}'란 사용하는 용어의 뜻을 미리 약속하는 것입니다. 《원론》에 나오는 정의 중 점과 선의 정의를 예로 보여 드리겠습니다.

"점은 위치만을 가지고 있으며 크기가 없다."

"선은 폭이 없고 길이만 있는 것이다."

'공리^{公理, axiom}'는 모든 수학적 논리에서 보편적으로 적용되는 자명한 진리들입니다. 예를 들면, 《원론》에는 "같은 것들에 같은 것을 더하면 그 결과는 같다"라는 공리가 있습니다. 만일 $a = b$이고 $c = d$라고 하면, $a+c = b+d$가 되는데 이렇게 자명한 것을 공리라고 합니다.

'공준^{公準, postulate}'은 공리와 거의 유사한데, 굳이 구분을 한다면 수학의 특정 분야에서 참이라고 인정하고 시작하는, 논리 전개를 위한 가정을 말합니다. 그러니까 《원론》에서의 공준은 이후 설명할 기하학 분야의 정리들을 증명할 때 참이라고 인정하는 가정인 것입니다. 유클리드는 다섯 개의 공준을 제시하였습니다. 첫 번째 공준

　　　　　I. 생각의 탄생: 보이지 않는 질서를 발견하다

은 "두 점을 잇는 직선은 하나뿐이다"입니다. 마지막 공준은 "주어진 직선과 직선 위에 있지 않은 한 점이 있을 때, 그 점을 지나고 주어진 직선에 평행한 또 다른 직선은 오직 하나만 존재한다"입니다.

마지막 공준을 평행선 공준 Parallel Postulate 이라고 부르는데 오랫동안 다른 공준들에 비해 덜 직관적이라고 여겨졌고, 수학자들은 이 공준을 증명하려고 시도했지만 결국 성공하지 못했습니다. 이러한 시도는 결국 비유클리드 기하학 Non-Euclidean Geometry 의 탄생으로 이어졌으며, 이는 수학과 물리학에 중요한 영향을 미쳤습니다. 예를 들어 지구와 같은 구에서 시간대를 구분하는 경도는 모두 평행한 것으로 간주되지만 실제로는 북극점과 남극점에서 만납니다. 이와 같이 비유클리드 기하학은 유클리드 기하학의 평행선 공준을 이해하고 수정하려는 시도에서 발전했습니다. 예를 들어 19세기 독일의 수학자 리만은 타원기하학을 발전시켰습니다.

정의, 공리와 공준 다음에 나오는 것이 바로 '정리 定理, proposition' 입니다. 정리는 기하학적 명제로, 유클리드가 설정한 공리와 공준을 바탕으로 논리적으로 증명된 결과들을 의미합니다. 각 정리는 특정한 기하학적 문제를 다루거나, 기하학적 개념을 설명하고 증명합니다.

유클리드의 《원론》에는 총 465개의 정리가 포함되어 있습니다. 여러분이 중학교 때 배우셨던 정리들도 많이 나옵니다. 예를 들어 보겠습니다. "정리 1: 주어진 선분을 한 변으로 하는 정삼각형을 구성할

수 있다"는 것을 기억하시나요? 아니면 **"정리 5: 이등변삼각형에서 두 밑각은 서로 같다"**는 분명 기억하실 것이라고 믿어요. 《원론》에서 가장 유명한 피타고라스의 정리는 47번째에 나옵니다. **"정리 47: 직각삼각형에서, 빗변의 제곱은 나머지 두 변의 제곱의 합과 같다."**

이제 다시 《원론》이라는 책이 갖는 특징으로 돌아가겠습니다. 일반적으로 수학책이라면 정의, 정리, 증명의 순서로 구성됩니다. 예전에 배우셨던 수학을 기억해 보세요. 예를 들어, 집합이라는 수학 대상에 대해 생각해 보면, 먼저 집합이 무엇인지, 원소가 무엇인지, 공집합은 무엇이고 부분집합은 무엇이며 집합 A와 집합 B의 합집합 $A \cup B$가 무엇인지 등을 약속합니다. 즉, 사용할 용어를 정의하는 것이죠. 그런 다음에 집합에서의 성질(수학적 용어로 '정리'라고 합니다)들을 제시하고 증명합니다. 예를 들면 집합과 집합의 합집합은 교환법칙이 성립한다는 성질($A \cup B = B \cup A$)을 제시하고서 이 성질을 엄밀하게 증명하지요.

이와 같이 수학책은, 수학에서 어떤 대상을 이해하기 위해서 필요한 용어를 먼저 엄밀하게 잘 정의하여야 합니다. 그런 다음에 누구든 부인하지 못하는 공리와 공준을 정하고 그것으로부터 대상이 가지고 있는 성질을 정리로 주장하며, 그 주장을 논리적으로 아무 문제가 없게 증명합니다. 제대로 된 수학책이라면 모두 이러한 순서를 따릅니다.

  I. 생각의 탄생: 보이지 않는 질서를 발견하다

오류가 없는 책 쓰는 방법

《원론》의 이러한 구성은 어떤 책이든 처음부터 끝까지 단 하나의 오류도 없게 쓸 수 있는 방법을 알려 줍니다. 즉, 처음에 부인할 수 없는 명제 공리와 공준를 시작으로 하여 엄밀한 증명이 있는 또 다른 명제 정리를 계속 적어 나간다면 그 책은 처음부터 끝까지 논리적 오류가 없는 내용으로 채울 수 있게 됩니다.

《원론》의 이러한 구성은 수학책에만 적용되지 않습니다. 대표적인 사례로 만유인력을 발견하고 미적분을 만든 아이작 뉴턴의 《프린키피아–자연철학의 수학적 원리》라는 책도 《원론》의 구성을 따르고 있습니다. 《프린키피아》는 3권으로 구성되었는데 1권의 목차를 보면 정의들, 공리 또는 운동의 법칙, 운동의 법칙에 대한 수학적 보조정리, 물체의 운동에 관한 정리 등의 순서로 이루어졌습니다. 즉, 정의와 공리를 앞에 두고 그것을 바탕으로 정리를 증명해 나가는 《원론》과 구성이 완전히 같습니다.

뉴턴의 《프린키피아》를 아직 읽어 보지 못한 독자를 위해서 다른 사례를 알려드리겠습니다. 우리는 사회적 동물로서 많은 법이나 규칙을 만듭니다. 크게는 우리나라 헌법이나 작게는 동창회 회칙 같은 것들입니다. 관심을 가지고 보시면 법조문이나 회칙은 정의부터 시작합니다. 예를 들어 모 대학의 동창회 회칙의 제1조는 다음과 같이 되어 있습니다. "본회는 ○○대학교 자연과학대학 수학과 동창

회라 칭한다." 즉, 동창회의 이름을 정의하고 있습니다. 다양한 계약서에서도 갑이 누구인지, 을이 누구인지부터 정의하고 시작되는 것이 일반적입니다. 그런 다음 미리 정의된 어떤 상황이 되었을 때 갑은 을에게, 또는 을은 갑에게 어떠한 조치를 취한다는 식으로 서술되고 있지요.

또 다른 사례를 이야기해 볼까요. 유클리드의 《원론》은 미국의 제3대 대통령인 토머스 제퍼슨에게도 영향을 미쳤습니다. 제퍼슨은 유클리드의 논리적 증명 방법을 매우 높이 평가했으며, 그의 사상과 글에서 유클리드의 영향을 쉽게 찾아볼 수 있습니다. 제퍼슨은 "나는 유클리드에 따라 증명되지 않는 한 그 어떤 것도 사실로 받아들이지 않습니다"라고 말할 정도로 유클리드의 논리적 사고를 존경했습니다. 제퍼슨은 미국 독립선언문의 주요 작성자로서 초안을 작성하였는데, 그래서 독립선언문은 그 논리적 구성이 《원론》과 매우 유사하답니다.

독립선언문의 두 번째 문단은 다음과 같이 시작됩니다. "우리는 다음과 같은 진리를 자명한 것으로 여긴다. 모든 인간은 평등하게 창조되었으며, 창조주는 그들에게 생명, 자유, 행복 추구의 권리를 부여하였다." 즉, 선언문은 먼저 "모든 사람은 평등하게 창조되었다"라는 자명한 공리를 선언하고, 그 다음에 영국 왕의 부당한 행위들을 열거하며, 마지막으로 미국 독립의 필요성을 누구도 부인할 수 없는 결론으로 도출합니다.

  I. 생각의 탄생: 보이지 않는 질서를 발견하다

혹시 여러분은 '처음부터 끝까지 단 하나도 틀리지 않게 쓸 수 있는 방법'으로 책을 쓰고 싶지 않으신가요? 그렇다면 유클리드의 《원론》에서 보여 주는 구성을 따르시면 됩니다. 즉, 먼저 사용할 용어를 정의하시고 누구나 인정할 수밖에 없는 공리를 적으시고 그 공리로부터 논리적으로 새로운 사실들을 서술해 나가면 됩니다. 참 쉽죠? 가능하다면 증명도 포함하시면 더욱 좋겠고요.

저놈에게 동전 한 닢을 던져 주어라

이제 이번 장의 주인공이라고 할 수 있는 유클리드가 학문적 탐구와 교육 방식에 얼마나 엄격했던가를 알 수 있는 일화를 알려 드립니다. 어느 날 한 제자가 유클리드에게 기하학을 배우는 것이 무엇에 좋은지 물었습니다. 그러자 유클리드는 "배운 후에는 너의 정신이 날카로워질 것이다"라고 대답했답니다. 이것은 유클리드가 기하학을 통해 논리적 사고와 문제 해결 능력을 기를 수 있다고 믿었음을 보여 줍니다. 또 다른 제자 한 명이 "이렇게 딱딱한 정리들을 배워서 무엇을 얻을 수 있습니까?"라고 질문하였더니 유클리드는 답을 하지 않고 주변에 있던 노예 한 명을 불러서 이렇게 말했답니다. "저놈에게 동전 한 닢을 던져 주어라. 저놈은 자신이 배운 것으로부터 반드시 본전을 찾으려는 놈이다."

사실 한 국가를 다스리는 임금이나 대통령은 수학을 공부해야 합니다. 수학은 단순히 숫자 계산을 넘어 복잡한 문제를 분석하고 최선의 답을 찾을 수 있도록 생각하는 힘을 길러 주는 훈련 과정이기 때문입니다. 그래서 유클리드는 왕에게 "수학에는 왕도가 없다"는 말을 했을 것입니다.

수학을 배우는 임금님을 조상으로 가진 우리나라는 참 행복한 나라입니다. 대통령이 되고 싶은 분들도 수학 공부 좀 하시면 좋겠습니다. 그래서 논리적 사고와 문제 해결 능력을 갖춘 대통령을 만났으면 참 좋겠습니다. 참고로 미국의 20대 대통령인 제임스 가필드James Garfield는 피타고라스의 정리를 증명한 사람으로도 유명합니다. 2장의 마지막 부분 '생각의 기술'에서 피타고라스 정리의 증명을 위해 제시한 그림은 바로 가필드 대통령이 증명에서 사용했던 그림이랍니다.

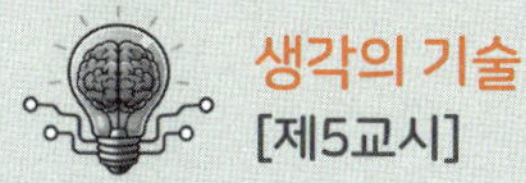

다음 문제는 세종대왕이 열심히 공부했다고 전해지는 수학책 《계몽산》에 나오는 문제입니다. 어떤 문제일까요? 함께 생각해 보아요.

지금 정사각형 밭과 원형 밭이 각각 하나씩 있는데, 면적의 합은 9.49무다. 다만, 정사각형 밭의 한 변의 길이와 원형 밭의 지름의 길이가 서로 같다고 한다. 정사각형 밭의 한 변의 길이는 몇 보인가?

힌트 무는 밭 한 이랑의 면적으로 30평 정도이고 1무는 240제곱 보임. 또한 지름이 1인 원의 면적은 당시 $\dfrac{3}{4}$으로 계산함.

참고 지름이 1인 원은 반지름이 $\dfrac{1}{2}$이므로 이 원의 면적은 $\dfrac{\pi}{4}$가 되는데 이것을 $\dfrac{3}{4}$으로 두고 계산하였다는 것은 π를 3으로 간주하였다고 볼 수 있음.

II

생각의 도약:
보이지 않는 값을 설계하다

내게 서 있을 자리만 준다면, 나는 지구를 옮기겠다.
Give me a place to stand on, and I will move the Earth.

아르키메데스는 어떤 상황에서 '유레카!'라는 기쁨의 환호를 하게 되었을까요? 그는 부력의 원리에서 기하학의 극한까지, 자연과 수학이 하나라는 진실을 찾아냈습니다. 그는 원을 다각형으로 쪼개고 또 쪼개며, 무한에 가까운 계산으로 숨겨져 있던 원주율(π)을 강제로 끌어낸 사람입니다.

역사상 최초의 스트리커

우리 세상에는 무수히 많은 원圓들이 존재하고 있습니다. 아침 식사할 때 그릇에서도, 물 마시는 컵에서도 우리는 원을 보게 됩니다. 출근할 때 타는 버스나 자전거의 바퀴에서도 원을 만납니다. 모든 변의 길이가 같은 정삼각형, 정사각형, 정오각형 등이 계속 변의 수를 늘려 나간다면 최종적으로는 원의 모습으로 수렴합니다. 원이란 참 요상한 도형이지요.

완벽한 대칭성과 무한한 연속성 때문에 원은 고대부터 다양한 문화와 철학, 종교에서 완벽함과 신성함의 상징으로 여겨져 왔습니다. 그리스 철학자 플라톤은 자신의 이데아론에서 원을 완벽한 형상의 하나로 여겼습니다. 피타고라스 학파는 원의 대칭성과 균형을 우주와 자연의 조화로운 질서의 상징으로 보았습니다. 그들은 원이 모든 각도로부터 동일하게 보이며, 시작과 끝이 없다는 점에서 영원과 무한을 상징한다고 믿었습니다.

고대 이집트에서는 태양신 라Ra를 원으로 묘사하였는데, 이것은 원이 신성한 순환과 재생을 의미하기 때문이었으며, 영원히 지속되는 생명의 상징으로 여겼기 때문이랍니다[그림 6-1](a). 또한 고대 인도와 티베트의 만다라Mandala는 우주의 상징을 원으로 나타냅니다. 명상과 영적 수행에서 만다라는 우주와 인간의 내적 세계 사이의 조화를 표현합니다. 불교에서 엔소Enso는 한 붓으로 그린 원을 의미하는데, 이것은 무한, 절대적인 깨달음의 상태, 순간의 아름다움, 깨달음의 여정 등을 나타내며 불교의 공空과 무無의 개념을 반영하는 중요한 상징입니다[그림 6-1](b).

 말이 조금 길어졌습니다만, 이렇게 원은 인류에게 완벽함과 신성

(a) 라신　　　　　　　　(b) 엔소

[그림 6-1] 종교적 차원에서의 원

출처: 위키피디아

함의 상징으로 이용되었습니다. 뿐만 아니라 바퀴나 공, 그리고 자동차 엔진의 실린더 같은 다양한 원기둥 등과 같이 인류 문명에 실용적인 도구에도 활용되어 왔지요.

신비한 도형, 원

그런데 원은 또 재미있는 특징이 있습니다. 즉, 원의 지름이 커지면 원의 면적도 커지는데 그 커지는 비율이 일정하다는 사실입니다. 이 비율이 바로 원주율圓周率입니다. 원주율이란 원주圓周, 원의 둘레의 길이를 지름으로 나눈 비로서 우리가 파이(π)라고 부르는 것입니다. 보통 3.14라고 근사치로 말하는 바로 그 수입니다. 원주의 길이를 l이라고 하고 반지름을 r이라고 한다면, $\pi = l/2r$이 됩니다. 우리가 잘 아는 수식으로 표현하자면 $l = 2\pi r$이고요.

사람들이 예로부터 가장 구하고 싶었던 것은 바로 원의 면적이었습니다. 삼각형의 면적이나 사각형의 면적 등은 구하는 공식도 많이 만들어서 활용하였는데, 원은 그 면적을 구하기가 아주 어려웠거든요. 왜 어려웠을까요? 함께 생각해 보시죠.

고대에는 원의 면적을 구하려는 수학자들이 많이 있었습니다. 그중 가장 유명한 인물이 바로 아르키메데스입니다. 아르키메데스는 B.C. 287년경에 고대 그리스의 시라쿠사Syracuse(현재 이탈리아 시칠리섬의 도시)에서 태어난 수학자, 물리학자, 공학자, 발명가입니다. 시라쿠사는 당시 학문의 중심지 아테네Athens와 바닷길로 약 600km나 떨어진 변방 도시로서, 아르키메데스가 아테네 수학자들과는 다르게 생각할 수 있는 환경을 제공하였습니다. 따라서 그는 매우 독자적인 방식으로 원의 면적을 구하게 되었습니다.

아르키메데스가 유명한 이유는 여러 가지가 있지만 제일 중요한 것을 꼽으라고 한다면 바로 원주율을 구하는 방법을 찾았다는 것입니다. 다음 [그림 6-2]에서 원의 반지름을 r라고 하면 여러분은 원의 면적이 πr^2이라고 말씀하실 것입니다. 네, 정답입니다. 그런데 이 공식은 어떻게 구해졌을까요? 그리고 아르키메데스는 파이를 어떻게 구했을까요?

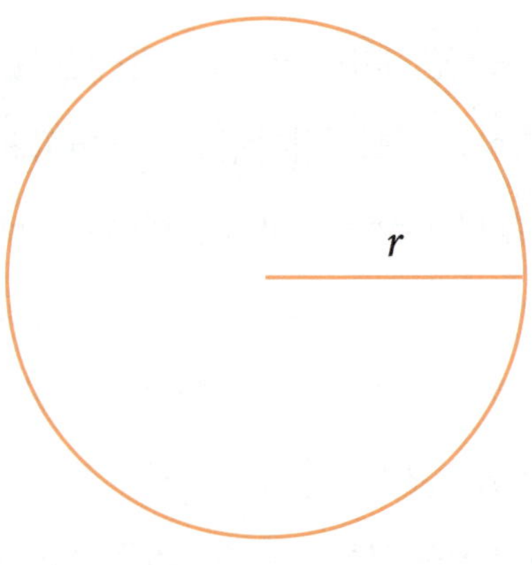

[그림 6-2] **원의 면적 $S = \pi r^2$**

　　　　Ⅱ. 생각의 도약: 보이지 않는 값을 설계하다

원의 면적 구하기

　먼저 아르키메데스가 생각한 원의 면적 구하는 방법을 설명하겠습니다. 이 방법은 소위 소진법 exhaustion method 이라는 방법입니다. 소진법 자체는 당시에도 어느 정도 알려진 방법이었습니다. 먼저 원의 반지름을 알고 있을 때 원을 일정한 크기로 잘라 봅니다. [그림 6-3](a)를 보면 원을 8등분하였죠. 그런 다음 아래쪽 반원을 펼치고 그 위에 위쪽 반원을 포갭니다. 그러면 많이 울퉁불퉁하지만 전체적으로 평행사변형 모양이 됩니다. 원을 다시 16등분을 해서 같은 방법으로 아래쪽 원의 부분과 위쪽 원의 부분을 포개면 [그림 6-3](b)처럼 아까보다는 더 직사각형에 가까운 모양을 갖추게 됩니다. 이러

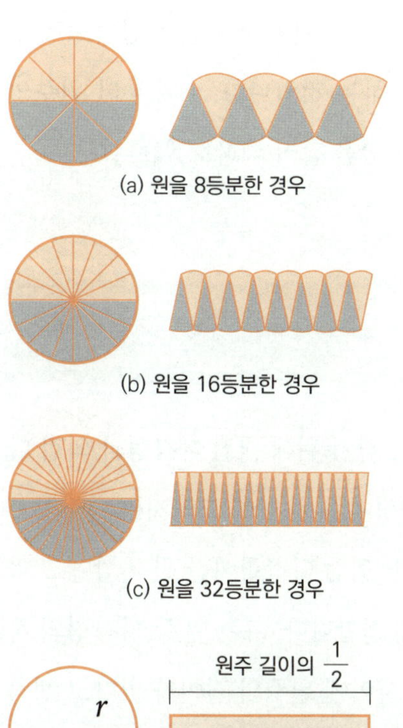

(a) 원을 8등분한 경우

(b) 원을 16등분한 경우

(c) 원을 32등분한 경우

(d) 원을 무한히 등분한 경우

[그림 6-3] 원의 면적 구하는 소진법

한 방식을 계속 무한에 가깝게 반복한다면 어떻게 될까요? 네, 그러면 [그림 6-3](d)처럼 거의 완벽에 가까운 직사각형이 될 것입니다. 결국 원의 면적 구하는 문제를 직사각형의 면적 구하는 문제로 바꾼 것입니다.

그런데 결정적인 난관에 봉착했습니다. 직사각형의 세로의 길이는 원의 반지름으로 이미 알고 있지만 가로의 길이는 원주 길이의 반인데, 이것을 알 수 없다는 거죠. 즉, 원의 면적을 소진법으로 구하려면 원주의 길이를 알아야만 하는 것입니다. 이제부터 원주의 길이를 구하는 아르키메데스의 방법을 같이 살펴보겠습니다.

원주의 길이 구하기

아르키메데스는 원의 둘레를 구하기 위해 내접 다각형과 외접 다각형을 사용했습니다. 내접 다각형이란 원 안에 그려지는 다각형으로, 모든 꼭짓점이 원에 접합니다. 외접 다각형이란 원 바깥에 그려지는 다각형으로, 모든 변이 원에 접합니다. 그는 이 두 다각형의 둘레의 길이를 계산하고, 이 두 값 사이에 원주의 길이가 있다고 생각했습니다. 다각형의 변의 수를 증가시키면 다각형의 둘레는 점점 원의 둘레에 가까워집니다.

이것을 [그림 6-4]를 가지고 설명해 볼게요. 그림에서 오렌지색

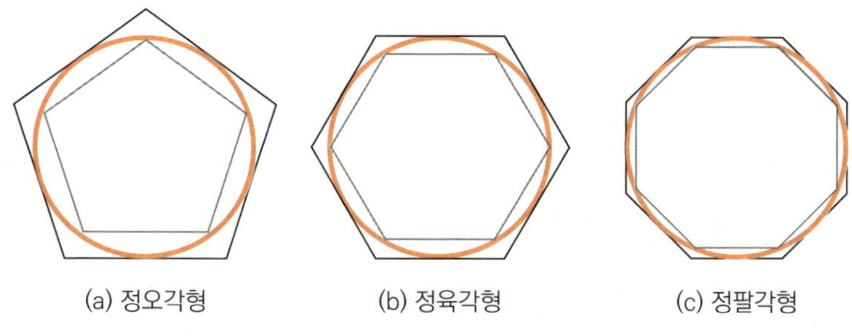

[그림 6-4] 원주 길이 구하는 방법

Proposition 3.

The ratio of the circumference of any circle to its diameter is less than $3\frac{1}{7}$ but greater than $3\frac{10}{71}$.

어떠한 원이라도 그 둘레와 지름의 비는 $3\frac{1}{7}$ 보다 작지만 $3\frac{10}{71}$ 보다는 크다.

[그림 6-5] 아르키메데스의 '정리 3'

선은 원이고, 검은색 선의 도형은 원에 외접하는 다각형, 회색 선의 도형은 원에 내접하는 다각형입니다. 그림 (a)는 정오각형이고, 그림 (b)는 정육각형, 그림 (c)는 정팔각형입니다. 그림 (a)에서 확실한 것은 원주의 길이는 내접 오각형의 둘레의 길이보다는 크지만 외접 오각형의 둘레의 길이보다는 작다는 사실입니다. 이것은 그림 (b)에서나 그림 (c)에서도 마찬가지이죠. 아르키메데스는 무려 96각형까지 계산을 했답니다. 그 결과로 $3.140845 < \pi < 3.142857$를 얻었다고 전해집니다. 현재 우리가 알고 있는 원주율은 근사값으로 3.1415이니까 매우 정확하다고 말할 수 있겠습니다[그림 6-5].

원주율 π 이야기

앞에서 말씀드린 것처럼 아르키메데스가 수학사에서 가장 유명한 이유는 바로 원주율을 구하였기 때문입니다. 물론 근사적으로 구하였지만, 원에 내접하는 다각형과 외접하는 다각형을 이용해서 구하는 방법은 거의 2천년 동안 사용되어 왔답니다.

480년경에는 중국 송나라의 조충지祖冲之, Zu Chongzhi라는 수학자가 무려 24,576개의 변을 갖는 정다각형을 가지고 아르키메데스와 동일한 방법으로 원주율을 소수점 아래 7번째 자리3.1415926까지 정확하게 구했다는 기록이 남아 있습니다. 1700년대 스위스의 수학자 오일러는 원주율을 π라는 기호로 나타내었고, 1761년 독일계 스위스 수학자 램버트Lambert가 증명할 때까지 원주율이 유리수가 아니고 무리수라는 사실은 아무도 몰랐답니다.

여기서 잠깐. 여러분들은 3월 14일을 무슨 날이라고 기억하시나요? 아, 네. 화이트 데이라고요? 네, 맞습니다, 발렌타인 데이는 2월 14일이고 이날 여성이 좋아하는 남성에게 초콜릿을 주는 날, 화이트 데이는 한 달 후 그것에 응답하여 남성이 여성에

[그림 6-6] **파이 데이 기념 파이**

출처: 위키피디아

   II. 생각의 도약: 보이지 않는 값을 설계하다

게 화이트 초콜릿이나 사탕을 주는 날이죠.

그런데 수학자들에게는 3월 14일은 파이 데이[Pi Day]라고, 바로 원주율을 기념하는 날이랍니다. 다소 우스꽝스러운 일들을 하는데요, 주로 원주율을 소수점 몇 자리까지 외우는지 내기를 하거나 파이[pie]를 먹기도 한답니다[그림 6-6].

유레카!

그리스의 수학자 아르키메데스는 원주율 이외에도 재미나는 것들을 발견했답니다. 여러분은 혹시 역사상 최초의 스트리커(옷을 벗고 나체로 뛰어다니는 사람)가 누구인지 아시나요? 네, 바로 아르키메데스랍니다. 이것과 관련된 이야기를 알려 드리지요.

아르키메데스가 살던 시라쿠사의 히에론 왕은 아르키메데스를 총애하였고 그는 왕을 위해 많은 문제들을 해결해 주었다고 합니다. 어느 날 왕은 금관을 들고 와서는 이것이 진짜 순금으로 만들어졌는지 확인해 달라고 아르키메데스에게 요청했습니다.

왕의 요청에 고심하던 아르키메데스는 목욕을 하던 중, 자신의 몸이 물에 잠기면서 물이 넘쳐나는 것을 보고, 물체가 물에 잠기는 부피만큼 물이 넘치고, 넘친 물의 무게만큼 부력이 생긴다는 원리를 깨달았습니다. 그는 "유레카(찾았다)[Eureka]!"라고 외치며, 벌거

벗은 채로 목욕탕에서 뛰어나왔다고 전해집니다. 그러니까 나체로 뛰어다닌 역사상 첫 번째 인물이 맞겠죠.

아르키메데스가 목욕하던 중 발견한 이 원리를 '아르키메데스의 원리 Archimedes' principle'라고 부르는데요, 물체가 유체 액체나 기체에 잠길 때 그 물체는 자신이 밀어낸 유체의 무게만큼 위로 떠오르는 힘, 즉 부력을 받는다는 법칙입니다. 이 원리는 오늘날 유체 역학의 기초 중 하나입니다. 아르키메데스는 이 원리를 통해 왕의 금관이 순금이 아니라 불순물이 섞였다는 것을 입증했다고 전해집니다.

발명왕 아르키메데스

아르키메데스는 수학적 원리와 물리적 직관을 바탕으로 다양한 기계 장치를 발명했습니다. 이러한 발명품들은 실용적이었을 뿐만 아니라 공학적인 문제를 해결하는 데 큰 도움이 되었습니다. 아르키메데스의 천재성은 오늘날 일상생활에서 사용되는 많은 기계들에서 발견할 수 있습니다. 예를 들어, 지렛대, 나사, 쐐기, 도르래 등에서 그의 생각을 발견할 수 있습니다. 나무에 박힌 못을 뺄 때 사용되는 장도리는 지렛대의 원리를 이용하는 것이고, 장작을 패는 도끼날의 각도는 쐐기의 원리를 이용하는 것입니다.

나사의 원리는 매우 많은 곳에서 찾아볼 수 있는데요, 특히 '아르

    II. 생각의 도약: 보이지 않는 값을 설계하다

키메데스의 나선 Archimedes screw 양수기'라고 부르는 장치는 물을 퍼 올리는 기계로, 나선형 원통을 회전시켜 물을 아래에서 위로 끌어올릴 수 있게 만든 장치입니다[그림 6-7]. 이 장치는 당시 농업에서 아래에 있는 물을 위쪽 논밭으로 이동시키기 위한 효율적인 도구로 널리 사용되었습니다. 이 발명은 현대에서도 오수를 퍼 올리는 하수 처리 시스템에서부터 곡물을 운반하는 농업용 이송기 등에 이르기까지 다양한 유체 운송 시스템에 활용되고 있습니다.

아르키메데스는 지렛대 원리를 수학적으로 설명한 최초의 인물로, "나에게 충분히 긴 지렛대와 이를 지탱할 곳을 주면, 나는 지구를 들어올릴 수 있다"라는 유명한 말을 남겼습니다. 지렛대 원리는 물체를 효율적으로 들어올리는 힘의 법칙으로, 오늘날 기계공학의 기본 원리 중 하나로 자리 잡고 있습니다.

[그림 6-7] 아르키메데스의 나선 양수기

또한, 아르키메데스는 시라쿠사를 방어하기 위해 다양한 무기도 개발하였답니다. 그의 발명품 중에는 적군의 배를 들어올려 뒤집을 수 있는 거대한 기중기가 있습니다. 이른바 '아르키메데스 갈고리 Archimedes' claw'라고 불리는 이 무기는 로마제국의 함대가 시라쿠스를 공격할 때 사용되었다고 알려져 있습니다. 이 무기는 아주 긴 지렛대의 끝에 갈고리를 매달아 다가오는 함선의 뱃머리를 갈고리로 낚은 다음, 지렛대를 당겨 배를 들어올리고 근처 바위 같은 곳으로 던져 파괴시켰다고 합니다. 또한, 태양광을 반사해 적군의 배를 불태우는 '아르키메데스의 거울'이라는 전설적인 무기도 있었다고 전해지는데, 여러 거울에 반사된 햇빛을 적선으로 한데 모아 불을 붙일 수 있다고 합니다. 하지만 현대에 와서 복원해 보았는데 실제로 구현되었을 가능성은 희박하다고 합니다[그림 6-8].

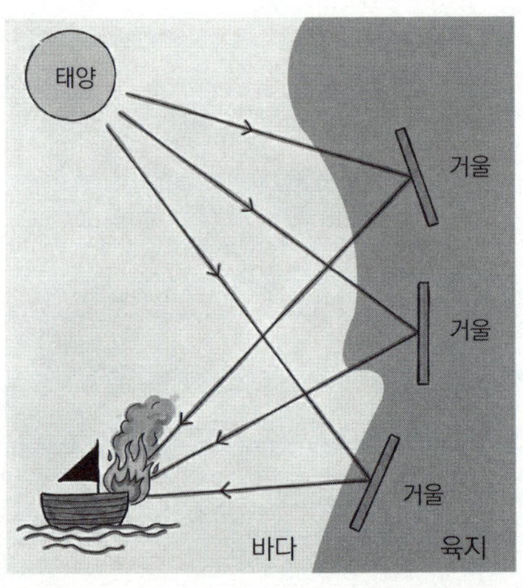

[그림 6-8] 아르키메데스 거울의 원리

 II. 생각의 도약: 보이지 않는 값을 설계하다

나의 묘비에는 이것을 새겨다오

수학사 측면에서 보자면 아르키메데스는 기하학의 여러 분야에서 중요한 공식을 발견하였습니다. 특히 앞에서 설명한 원주율을 최초로 발견하였고, 원의 면적을 계산하는 방법을 발견했습니다. 즉, 그는 원의 면적이 반지름의 제곱에 π를 곱한 값(πr^2)임을 수학적으로 증명했습니다. 또한 그는 구의 부피와 표면적을 계산하였고, 구의 부피가 동일한 반지름을 가진 원기둥 부피의 $\frac{2}{3}$임을 증명하였습니다. 이 공식은 오늘날까지도 변함없이 사용되고 있으며, 구의 부피 $=\frac{4}{3}\pi r^3$으로 표현됩니다[그림 6-9]. 또한, 그는 구의 표면적이 $4\pi r^2$이라는 것도 증명하였습니다.

구와 원기둥에 관한 이러한 공식을 아르키메데스는 자신의 수학

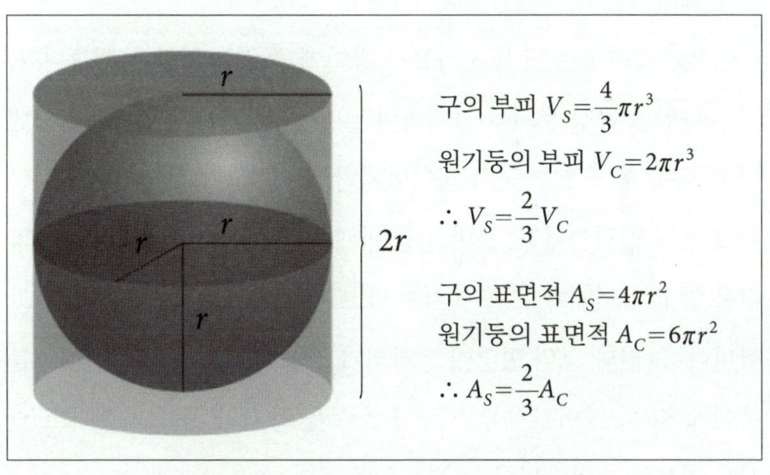

[그림 6-9] 구의 부피와 원기둥 부피의 관계

적 업적 중 가장 자랑스러운 것으로 여겼던 것 같습니다. 그래서 구와 원기둥의 관계를 상징하는 도형을 자신의 묘비에 새겨 달라는 유언을 남겼다고 전해집니다. 즉, 자신의 묘비에 구와 그 구가 내접하는 원기둥의 그림이 새겨지기를 원했던 것이지요.

아르키메데스의 죽음에 대해서는 다음과 같이 안타까운 이야기가 전해집니다. 시라쿠사 함락 당시, 아르키메데스는 집에 머물며 모래 위에 기하학적 도형을 그리고 있었답니다. 그는 로마군이 시라쿠사 성을 함락시키는 동안에도 자신의 연구에 몰두하고 있었던 것이지요. 한 로마 병사가 그의 집에 들어왔고, 아르키메데스에게 나가라는 명령을 했습니다. 그러나 아르키메데스는 자신의 도형에 집중하느라 병사의 말을 무시하고 "내 도형을 망치지 마라^{Do not disturb my circles}!"라고 외쳤다고 합니다. 이에 화가 난 병사는 그를 즉시 살해하였다고 전해집니다.

아르키메데스는 당시 시라쿠사 방어에 중요한 역할을 했습니다. 그는 다양한 공성 무기를 설계하여 로마군의 공격을 막는 데 기여했기 때문에, 비록 로마군의 적이었지만 그 명성과 학문적 업적은 널리 알려져 있었습니다. 로마 장군 마르셀루스는 아르키메데스의 명성을 알고 있었기에 그를 해치지 말고 생포하라는 명령을 내렸다고 합니다. 그러나 그의 명령이 전달되기 전에 병사가 아르키메데스를 죽이게 되었고, 마르셀루스는 그 소식을 듣고 크게 슬퍼했다고 역사는 기록하고 있습니다.

아르키메데스는 다음 그림에서 포물선과 직선으로 둘러싸인 도형의 면적이 그에 내접하는 삼각형 면적의 $\frac{4}{3}$가 된다는 것을 증명하였습니다. 여기서 내접하는 삼각형은 다음과 같이 구합니다. 포물선을 가로지르는 직선과 평행한 직선 중 포물선과 접할 때 그 접점을 삼각형의 한 점으로 삼습니다. 삼각형의 다른 두 점은 포물선과 직선이 만나는 두 점으로 합니다.

　이 정리는 소진법을 사용하여 도출되었으며, 현대 적분학의 기초가 되었답니다. 여러분은 어떻게 증명하시겠습니까? 함께 생각해 보아요.

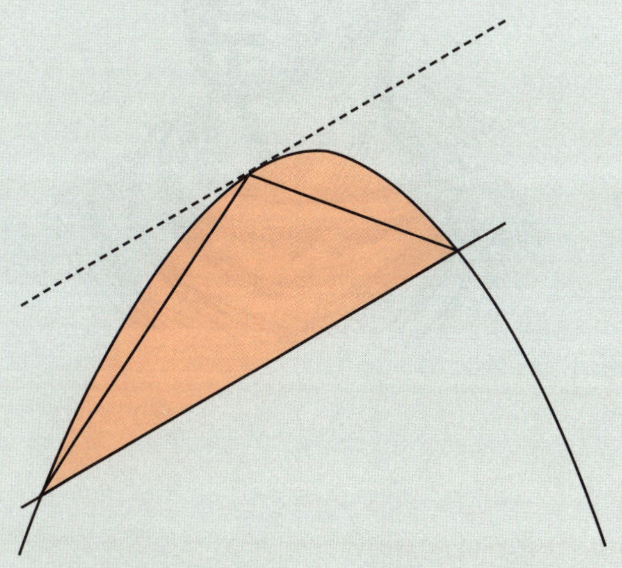

그대가 수의 성질을 더 잘 이해할 수 있도록, 나는 수의 속성과
그들 사이의 관계를 표현하는 기호 시스템을 정립하고자 한다.

To help you understand the nature of numbers, I shall establish a system
of symbols to represent their properties and relationships.

20세의 나이에 결투로 짧은 생을 마감했지만, 5차 이상의 방정식이 일반적인 근의 공식
을 가질 수 없음을 군(group)이라는 개념으로 증명하며 현대 대수학의 지평을 연 비운의
천재 수학자가 궁금하신 독자는 QR 코드를 스캔하세요.

7

대수학의 아버지

우리는 일상생활에서 숫자를 사용합니다. 숫자를 이용해서 물건을 사고팔고, 거리와 시간을 계산하며, 다양한 문제를 해결합니다. 하지만 일상적인 계산을 넘어 더 복잡한 문제를 해결하려면 수학적 추상화抽象化, abstraction가 필요합니다.

예를 들어 보겠습니다. 다음 문제 1을 함께 살펴보시죠.

문제 1

우리 동네 과일가게 아저씨가 사과 한 개를 600원에 사서 800원에 팔고, 배 한 개를 1,200원에 사서 1,500원에 팔았다. 이날 비가 와서인지 사과와 배를 합하여 모두 열 개밖에 팔지 못해 우울했다. 이익이 고작 2,400원이 생겼다고 한다면 사과를 몇 개 팔았을까?

어떠세요? 쉽게 풀 수 있으시겠죠? 종이와 펜, 그리고 3분 정도의 시간을 드린다면요. 이번에는 문제 2를 함께 살펴보겠습니다.

내가 좋아하는 꽃가게 아가씨가 있습니다. 그녀는 장미 한 송이를 600원에 사서 800원에 팔고, 백합 한 송이를 1,200원에 사서 1,500원에 팔았답니다. 그녀는 오늘 안타깝게도 장미와 백합을 합하여 모두 열 송이밖에 팔지 못했습니다. 이익은 겨우 2,400원밖에 생기지 않았어요. 그녀는 장미를 몇 송이 팔았을까요?

어떠세요? 이것도 어렵지 않은 문제이죠? 이제 '과일가게 문제'를 푸는 방법을 알려 드리겠습니다. 제가 제시하는 방법과 여러분이 생각했던 방법을 비교해 보시기 바랍니다.

사과의 판매 개수를 x라고 두고 배의 판매 개수를 y라고 두면 서술식으로 쓰여진 원래의 문제는 다음 식 1의 일차연립방정식에서 x를 구하는 문제로 변환됩니다.

$$\begin{cases} x + y = 10 \\ 200x + 300y = 2{,}400 \end{cases} \qquad \cdots\cdots \text{식 1}$$

첫 번째 방정식에서 x을 우변으로 넘기면

$$y = 10 - x \qquad \cdots\cdots \text{식 2}$$

가 되는데, 이것을 두 번째 방정식에 대입시키면

$$200x + 300(10 - x) = -100x + 3{,}000 = 2{,}400$$

가 되고, 이것을 정리하면

$$100x = 600, \ \text{즉} \ x = 6$$

을 구하게 됩니다. 따라서 사과는 6개를 팔았다는 것입니다. 물론 식 2로부터 배는 4개 팔았다는 것도 알 수 있게 되고요. 여러분도 이렇게 풀었으리라 생각합니다.

추상화, 불필요한 것은 과감히 없애기

이 문제를 해결하기 위해서는 [그림 7-1]에서 보여 주듯이 문제를 쉽게 풀 수 있도록 간단하게 만드는 추상화의 능력이 필요합니다. 그림에서 왼쪽의 '과일가게 문제'는 우리의 일반적인 언어로 표현되어 있습니다. 그러나 문제를 해결하기 위해서 꼭 필요한 것만을 찾아내

<table>
<tr><td>과일가게 문제</td><td></td><td>간단히 표현된 문제</td></tr>
<tr><td>우리 동네 과일가게 아저씨가 사과 한 개를 600원에 사서 800원에 팔고, 배 한 개를 1,200원에 사서 1,500원에 팔았다. 이날 비가 와서인지 사과와 배를 합하여 모두 열 개밖에 팔지 못해 우울했다. 이익이 고작 2,400원이 생겼다고 한다면 사과를 몇 개 팔았을까?</td><td>추상화 →</td><td>다음과 같이 둔다.
　x : 사과의 판매 개수
　y : 배의 판매 개수
그러면, 주어진 문제는
$$\begin{cases} x+y = 10 \\ 200x + 300y = 2{,}400 \end{cases}$$
에서 x를 구하는 문제가 된다.</td></tr>
</table>

[그림 7-1] 과일가게 문제의 추상화

고 불필요한 것은 과감하게 제거하여 문제를 간단하게 변환하여야 합니다. 이러한 정신적 활동을 추상화라고 말합니다. 추상화 과정을 통해 '과일가게 문제'를 간단한 문제로 표현하게 된 것입니다.

예를 들어 '우리 동네 과일가게 아저씨'라는 말은 이 문제를 해결하기 위해서는 필요하지 않습니다. 또한 '이날 비가 와서인지'라든가 '우울했다' 또는 '고작' 등의 말은 문제 해결에 전혀 영향을 끼치지 않습니다. 이러한 것들을 모두 제거하고 나면 문제 해결에 꼭 필요한 것들만 남게 되죠.

그럼 [그림 7-2]에서 제시한 '꽃가게 문제'는 어떨까요? 이제 여러분이 추상화 능력을 발휘하실 때입니다. '꽃가게 문제'에서 문제 해결에 불필요한 것들을 없애 보시기 바랍니다. 즉, '내가 좋아하는 꽃가게 아가씨가 있습니다'라든가, 또는 '그녀는 오늘 안타깝게도', 그리고 '겨우' 등의 말은 문제 해결에 직접적인 관계가 없습니다.

문제 해결에 꼭 필요한 정보는 장미 한 송이를 팔면 200원이 남고, 백합 한 송이를 팔면 300원이 남고, 장미와 백합은 모두 열 송이를 팔았으며, 이익은 2,400원이었다는 것입니다. 이 정보를 이용해서, 만일 장미의 판매 개수를 x라고 두고 백합의 판매 개수를 y라고 두면 식 1과 동일한 일차연립방정식에서 y를 구하는 문제로 변환됩니다[그림 7-2].

어쩌면 여러분은 이미 눈치를 챘을 것 같습니다. 즉, 여러분이 보셨던 [그림 7-1]의 '과일가게 문제'와 [그림 7-2]의 '꽃가게 문제'는

    II. 생각의 도약: 보이지 않는 값을 설계하다

[그림 7-2] 꽃가게 문제의 추상화

사실 동일한 문제였다는 것을요.

과일가게 문제와 꽃가게 문제를 풀기 위해서 우리는 추상화 능력과 함께 또 다른 능력을 사용했습니다. 즉, 알 수 없는 수, 다른 말로 미지수未知數를 기호記號로 표시하였다는 것입니다. 그리고 이 미지수를 찾아내기 위해 일차연립방정식의 해법을 이용한 것이지요. 여러분은 '소거법' 또는 '대입법' 등의 수학 용어를 기억하실 것입니다.

대수학: 방정식의 학문

일반적으로 미지수를 포함하는 등식을 방정식方程式, equation 이라고 부릅니다. 그리고 방정식을 푼다는 것은 이 등식을 만족시키는 미지수의 값을 구하는 것이죠. 그런데 이 미지수를 기호로 표기하고 미지수의 값을 구하는 것, 이것이 바로 대수학代數學입니다. 즉, 수를 대신하는 기호를 사용한다는 의미가 바로 '대수代數'인 것이죠.

대수학은 수와 기호를 사용해 문제를 푸는 방법을 체계적으로 연구하는 학문입니다. 쉽게 말하자면 방정식에 관한 학문입니다. 문제를 잘 분석하고 불필요한 사항을 없앤 다음 미지수를 기호로 표시하여 문제를 방정식으로 표현한 뒤 적절한 해법으로 미지수를 구하는 것이지요.

대수학과 관련해서 여러분에게 익숙한 것은 '2차방정식의 근의 공식'일 것입니다. 미지수가 x인 2차방정식의 대표적인 모습은 다음과 같습니다.

$$ax^2 + bx + c = 0 \qquad \cdots\cdots 식 3$$

'대표적인 모습'이라는 말의 의미는 이 세상에서 나올 수 있는 '미지수가 x인 2차방정식'은 모두 이런 모습으로 나타낼 수 있다는 말입니다. 이 방정식에서 세 수 a, b, c만 마음대로 바꾸면 원하는 2차방정식을 모두 표현할 수 있기 때문입니다.

식 3에서 나타난 2차방정식은 언제나 다음 식 4로 표현되는 근의 공식을 이용하여 그 근Root 또는 해Solution을 구할 수 있습니다.

     II. 생각의 도약: 보이지 않는 값을 설계하다

$$x = \frac{-b \pm \sqrt{b^2 - 4ac}}{2a} \qquad\qquad \cdots\cdots \text{식 4}$$

즉, 어떤 2차방정식이라도 식 3처럼 나타낼 수 있고, 그렇게 나타낼 수 있다면 그 해는 식 4와 같이 구할 수 있다는 것입니다. 식 4를 가리켜 2차방정식의 일반해라고 부릅니다.

그렇다면 3차방정식(식 5)의 일반해는 어떻게 될지, 또는 미지수의 가장 높은 차수가 n인 n차방정식(식 6)의 일반해는 어떻게 될는지 궁금하겠죠.

$$ax^3 + bx^2 + cx + d = 0 \qquad\qquad \cdots\cdots \text{식 5}$$

$$a_n x^n + a_{n-1} x^{n-1} + \cdots + a_1 x + a_0 = 0 \qquad\qquad \cdots\cdots \text{식 6}$$

우리처럼 3차방정식의 일반해를 구하고 싶었던 수학자들은 꽤 많았답니다. 그중에서 16세기 이탈리아의 수학자 스키피오 델 페로 Scipione del Ferro 와 카르다노 Gerolamo Cardano , 타르탈리아 Niccolò Tartaglia 등이 3차방정식의 일반해를 찾았고, 이를 통해 3차 방정식의 해를 구하는 카르다노의 공식 Cardano formular 이 만들어졌습니다. 한편, 카르다노의 제자인 루도비코 페라리 Lodovico Ferrari 는 4차방정식의 일반해를 찾았습니다. 그리하여 모든 3차 방정식과 4차 방정식의 해를 구할 수 있는 공식이 만들어졌습니다(이 부분은 복잡해서 여기서는 다루지 않겠습니다).

5차 이상의 방정식에 대한 근의 공식

수학자들은 5차 이상의 방정식에 대해서도 일반해를 열심히 찾았답니다. 하지만 아무리 찾아도 찾지 못하고 결국 19세기 초가 되어서야 일반해는 원래 없었다는 것을 알게 되었답니다. 즉, 1824년에 닐스 헨리크 아벨 Niels Henrik Abel(1802-1829) 은 아벨-루피니 정리를 증명하여 5차 이상의 방정식에 대한 일반적인 근의 공식이 존재하지 않음을 밝혔습니다. 250년 동안의 난제를 해결한 것으로 이것은 수학사에서 매우 중요한 사건입니다.

그러나 아벨의 증명은 다소 복잡하고 추상적이어서 5차 이상의 방정식이 가진 특정한 구조를 깊이 있게 이해하기에는 한계가 있었습니다. 이후, 에바리스트 갈루아 Évariste Galois(1811-1832) 는 방정식의 해에 대한 대칭성을 연구하면서, 방정식이 유리수로 표현되는 근의 공식을 가질 수 있는지에 대한 체계적인 기준을 세웠습니다. 이것이 바로 갈루아 이론의 핵심입니다.

갈루아 이론은 현대 수학에서 군 群, Group 이론과 체 體, Field 이론의 기초가 되었으며, 방정식의 해를 연구하는 과정에서 중요한 도구로 사용됩니다. 갈루아 이론은 현대 수학의 다양한 분야, 예를 들어, 암호학, 수론, 그리고 대수기하학 등에서 자주 사용되고 있습니다.

요절한 두 수학자, 아벨과 갈루아

아벨과 갈루아는 19세기 초 동시대를 살았고 젊은 나이에 요절한 천재 수학자들로 잘 알려져 있습니다. 아벨은 뛰어난 수학적 재능을 가지고 있었지만, 당시에는 그의 업적이 충분히 인정받지 못했습니다. 그는 노르웨이의 가난한 가정에서 태어났으며, 경제적 어려움 때문에 연구를 계속하기가 쉽지 않았습니다. 아벨은 매우 젊은 나이인 26세에 결핵으로 사망했습니다. 아이러니하게도 그의 명성은 그가 죽은 이후에 비로소 널리 퍼지게 되었습니다. 이러한 과정에서, 아벨은 5차 이상의 방정식에 대한 문제와 더불어, 현대 수학의 중요한 기반을 다진 천재로 평가받게 되었습니다.

그의 죽음을 안타까워한 수학계에서는 2003년 그를 기리기 위해 수학계의 노벨상이라 불리는 '아벨상 Abel Prize'을 제정했습니다. 이상은 수학 분야에서 세계적으로 뛰어난 업적을 이룬 수학자들에게 매년 노르웨이 국왕이 수여하고 있습니다.

한편 대수학에서 중요한 갈루아 이론을 창시한 갈루아 역시 열정과 비극으로 가득한 짧은 생을 살았습니다. 그는 18세

아벨

갈루아

에 5차 이상의 방정식에 대한 해법이 유리수와 거듭제곱근만으로는 불가능하다는 것을 깨닫고, 이를 단순한 계산 방법이 아니라 군이라는 수학 구조를 이용해서 증명하는 갈루아 이론을 만들었습니다. 스물한 살의 나이에 대수학의 패러다임을 근본적으로 바꾸어 놓았으나, 불행하게도 시대를 너무 앞서 간 그의 천재성은 당대의 수학자들에게 무시당하고 말았습니다.

갈루아는 뛰어난 수학자일 뿐만 아니라 열정적인 공화주의자였습니다. 그는 프랑스의 왕정에 반대하는 공화주의 운동에 적극적으로 참여했습니다. 그로 인해 여러 차례 정치적 시위에 참가했으며, 폭력적인 시위로 인해 두 번이나 감옥에 갇혔습니다. 그는 감옥에서도 수학 연구를 멈추지 않았고, 공화주의 사상을 펼쳤습니다.

갈루아의 삶에서 가장 극적인 일화는 그의 죽음과 관련되어 있습니다. 1832년 5월, 갈루아는 한 여성과의 애정 문제로 인해 결투를 하게 됩니다. 이 결투가 정치적 음모였는지, 또는 실제로 사랑과 명예에 관한 것이었는지는 명확하지 않지만, 그는 이 결투에서 치명상을 입고 21세의 나이에 죽음을 맞이합니다.

결투를 앞둔 마지막 밤, 갈루아는 자신이 살아 돌아오지 못할 것을 예감했던 것 같습니다. 그는 자신이 발견한 연구 내용을 친구 슈발리에에게 유서처럼 전달하기로 마음먹었습니다. 그것은 단순히 5차 방정식의 해법 유무를 논하는 글이 아니었습니다. 방정식의 해들이 가진 대칭 구조를 분석하는 것으로서, 군론Group Theory이라는

　　　　II. 생각의 도약: 보이지 않는 값을 설계하다

완전히 새로운 수학 이론에 관한 것이었습니다. 군론을 이용하여 어떤 방정식은 왜 풀리고, 어떤 방정식은 왜 풀릴 수 없는지를 설명하고자 했습니다. 하지만 결투를 불과 몇 시간 앞둔 갈루아는 복잡한 증명 과정을 다 채우지 못한 원고의 여백마다 "시간이 없다"는 절박한 메모를 남겨야 했습니다.

아침이 밝자 그는 펜을 내려놓고 권총을 챙겨 결투장으로 향했습니다. 몇 시간 후, 그는 결투 도중 복부에 치명상을 입고 쓰러졌습니다. 병원으로 옮겨진 갈루아는 곁에서 오열하는 동생 알프레드를 보며 마지막 말을 남겼습니다. "울지 마라. 스물한 살에 죽기 위해서는 온 세상의 용기가 필요하단다." 스물한 살 천재 수학자의 짧았던 생은 그렇게 끝이 났습니다.

갈루아가 결투 전날에 급하게 적은 원고는 14년 후인 1846년 수학자 조제프 리우빌^{Joseph Liouville}에 의해 세상에 공개되었습니다. 이후 1870년 수학자 카미유 조르당^{Camille Jordan}에 의해 집대성되어 현대적인 군론으로 자리 잡게 되었습니다.

스물한 살 청년의 다급한 필체로 기록된 갈루아 이론은 오늘날 우리의 일상을 지탱하는 중요한 디딤돌이 되었습니다. 이 책에서는 상세한 설명은 하지 않겠으나 관심 있는 독자 여러분께서는 다음과 같은 분야에서 갈루아의 군론이 어떻게 활용되고 있는지 확인하시는 것을 권합니다.

- 우리가 매일 사용하는 인터넷 뱅킹, 메신저 보안, 블록체인 기술의 근간에는 갈루아 이론이 있습니다.
- 입자물리학 분야에서 우주의 기본 입자를 설명하는 표준 모형은 군론 없이는 성립할 수 없습니다.
- 화학 및 결정학 분야에서 분자나 결정의 모양이 갖는 대칭적 특성을 연구할 때 군론이 필수적입니다. 예를 들어 반도체 웨이퍼와 같은 결정 구조의 물리적 성질을 파악하는 데 사용됩니다.
- CD에 흠집이 나거나 통신 중 데이터 일부가 손실되어도 원래 내용을 복구할 수 있는 것은 갈루아 이론 덕분입니다.

대수학의 아버지, 디오판토스

지금까지 과일가게 문제와 꽃가게 문제로부터 추상화 능력이 수학에서 매우 중요하다는 사실과 주어진 문제에서 알고자 하는 수^{미지수}를 기호로 표기하고 대수적인 처리로 문제를 푸는 이야기를 하였습니다. 그러다 보니 방정식의 일반해라는 근의 공식에 대한 아벨과 갈루아 등 수학자들의 노력까지 살펴보게 되었는데요, 고대에는 대수학이 없었을까요? 당연히 있었을 것입니다. 당시에도 유사한 문제들을 풀어야 했을 테니까요. 그렇다면 이른바 '대수학의 아버지'라고 불리우는 수학자에 대해 알아보겠습니다.

디오판토스는 고대 그리스의 중요한 수학자 중 한 명으로, 대수학의 아버지 또는 방정식의 아버지라고 불립니다. 그는 고향이 이집트였고 3세기 후반에 주로 알렉산드리아에서 활동하였다고 알려져 있지만 언제 태어나 언제 사망하였는지는 불확실합니다. 다만, 확실한 것은 사망할 때의 나이가 84세라는 것입니다. 이것은 어떻게 알려졌을까 궁금하시죠? 그렇다면 [그림 7-3](a)에 있는 그의 비문을 잘 살펴보시기 바랍니다(비문의 내용은 142쪽 참조).

그의 가장 유명한 저서인 《산술 Arithmetica》은 방정식을 다루는 매우 중요한 저서[그림 7-3](b) 로, 현대 대수학의 발전에 큰 기여를 했습니다. 이 책은 방정식의 해를 구하는 문제를 다루었으며, 오늘날 디오판토스 방정식 Diophantine equation 으로 알려진 문제들을 제시했습니다. 디오판토스 방정식은 두 개 이상의 정수 미지수와 미지수의

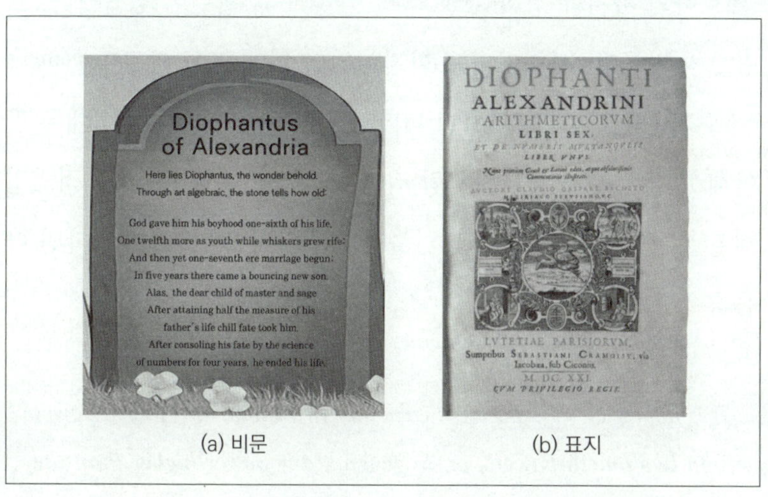

(a) 비문　　　　　　　　　(b) 표지

[그림 7-3] 디오판토스의 비문과 그의 저서 《산술》 표지

출처: 위키피디아

수보다 적은 방정식을 제시하고, 주어진 모든 방정식을 만족하는 해를 찾는 문제를 말합니다. 조금 수학적인 표현으로 '부정방정식不定方程式, indeterminate equation'이라고 부릅니다.

예를 들어, 피타고라스 정리도 디오판토스 방정식의 일종입니다. $x^2 + y^2 = z^2$에서 x, y, z가 모두 정수라면 말이죠. 즉, 피타고라스 세 쌍Pythagoras Triple이라고 부르는 세 개의 정수가 이 부정방정식의 해인 것입니다2장 참조. B.C. 1500년경, 바빌로니아 수학자들은 '4961, 6480, 8161'이 피타고라스 세 쌍이란 것을 알고 있을 정도였습니다. 혹시 이 세 수가 피타고라스 세 쌍이란 것을 확인하고 싶은 마음이 드시지 않나요? 여기서는 넘어가겠습니다.

그런데 《산술》이라는 책이 유명한 또 다른 이유가 있죠. 그것은 '페르마의 마지막 정리Fermat's Last Theorem'와 관련이 깊답니다. 프랑스의 법률가, 시인이며 수학자이었던 피에르 드 페르마Pierre de Fermat가 《산술》 책의 여백에 피타고라스 정리와 비슷해서 매우 간단해 보이는 문제를 낙서처럼 적어 놓은 것이었죠. 뭐라고 적었길래 그토록 유명한 정리가 되었을까 궁금하지 않나요? 그렇다면 다음을 읽어 보시죠.

> *It is impossible to separate a cube into two cubes, or a fourth power into two fourth powers, or, in general, any power higher than the second into two like powers. I have discovered a truly marvelous proof of this, which this margin is too narrow to contain.*

II. 생각의 도약: 보이지 않는 값을 설계하다

세제곱을 두 개의 세제곱으로, 혹은 네제곱을 두 개의 네제곱으로, 또는 일반적으로 제곱보다 높은 거듭제곱을 두 개의 같은 거듭제곱으로 나누는 것은 불가능하다. 나는 이 명제에 대해서 매우 놀라운 증명 방법을 발견했지만, 이 여백은 그것을 담기에 너무 좁다.

위의 내용을 잘 정리하면 다음과 같이 우리가 '페르마의 마지막 정리'라고 부르는 것이 됩니다.

3보다 큰 정수 n에 대하여 식 $x^n + y^n = z^n$을 만족하는 0이 아닌 정수해 x, y, z는 존재하지 않는다.

이 정리를 밝히는 '정말 놀라운' 증명 방법이 있는데, 단순히 여백이 부족해서 적지 않았다면 그 증명방법을 누구나 쉽게 찾을 수 있겠지라는 생각이 들 것입니다. 하지만 이 정리는 357년 동안이나 미해결 문제로 남아 있다가 1994년 영국의 수학자 앤드루 와일스에 의해서 증명되었답니다.

대수학의 아버지 디오판토스에 대한 이야기를 하다가 다소 옆길로 샜습니다만, 페르마의 마지막 정리는 수많은 수학자들에게 꿈과 절망을 동시에 주었다는 것을 말씀드리고 싶었습니다.

디오판토스와 관련된 가장 유명한 일화 중 하나는 그의 무덤 비문에 관한 이야기입니다. 이 비문은 디오판토스의 나이를 수수께끼로 표현하였는데, 그의 나이를 구하기 위해 대수학적으로 계산을 해야 합니다. 말하자면, "나는 몇 살에 죽었을까요?"라고 묻고, 궁금하면 방정식을 풀어 보라는 식의 비문인 것입니다. [그림 7-3] (a)는 비문에 적혀 있는 내용입니다. 그 내용을 우리 말로 옮긴다면 다음과 같습니다.

신의 축복으로 태어난 그는 인생의 1/6을 소년으로 보냈다. 그리고 다시 인생의 1/12이 지난 뒤에는 얼굴에 수염이 자라기 시작했다. 다시 1/7이 지난 뒤 그는 아름다운 여인을 맞이하여 화촉을 밝혔으며, 결혼한 지 5년 만에 귀한 아들을 얻었다. 아! 그러나 그의 가엾은 아들은 아버지의 반밖에 살지 못했다. 아들을 먼저 보내고 깊은 슬픔에 빠진 그는 그 뒤 4년간 정수론에 몰입하여 스스로를 달래다가 일생을 마쳤다.

이 수수께끼를 풀기 위해 디오판토스의 나이를 x라고 하면, 다음과 같은 방정식을 세울 수 있습니다.

$$x = \frac{x}{6} + \frac{x}{12} + \frac{x}{7} + 5 + \frac{x}{2} + 4$$

이 방정식을 풀면 $x = 84$가 됩니다. 따라서, 디오판토스는 84세까지 살았다는 것을 알 수 있습니다.

자신이 몇 살에 죽었는지를 이렇게 방정식을 풀어야만 알 수 있게 한 괴짜 수학자 디오판토스. 그래서 그를 방정식의 아버지라고 부르게 된 것이죠. 그런데, 대수학의 아버지라고 불리는 또 다른 수학자가 있습니다. 그는 누구일까요? 다음 장에서 그를 만나보겠습니다.

   II. 생각의 도약: 보이지 않는 값을 설계하다

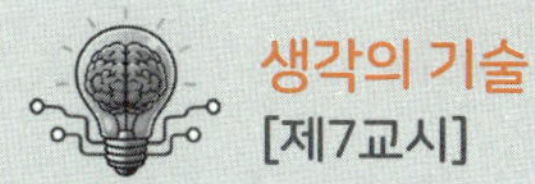

덧셈과 뺄셈, 그리고 아주 쉬운 곱셈 정도만 할 줄 아는 초등학생에게 당신이 비범한 사람으로, 최소한 신기한 사람으로 보일 수 있는 방법을 하나 알려 드리겠습니다. 다음과 같이 하시면 됩니다.

> 여러분. 저는 여러분이 어떤 것을 생각하고 있는지 알아맞힐 수 있답니다. 1에서 10까지 아무 수나 생각해 보세요. 그리고 제게는 말해 주지 마세요. 자, 모두 생각했나요? 그럼 슬슬 시작해 볼까요?
>
> 여러분이 생각한 수에다가 2를 더해 주세요.
> 거기에다가, 이번에는… 3을 더해 주세요.
> 거기에서, 이번에는 4를 빼 주세요.
> 이제 그 수에 2를 곱해 보세요.
> 음, 마지막 거기에서 딱 1만 빼 주세요.
> 자, 그 수를 제게 말해 주세요.
>
> 민석이는 17이라고 말하고 민영이는 11이라고 말한다.
> 아하, 민석이가 맨 처음에 생각했던 수는 8이었네.
> (민석이 깜짝 놀란다.)
> 그리고 민영이는, 두구두구두구…, 5였구나.
> (민영이도 눈이 동그래진다.)

어떻게 한 것일까요? 이번 장에서 배운 것이 대수학이라는 것을 기억하면서 함께 생각해 보아요.

수학을 알지 못하는 사람은 마치 눈이 없는 사람과 같다.

A person who is not familiar with mathematics is
like a person without eyes.

아무것도 없는 상태를 어떻게 숫자로 나타낼 수 있을까요? 7세기 인도의 수학자 브라마굽타는 어떤 수에서 그 자신을 빼면 0이 된다는 정의와 함께 0의 사칙 연산 법칙을 최초로 정립하였습니다. 이로써 그는 철학적 관념에 머물던 무(無)의 개념을 강력한 수학적 도구로 부활시켰습니다.

8

0의 역사

이번 장에서는 수를 표현하는 숫자의 발전 과정과 수 표현 방법에서 중요한 역할을 한 0의 도입에 대해 알아보겠습니다. 먼저, 이 책의 프롤로그에서 강조하였듯이 수와 숫자는 같은 의미가 아닙니다. 수는 우리가 머릿속에서 개념적으로 떠올리는 양이나 개수를 말하며 숫자는 수를 표현하는 기호입니다.

머릿속에 가지고 있는 수 개념은 동일하여도 그것을 표현하는 숫자는 나라마다 문명마다 다르고 시대에 따라 변해 왔습니다. 숫자는 인류가 처음으로 물건을 세고 교환하기 시작하면서 등장하였습니다. 사람들은 재산_{가축, 곡식 등}을 관리하거나 물물교환을 할 때, 얼마나 많은 물건을 가지고 있는지 기록할 필요가 있었죠. 숫자는 그래서 우리 생활에 필수적인 도구가 되었어요.

고대 이집트, 바빌로니아, 인도 등 여러 문명에서 서로 다른 방식으로 숫자를 사용하였습니다. 각 문명은 숫자를 기록하고 표현하는 방식이 조금씩 달랐지만, 숫자는 상거래, 건축, 천문학 등의 분야에서 매우 중요한 역할을 하였습니다.

수를 표현하는 방법

그러면 여기서 수를 기호로 표현하는 방법, 즉 기수법 記數法에 대해서 알아보겠습니다. 기수법은 크게 가법적 加法的, Additive 기수법과 위치 位置, Positional 기수법으로 나눌 수 있습니다. 가법적 기수법은 수를 숫자로 나타낼 때 각 숫자가 표현하는 수들을 더하는 방법으로 수를 표현하는 방법입니다. 가법적 기수법의 대표적인 예로는 이집트 숫자나 로마 숫자가 있습니다.

다음 [그림 8-1]은 이집트 숫자를 나타내고 있는데, 1은 지팡이 하나, 10은 뒤꿈치 뼈, 100은 밧줄 한 다발, 1,000은 연꽃, 10,000은 구부러진 손가락, 100,000은 올챙이, 그리고 1,000,000 또는 '많다'는 놀라서 양팔을 든 사람으로 나타냅니다. 밤하늘의 무수한 별의 개수를 나타내려면 양팔을 들고 경탄하는 사람의 모습이 적절했을

값	1	10	100	1,000	10,000	100,000	1백만 또는 많다
상형 문자	ǀ	∩	↺			또는	
상형 문자의 의미	지팡이	뒤꿈치 뼈	밧줄 한 다발	연꽃	구부린 손가락	올챙이 또는 개구리	양팔을 든 사람

[그림 8-1] 이집트 숫자

[그림 8-2] 21,237을 표현한 이집트 숫자

지도 모르겠습니다.

[그림 8-2]은 21,237을 표현한 이집트 숫자를 나타내고 있습니다. 구부러진 손가락이 2개 있고, 연꽃이 1개 있으며, 밧줄 다발이 2개, 뒤꿈치 뼈가 3개, 그리고 지팡이가 7개 있습니다. 이것들을 모두 더하면, $2 \times 10,000 + 1 \times 1,000 + 2 \times 100 + 3 \times 10 + 7 \times 1 = 21,237$이 됩니다. 이처럼 기호들이 표현하는 수들을 모두 더하는 방식으로 수를 표현하는 것이 가법적 기수법입니다. 여러분도 여러분의 나이를 이집트 숫자로 한 번 나타내 보시죠.

또 다른 가법적 기수법의 예로서 [그림 8-3]에 나타낸 로마 숫자가 있습니다. 로마 숫자는 기본적으로 기호를 합산하는 방식으로 수를 표현합니다. 예를 들어 I가 3개면 III로 표시하는데 이것은 3을 나타냅니다. 마찬가지 방법으로 67은 50에 해당하는 L과 10에 해당하는 X, 그리고 5에 해당하는 V와 2에 해당하는 II를 붙여서 LXVII

I	V	X	L	C	D	M
1	5	10	50	100	500	1000

[그림 8-3] 로마 숫자

로 표시합니다.

그런데 세월이 흐르면서 4를 표시하는 데 IIII가 쓰였다가 숫자 표현이 너무 길어지는 것을 방지하기 위해 5에 해당하는 V의 앞에 1에 해당하는 I를 둠으로써 IV = V−I와 같이 감산적減算的 표기법이 적용되기 시작하였습니다. 감산적 표기법은 V(5)나 X(10), C(100)와 같은 큰 숫자 앞에 작은 숫자를 두어 큰 수에서 작은 수를 뺀 값을 표기하는 방법입니다. 4를 나타내는 IV, 40을 나타내는 XL, 400을 나타내는 CD 등이 사용된 것입니다.

그렇다면 여기서, 퀴즈 하나 나갑니다. MCMXVI는 어떤 수일까요? [그림 8-4]는 미국 매사추세츠 공과대학의 본관 건물인데 이 건물 상단에 이 로마 숫자가 적혀 있습니다. 이 숫자는 건물이 개관한 해를 의미한답니다.

[그림 8-4] MIT Great Dome(본관 건물)에 새겨져 있는 로마 숫자

출처: 위키피디아

이집트 숫자와 로마 숫자를 사용하는 가산적 기수법에서는 큰 수를 표현하거나 계산할 때 많은 어려움이 있었습니다. 예를 들어 1,234,567,890을 이집트 숫자로 표현하려면 '놀라서 양팔을 든 사람'으로도 부족할 것입니다. 또 로마 숫자로 표현하려 해도 새로운 숫자들을 만들어야만 할 것입니다. 즉, 1,000을 나타내는 M 이외에도 10,000과 50,000, 100,000 등등의 수를 나타낼 수 있는 새로운 숫자들을 계속해서 만들어야만 합니다.

편리한 수 표현 방법 – 진법

이런 문제를 근본적으로 해결한 것이 바로 위치 기수법입니다. 위치 기수법이란 숫자가 놓인 자리에 따라 자릿값을 다르게 정하는 방식입니다. 똑같은 '1'이라도 어느 자리에 있느냐에 따라 1이 되기도 하고 10, 100, 1000이 되기도 하는 것이죠. 이때 다음 자리로 넘어가기 위해 몇 개의 숫자를 사용할 것인지 정하는 규칙을 진법進法이라고 부릅니다. 진법에는 수를 표현하는 숫자를 몇 개 사용하느냐에 따라 10진법, 2진법, 16진법 등이 있습니다. 일반적으로 n-진법이란 n개의 숫자로 수를 표현하되, 숫자의 위치에 가중치를 두는 수 표기법입니다. 그리고 n-진법으로 표현된 수를 n-진수라고 부릅니다. 이것을 정리하자면 [그림 8-5]와 같습니다.

다음의 규칙에 따라 수를 표현하는 위치 기수법을 n-진법이라고 합니다.

(1) 수를 표현하는 숫자를 n개 사용합니다. 이때, n을 기수^{밑, base}라고 함. 우리는 n개의 숫자를 0, 1, 2, $\cdots$, n-1로 정합니다.

(2) n-진법으로 표현된 수를 n-진수라고 부릅니다.

(3) n-진수는 10진수와 구분하기 위해 오른쪽 아래에 기수 n을 표기합니다.

[그림 8-5] n-진법

우리가 평소에 사용하는 10진법이란 숫자 10개^{0, 1, 2, ⋯, 9}만 이용하되 숫자의 위치에 따라 0, 10, 100, 1,000, 10,000 등으로 자리값을 부여하여 수를 표현하는 방법인 것이죠. [그림 8-6]은 12,345를 10진법으로 표현하는 방법을 보여 주고 있습니다.

$$12{,}345 = 1 \times 10{,}000 + 2 \times 1{,}000 + 3 \times 100 + 4 \times 10 + 5 \times 1$$
$$= 1 \times 10^4 + 2 \times 10^3 + 3 \times 10^2 + 4 \times 10^1 + 5 \times 10^0$$

[그림 8-6] 수 12,345를 10진법에 따라 표현하는 방법

이번에는 2진법을 알아볼까요? n-진법이 무엇인지 알고 있다면 n 대신에 2를 넣어서 생각해 보죠. 그러면 2진법이란 수를 표현하는 숫자를 두 개만 사용하는 수 표현법이겠죠. 이때 숫자 두 개는 우리가 자주 사용하는 숫자인 0과 1을 사용합니다. [그림 8-7]은 10진수

II. 생각의 도약: 보이지 않는 값을 설계하다

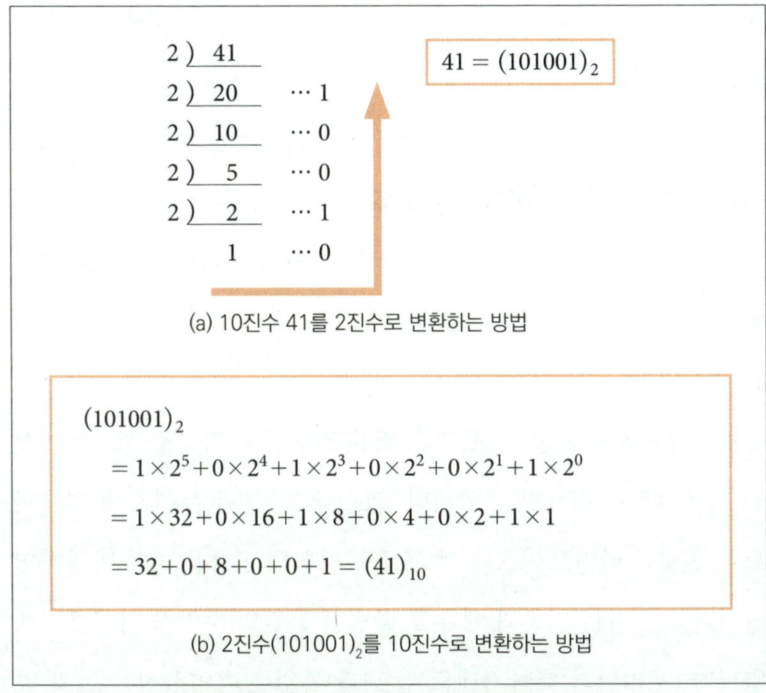

(a) 10진수 41를 2진수로 변환하는 방법

$$(101001)_2$$
$$= 1 \times 2^5 + 0 \times 2^4 + 1 \times 2^3 + 0 \times 2^2 + 0 \times 2^1 + 1 \times 2^0$$
$$= 1 \times 32 + 0 \times 16 + 1 \times 8 + 0 \times 4 + 0 \times 2 + 1 \times 1$$
$$= 32 + 0 + 8 + 0 + 0 + 1 = (41)_{10}$$

(b) 2진수$(101001)_2$를 10진수로 변환하는 방법

[그림 8-7] 동일한 수의 10진수 표현 및 2진수 표현

41을 2진수로 표현하는 것을 보여 주고 있습니다. 정확히 이야기하자면 41이라는 수를 10개의 숫자로 표현하는 방법(10진법)과 2개의 숫자로 표현하는 방법(2진법)에 따라 다르게 나타내는 것이지요.

[그림 8-7](a)에서는 10진수 41을 2진수로 변환하는 방법을 나타내고 있습니다. 즉, 41을 2로 계속 나누면서 발생되는 나머지를 모아서 아래부터 위로 적으면 2진수 $(101001)_2$로 변환할 수 있음을 보여 줍니다. 2진법에서는 2개의 숫자, 즉 0과 1로 수를 표현하는데 10진수를 2로 나누면 언제나 나머지는 0 아니면 1이 됩니다. 이 나

머지들을 모아서 순서대로 적으면 10진수 41에 대응하는 2진수가 되는 것입니다.

[그림 8-7](b)는 2진수로 표현된 수를 10진수로 변환하는 방법을 나타냅니다. 2진수 '101001'은 모두 6개 자리로 구성되는데, 가장 낮은 자리의 가중치는 $1(=2^0)$, 가장 높은 자리의 가중치는 $32(=2^5)$입니다. 이것을 이용하여 자리마다 값을 구해 모두 더하면 10진수 41이 됩니다.

한편 2진법에 의한 수 표현은 컴퓨터와 같은 디지털 시스템에서는 기본적으로 필요한 것입니다. 그런데 2진법은 누가 만들었을까요? 2진법은 라이프니츠 Leibniz 가 음양사상의 영향을 받아 발명하였답니다. 네, 바로 미분과 적분을 발명한 독일의 수학자 라이프니츠입니다. 우리나라 태극기에도 잘 나타나 있는 음양사상은 음과 양 두 개로 세상의 이치와 변화를 표현한다고 할 수 있습니다. 이러한 것을 이용하여 수를 두 개의 기호로 표현한 것이 2진법이지요.

숫자 0의 필요성

이제 매우 중요한 숫자 0에 대해 알아보겠습니다. 초기 숫자 체계에서 0은 없었습니다. 고대 문명에서는 실제로 '아무것도 없음'을 나타내는 수 개념이 존재하지 않았습니다. 이집트의 상형문자나 로

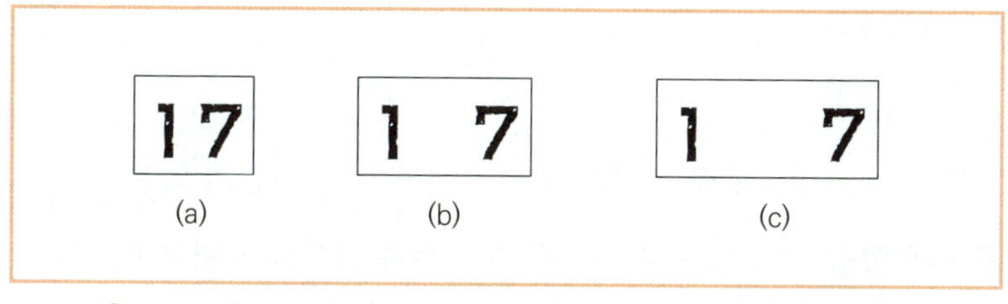

[그림 8-8] 0이 없을 때 수 107을 숫자 '1'과 '7'로 표현하는 방법

마 숫자에서는 빈자리를 나타내는 '0'과 같은 기호가 없었고, 수를 더하고 빼는 계산에서 숫자가 비어 있는 상황을 명확하게 표현하지 못했습니다. 0이 없으면 어떤 문제가 생길까요?

수 107을 아라비아 숫자로 표현할 때 0이라는 숫자가 없다면 '1'과 '7'만으로 수 107를 나타내는 것은 어렵습니다. [그림 8-8]에서 (a)는 띄어쓰기가 없는 경우이고, (b)는 한 칸 띄어쓰기를 한 경우, (c)는 두 칸 띄어쓰기를 한 경우입니다. 어떠세요? 충분히 혼란스럽겠지요? 만일 여러분이 누구에게 107마리의 소를 빌려주었는데 나중에 17마리만 돌려받는다고 상상해 보세요. 이처럼 0의 부재는 큰 수의 계산에서 많은 문제를 야기하였습니다.

자릿값을 통해 수의 크기를 나타내는 체계가 등장하면서 0이 더욱 필요하게 되었습니다. 예를 들어, 10과 100은 자리값이 달라야 했는데, 이를 표시하기 위해 0이 자리를 채우는 역할을 하였습니다.

0은 본격적으로 수학이 발전하고, 사람들이 곱셈, 나눗셈, 방정식 등과 같은 더 복잡한 계산을 처리할 때 그 필요성이 절실해졌습니다. 그럼 숫자 0은 언제 어디서 누구에 의해 만들어졌을까요?

0을 가지고 계산을 하다

인도는 고대로부터 천문학과 수학에서 높은 수준의 학문적 발전을 이루었습니다. 인도 수학자들은 우주와 시간의 개념을 이해하기 위해 숫자를 활용했고, 특히 자리값 체계를 도입하여 천문학에서 필요한 큰 숫자를 다루기 시작했습니다. 예를 들어, 3세기경의 인도 수학자들은 이미 자리값을 나타내기 위해 빈자리를 표현할 수 있는 0과 유사한 기호를 사용하고 있었습니다. 하지만 이 기호는 단순히 자리값을 표시하는 데에 사용되었을 뿐, 숫자로서의 0은 아니었습니다.

인도 수학자 브라마굽타Brahmagupta는 당시 수학과 천문학의 중심지 우자인이라는 도시에서 활동하였습니다. 그는 0을 수학적 개념으로 정립하였으며 양수와 음수를 각각 재산과 빚으로 비유하면서 음수 개념도 설명하였습니다. 또한 그는 이차방정식을 푸는 방법을 다루었는데 현재의 이차방정식 해법과 유사한 방법이라고 알려져 있습니다.

무엇보다도 그는 그의 저서 《브라마스푸타시단타Brahmasphutasi-ddhanta》*에서 0을 단순한 자릿값 기호에서 숫자 자체로 발전시켰습

---

* 이 책의 제목은 '우주의 질서를 바로 세운 원리'라는 뜻을 가지고 있습니다. 이 책은 인도 고대 수학과 천문학의 중요한 내용을 담고 있는 저서입니다. 브라마굽타는 이 책에서 0을 독립적인 수로 정의하고, 이를 연산에 포함시켜 덧셈, 뺄셈, 곱셈, 나눗셈에서의 규칙을 제시하였습니다.

          II. 생각의 도약: 보이지 않는 값을 설계하다

니다. 즉, 브라마굽타는 다음과 같이 0을 다른 숫자와 더하고 빼고 곱할 수 있는 수학적 숫자로 인정한 것입니다.

$$x+0 = x \quad \text{(0을 더해도 변하지 않음)}$$

$$x-0 = x \quad \text{(0을 빼도 변하지 않음)}$$

$$x \times 0 = 0 \quad \text{(0을 곱하면 0이 됨)}$$

0을 새로운 숫자로 인정한 브라마굽타의 업적은 그의 저서가 이슬람 학자들에 의해 아라비아어로 번역되면서 이슬람 세계에 전파되었고, 이는 다시 유럽에 소개되어 유럽의 수학 발전에 큰 영향을 미쳤습니다. 특히, 알콰리즈미와 같은 이슬람 학자들은 브라마굽타의 연구를 받아들여 대수학을 체계적으로 발전시켰으며, 유럽의 수학자들에게 이 지식을 전파하였습니다.

0과 진법을 수출하다

알콰리즈미는 9세기 이슬람 세계의 저명한 수학자이자 천문학자, 지리학자로, 그는 대수학과 아라비아 숫자 체계를 서양에 전파하는 데 중요한 역할을 하였습니다. 알콰리즈미의 정식 이름은 무함마드 이븐 무사 알콰리즈미로, 그는 780년경에 페르시아의 코라즘(현재의 우즈베키스탄)에서 태어났으며, 850년경에 바그다드에서 사망한 것으로 추정됩니다.

알콰리즈미는 인도에서 유래된 숫자 체계를 연구하여, 이를 아라비아 숫자 체계로 발전시키는 데 기여하였습니다. 그의 저서 《산수에 관한 책 Kitab al-Jam wal-Tafriq》에서 이러한 인도-아라비아 숫자 체계와 0의 개념을 설명하며, 수를 다루는 방법을 체계적으로 정리하였습니다. 이 책은 후에 라틴어로 번역되어 유럽에 전해졌으며, 이로 인해 아라비아 숫자와 0의 개념이 유럽에 널리 퍼지게 되었습니다. 당시 유럽에서는 로마 숫자와 자리값 체계를 사용하지 않는 방식에 머물러 있었는데, 0의 개념과 자리값 체계로 인해 계산이 크게 간편해지는 것을 이해하게 되었답니다.

알콰리즈미는 그의 또 다른 저서 《복원과 대비를 이용한 계산요약 Al-Kitab al-Mukhtasar fi Hisab al-Jabr wal-Muqabala》을 통해 대수학을 독립적인 학문 분야로 체계화하였습니다. 이 책의 제목에서 '복원 al-Jabr'이 대수학 Algebra 이라는 단어의 기원이 되었습니다. 이 책에서는 1차 및 2차 방정식을 푸는 다양한 방법이 소개되었으며, 특히 기하학적 해법을 통해 문제를 설명하는 방식이 사용되었습니다.

알콰리즈미에 관련된 재미있는 사실이 또 하나 있습니다. 그것은 여러분이 알고 계시는 알고리즘 Algorithm *이라는 단어가 수학자 알콰리즈미를 잘못 읽어서 생겨 났다는 사실입니다. 그의 저서 《산

---

* 알고리즘은 특정한 문제를 해결하거나 목표를 달성하기 위해 단계적으로 수행해야 할 절차나 규칙의 집합을 의미하는 컴퓨터과학의 기본 용어입니다. 간단히 말해, 알고리즘은 어떤 문제를 해결하기 위한 명확하고 논리적인 순서를 정리한 것입니다.

수에 관한 책》이 라틴어로 번역되는 과정 중에 생긴 오류 때문인 것이죠. 이 저서는 라틴어 제목《Algoritmi de numero Indorum》* 으로 번역되었는데, 저자인 알콰리즈미를 전문용어인 줄 알고 책 제목의 일부로 적어 넣는 실수를 한 것입니다. 이렇게 잘못 읽힌 'Algoritmi'가 점차 단계적 문제 해결 과정을 의미하는 알고리즘이라는 용어로 자리잡게 되었습니다.

이번 장에서는 수와 숫자가 다르다는 사실과 과거 인류는 어떤 방식으로 수를 숫자로 표현하였는지 알아보았습니다. 특히, 숫자 0의 등장은 인류가 수의 세계를 바라보는 방식을 새롭게 바꾸어 놓았습니다. 인도 수학자 브라마굽타는 아무것도 없는 상태를 0이라는 하나의 숫자로 인정하고 음수 계산법을 정립하였습니다. 대수학의 아버지 알콰리즈미는 이것을 체계적인 방정식과 결합하여 전 세계에 퍼뜨리는 가교역할을 하였습니다. 0이라는 개념에서 출발한 두 학자의 업적은 오늘날 현대 과학과 디지털 세상을 지탱하는 수 체계의 든든한 기초가 되었습니다.

숫자 0을 수 체계에 도입한 인도의 수학자 브라마굽타와 0을 유럽에 전파한 대수학의 아버지 알콰리즈미가 [그림 8-9]에 나타나 있습니다.

* 지금의 의미로 번역하자면 '인도 숫자를 이용한 계산법'이 됩니다.

(a) 브라마굽타 도서*   (b) 알콰리즈미 우표**

[그림 8-9] 숫자 0의 도입한 브라마굽타와 0을 유럽에 전파한 알콰리즈미

---

*   Amazon에서 구매할 수 있는 서적 《Brahmagupta: Exploring the Mathematical Marvels of an Ancient Genius》의 표지

**   알콰리즈미 출생 1,200주년을 기념하기 위해 1983년 9월 6일 소련에서 발행한 우표

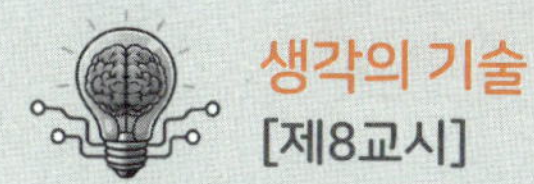

수와 숫자는 서로 다릅니다. 숫자란 수를 나타내는 기호입니다. n개의 숫자로 자릿값을 고려하여 수를 나타내는 방법이 n진법이고, 대표적인 것이 우리가 사용하는 10진법이지요.

어느 날 과학자들이 고대 유적지를 발견했다고 합니다. 이 고대문명에서는 아래 그림에서 보여 주는 3개의 도형을 숫자로 사용했다고 과학자들이 밝혀냈답니다. 즉, 이 문명에서는 3진법을 사용했다는 것이지요.

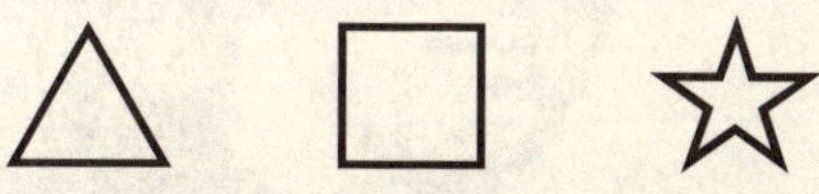

과학자들이 오랜 연구 끝에 □□△☆를 해석했더니 수 38을 의미한다고 합니다. 그렇다면 이제 여러분이 나설 때입니다. 다음을 풀어 보시죠.

(1) □, △, ☆은 각각 어떤 수를 나타내는 것일까요?

(2) 이 고대문명의 사람들은 수 142를 어떻게 표시했을까요?

(3) 여러분의 나이를 이 세 개의 숫자로 나타내 보세요.

혹시라도 제가 더 적절하거나 필요한 무언가를 빠뜨렸다면
용서해 주시기 바랍니다. 모든 면에서 결점 없이
신중한 사람은 없기 때문입니다.

If by chance I have omitted anything more or less proper or necessary,
I beg forgiveness, since there is no one who is without fault and
circumspect in all matters.

이 TED 강연은 수학을 배우는 이유를 계산(Calculation), 응용(Application), 그리고 영감(Inspiration) 세 가지라고 말합니다. 특히, 피보나치 수열을 이용해서 이 세 가지를 설명하고 있으니 피보나치 수열의 마법 같은 이야기를 들어보세요.

9

이곳에도 황금비율이 있다니?

　해발 800m, 구름도 쉬어 간다는 태백 구와우 마을의 능선에는 여름마다 100만 송이의 해바라기가 일제히 동쪽을 향해 고개를 듭니다. "백두대간 산마루에서 동해를 바라보며, 노란 희망을 피우다." 이것은 태백 해바라기 축제의 표어입니다.

　2005년, 폐광 지역이었던 태백의 경제를 살리고 황폐해진 땅에 생명력을 불어넣기 위해 해바라기 씨앗들을 처음 뿌렸답니다. 그

[그림 9-1] 제21회 태백 해바라기 축제 포스터

출처: 태백 해바라기 축제 홈페이지

리고 해바라기의 꽃말처럼 노란 희망이 자라나 이제는 광활한 노란 꽃바다를 이루며 유명한 지역 축제로 발전하게 되었습니다. [그림 9-1]은 2025년 태백 해바라기 축제의 홈페이지 화면을 갈무리한 것입니다.

여러분은 해바라기를 자세히 들여다본 적이 있나요? 아마 많은 분에게 해바라기는 어린 시절의 정겨운 추억으로 남아 있을 겁니다. 마당 한구석이나 학교 길목에 키보다 높게 솟아 있던 커다란 꽃 등. 잘·익은 해바라기 얼굴에서 씨앗을 쏙쏙 빼내 입안 가득 고소함을 음미하던 그 시절의 기억 말이죠.

하지만 잠시 먹는 즐거움을 뒤로 하시고 그 씨앗들이 박혀 있는 모양을 가만히 살펴보면, 참 뭐라 말하기 어려운 아름다움이 느껴집니다. 작은 꽃 안에 수백 개에서, 많게는 이천여 개에 달하는 씨앗들이 빈틈없이 유려한 곡선을 그리며 정렬된 모습을 보고 있노라면 어지럽기는커녕 묘하게 마음이 편안해집니다.

이러한 아름답고 조화롭다는 느낌은 사실 수학적으로 말하자면 최적화optimization를 의미합니다. 해바라기는 햇빛과 영양분을 단 한 뼘도 낭비하지 않고 골고루 나누기 위해 가장 효율적인 배치 방식을 선택한 것이죠. 생존을 위한 자연의 치열한 전략이 우리 눈에는 아름답고 조화로운 신의 예술로 느껴진 것입니다. 이 경이로운 신의 예술 작품에 바로 피보나치 수열이 있습니다.

    II. 생각의 도약: 보이지 않는 값을 설계하다

피보나치가 가져온 동방의 마법

8장에서 소개한 알콰리즈미는 그의 저서 《산수에 관한 책》에서 인도-아라비아 숫자 체계와 수를 다루는 방법을 정리하였습니다. 이 책은 후에 라틴어로 번역되어 유럽에 전해졌습니다. 그러면 자릿수를 고려한 새로운 수 표현 방법을 유럽에 전달한 사람은 누구였을까요? 여러 사람이 관여되었을 테지만, 역사적으로 알려진 인물은 이탈리아 수학자인 피보나치입니다.

피보나치는 1170년경 이탈리아의 피사에서 태어나 13세기까지 활동한 수학자입니다. 그의 아버지는 상인이었고, 피보나치는 아버지를 따라 북아프리카에서 함께 일하며 어릴 때부터 이슬람 문화권에서 수학을 배우기 시작했습니다. 아버지는 아들이 무역 업무를 잘하려면 현지의 계산법을 알아야 한다고 생각하여, 현지 아랍인 스승에게 보내 산술 교육을 받게 했던 것입니다.

당시 유럽인들은 주판을 튕기거나 복잡한 로마 숫자$^{I, V, X, L, C \, 등}$로 계산하고 있었습니다. 하지만 아랍 상인들은 모래판이나 종이 위에 단 10개의 기호$^{0~9}$만 끄적이며 순식간에 복잡한 곱셈과 나눗셈을 해내고 있었습니다. 소년 피보나치는 이 계산 방법이 기존의 로마식 계산법보다 훨씬 효율적이라는 것을 알게 됩니다.

이러한 수 표기법과 산술의 기초를 배운 피보나치는 부지아(현재 알제리에 위치한 항구)에만 머물지 않았습니다. 그는 아버지의 지원을 받아 상업적 업무를 수행하며 지중해 전역을 도는 수학 여행을 떠났습니다. 수학을 배우기 위한 유학을 하였답니다. 그는 이집트, 시리아, 그리스^{비잔틴 제국}, 시칠리아, 프랑스 남부^{프로방스} 등을 여행했습니다. 그는 피타고라스의 기하학, 이집트의 분수 계산법, 유클리드 기하학 등을 모두 섭렵하였습니다. 이 긴 여행 끝에 그는 인도-아라비아 숫자 체계^{0과 위치 기수법}가 세상에서 가장 완벽한 체계라는 확신을 갖게 되었습니다.

1200년경, 약 30세가 되어 고향 피사로 돌아온 그는 자신이 북아프리카와 지중해 여행에서 배운 모든 지식을 정리하기 시작하였습니다. 단순한 학문적 연구가 아니라, 이탈리아 상인들이 이자와 환율 계산, 화폐 환전, 무게 측정 등을 빠르고 정확하게 할 수 있도록 돕기 위한 실용적인 매뉴얼을 만드는 것이었습니다. 그 결과 1202년에 탄생한 것이 바로 《산반서^{Liber Abaci}》입니다.

《산반서》의 1장에서 그는 "이 숫자 10개만 있으면 그 어떤 수라도 적을 수 있다"고 주장하면서 유럽에 십진법 체계를 최초로 소개하고 있습니다. 이전까지 유럽인들은 계산이 매우 불편한 로마 숫자를 사용했으나, 피보나치 덕분에 셈법의 혁명이 일어나 상업과 과학이 비약적으로 발전할 수 있었던 것이죠. 결국 아라비아 숫자는 유럽에서 널리 사용되기 시작했고, 피보나치는 '유럽에 0을 선물한 남자'라고 불리게 되었습니다.

이 장의 첫 페이지에 나온 그의 어록은 《산반서》를 마무리하고 서문에 적은 것입니다. 방대한 분량의 책을 쓴 저자로서 자신의 부족함을 인정하고, 혹시 오류가 있다면 바로잡아 달라고 정중하게 부탁하고 있습니다. 그의 겸손함이 느껴지는 대목입니다.

토끼 한 쌍이 만든 생명의 수열

우리에게 잘 알려진 '피보나치 수열 Fibonacci sequence'은 《산반서》에서 제시한 토끼의 번식 문제에서 발견됩니다. 한 쌍의 토끼가 한 달 뒤에 성숙하고, 그 후 매달 한 쌍의 토끼를 낳으며 늘어나는 과정을 계산한 것인데, 이것을 정리하면 다음과 같은 수열이 도출됩니다.

첫 번째 달:　1쌍

두 번째 달:　1쌍

세 번째 달:　2쌍

네 번째 달:　3쌍

다섯 번째 달: 5쌍

여섯 번째 달: 8쌍

…

이 수열을 피보나치 수열이라고 합니다. 이 수열의 규칙은 이전 두 항의 합이 다음 항이 되는 형태로 다음과 같이 나타납니다.

$$1, 1, 2, 3, 5, 8, 13, 21, 34, 55, 89, 144, 233, 377, 610, 987, \cdots$$

그런데 이것을 언제까지 적고 계시겠습니까? 수열이 끝없이 이어지는데 말이죠. 그래서 약간만 수학 기호를 사용해 보겠습니다.

수학적으로, 피보나치 수열은 다음과 같은 형태로 정의됩니다.

$$F(n) = F(n-1) + F(n-2)$$

여기서, 수열의 첫 두 항은 $F(0) = F(1) = 0$으로 주어집니다.

어떠세요? 곰곰이 따져 보시면 이 수식이 길고 길었던 피보나치 수열을 한방에 나타내었다는 것을 아시게 될 것입니다. 그래서 수학에서 기호를 사용하는 것이랍니다.

피보나치 수열은 사실 피보나치보다 훨씬 앞선 B.C. 200년경, 인도에서 먼저 발견되었습니다. 당시 인도 수학자들은 시의 운율을 연구하다가 이 특별한 수의 규칙을 찾아냈답니다. 산스크리트 시는 짧은 음절(S, 1박자)과 긴 음절(L, 2박자)을 조합하여 운율을 만듭니다. 이때, 정해진 전체 마디를 채우는 경우의 수를 계산해 보면 놀라운 결과가 나옵니다. 운율이 3개, 4개, 5개의 마디로 이루어졌을 때를 고려해 보면,

3개 마디 → (S,S,S), (L,S); $\boldsymbol{(S,L)}$ → 3가지 경우

4개 마디 → (S,S,S,S), (L,S,S), (S,L,S); $\boldsymbol{(S,S,L)}$, $\boldsymbol{(L,L)}$ → 5가지 경우

5개 마디 → (S,S,S,S,S), (L,S,S,S), (S,L,S,S), (S,S,L,S), (L,L,S); **(S,S,S,L)**, **(L,S,L)**, **(S,L,L)** → 8가지 경우

와 같이 3, 5, 8의 수열이 발견됩니다. 그리고 경우의 수 계산에서 세미콜론(;)은 S로 끝나는 운율과 L로 끝나는 운율을 구분한 것인데, 여기에도 피보나치 수열이 발견됩니다.

운율이 6개 마디로 구성되는 경우는 당연히 13개의 경우가 나올 것이고 L로 끝나는 것이 5개, S로 끝나는 것이 8개 나올 것이라고 예상할 수 있겠죠? [그림 9-2]를 보고 확인하시길 바랍니다.

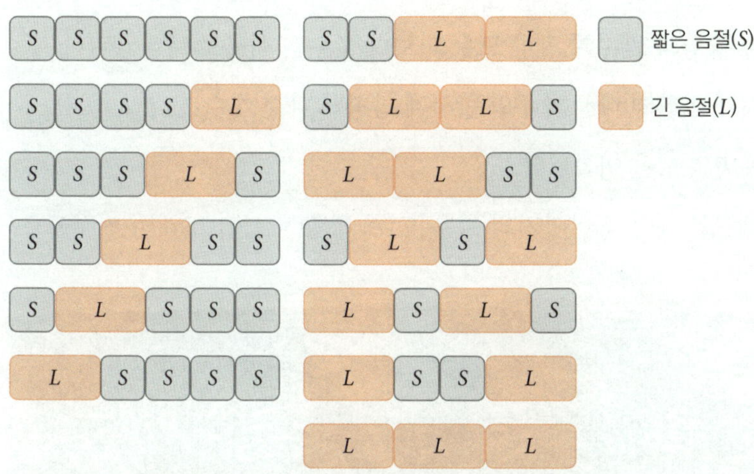

[그림 9-2] 산스크리트 시에서 발견되는 피보나치 수열

자연 속에 숨은 피보나치 수열

하지만 피보나치 수열은 자연에서 더 자주 발견된답니다. 한 번 같이 살펴볼까요?

해바라기 씨앗 배열

해바라기 씨앗은 꽃 중심에서 바깥쪽을 향하여 나선형으로 배열되는데, 이것은 씨앗들이 빽빽하게 배열되어 공간을 최적화할 수 있게 하는 구조입니다. 이 나선은 [그림 9-3]에서 볼 수 있듯이, 시계 방향과 반시계 방향 모두 피보나치 수의 비율로 나타납니다. 즉, 시계 방향의 나선 개수와 반시계 방향의 나선 개수가 각각 피보나치 수열의 항을 이룹니다.

보통 작은 해바라기의 경우, 시계 방향 나선이 21개의 씨앗으로,

[그림 9-3] 해바라기 꽃에서 발견되는 피보나치 수열

반시계 방향 나선이 34개의 씨앗으로 나타납니다. 조금 큰 해바라기의 경우에는 시계 방향 나선이 55개의 씨앗으로, 반시계 방향 나선이 89개의 씨앗으로 나타나는 것이 보통입니다. 이 나선 수는 모두 피보나치 수열의 항에 해당됩니다. 즉, $F(8) = 21$, $F(9) = 34$, $F(10) = 55$, $F(11) = 89$입니다.

솔방울의 나선형 배열

소나무 솔방울의 비늘* 또한 나선형으로 배열되며, 피보나치 수열을 따릅니다. 시계 방향과 반시계 방향의 나선 개수는 각각 피보나치 수열의 두 연속 항을 이룹니다. 이는 솔방울이 더 많은 씨앗을 포함할 수 있도록 돕습니다. [그림 9-4]에서 확인할 수 있듯이 보통의 솔방울은 한 방향으로 8개의 나선이 흐르고, 반대 방향으로는 13개의 나선이 흐릅니다. 작은 솔방울은 5개와 8개의 나선으로, 대형 솔방울은 13개와 21개의 나선으로 구성됩니다.

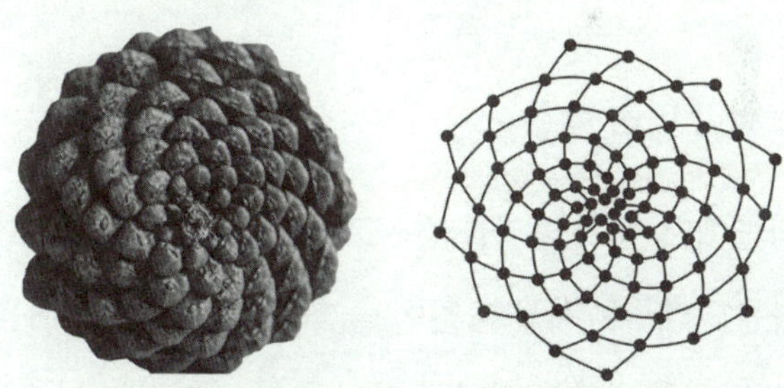

[그림 9-4] 솔방울에서 발견되는 피보나치 수열

* 솔방울의 씨앗을 보호하는 단단한 조각들로 종린(種鱗)이라고도 합니다.

파인애플의 껍질 패턴

파인애플의 겉 표면에 있는 껍질의 패턴도 피보나치 수열을 따릅니다. 파인애플은 육각형 모양으로 된 껍질들로 구성되어 있습니다. 그런데 이것들은 [그림 9-5]에서 볼 수 있듯이 세 종류의 나선 형태로 연결되어 있답니다. 즉, 전체 껍질을 펼쳤을 때, 같은 육각형 알맹이를 기준으로 ①번 방향 나선은 5줄이 나오고, ②번 방향 나선은 8줄, ③번 방향 나선은 13줄이 나옵니다.

[그림 9-5] 파인애플에서 발견되는 피보나치 수열

식물의 잎이 나는 배열

많은 식물에서 잎이 줄기를 감싸고 있는 각도는 피보나치 수열의 비율을 따릅니다. 즉, 식물의 잎이 줄기를 감싸며 한 바퀴를 돌고 처음 위치로 돌아올 때까지 생기는 잎의 수와 회전하는 각도는 피보나치 수열의 비율과 관련이 있습니다. 예를 들어, 한 바퀴를 돌면서 나

II. 생각의 도약: 보이지 않는 값을 설계하다

선형으로 배열될 때 잎이 돌아가는 각도를 계산해 보면 [표 9-1]과 같습니다

각도	분수 비율	잎이 나는 배열의 형태	실례
180°	$\dfrac{1}{2}$	2개의 잎이 1회전 하며 배열되는 경우	벼, 보리
120°	$\dfrac{1}{3}$	3개의 잎이 1회전 하며 배열되는 경우	느릅나무
144°	$\dfrac{2}{5}$	5개의 잎이 2회전 하며 원을 이루는 경우	사과나무
135°	$\dfrac{3}{8}$	8개의 잎이 3회전 하며 배열되는 경우	장미, 배추
138°	$\dfrac{5}{13}$	13개의 잎이 5회전 하며 배열되는 경우	소나무, 해바라기

[표 9-1] 식물의 잎이 나는 배열과 피보나치 수열

이와 같이 $\dfrac{1}{2}$, $\dfrac{1}{3}$, $\dfrac{2}{5}$, $\dfrac{3}{8}$, $\dfrac{5}{13}$, $\dfrac{8}{21}$ 등의 분수 비율이 피보나치 수열의 항을 나타내며, 각 잎이 줄기 주위를 감싸며 겹치지 않고 햇빛을 최대로 받을 수 있는 최적의 배열을 형성하게 됩니다.

해바라기 잎은 이전 잎에서 $360 \div 1.618 = 222.5°$ (또는 $360° - 222.5° = 137.5°$)씩 회전하여 나오고 있는데, 여기서 1.618은 2장에서 다루었던 황금비율입니다.

거미가 짓는 원형 거미줄의 방사형 패턴도 피보나치 수열의 비율을 따릅니다. 거미는 거미줄을 지을 때 방사형으로 뻗은 줄 사이의 간격을 조절함으로써 피보나치 수열의 비율을 따르도록 합니다. 이를 통해 거미줄은 효율적으로 충격을 분산하고 강도를 유지할 수 있답니다.

인간의 손가락 마디는 피보나치 수열의 비율로 배열됩니다. 손가락 첫째 마디, 둘째 마디, 셋째 마디의 길이가 각각 피보나치 수열을 따른다는 연구 결과가 있습니다. 이는 손가락이 효율적인 움직임과 균형을 이루기 위한 구조라고 여겨집니다.

인간의 몸과 얼굴 비율에서 피보나치 수열을 발견할 수 있습니다. 예를 들어, 손가락 끝에서 손목까지의 길이와 손목에서 팔꿈치까지의 길이는 피보나치 수열의 비율에 가깝습니다. 이러한 비율은 인체의 대칭성과 조화를 이루는 구조로 나타납니다.

금융 시장에서는 피보나치 되돌림 Fibonacci Retracement 이라는 개념이 사용됩니다. 이는 주가가 상승하거나 하락할 때 피보나치 수열 비율에 해당하는 특정 지점에서 지지선 또는 저항선 역할을 한다는 분석입니다. 특히, 61.8%, 38.2%와 같은 비율은 피보나치 수열의 비율로 주가 예측에 중요한 참고 지표로 사용됩니다.

피라미드, 파르테논 신전, 레오나르도 다빈치의 〈비트루비우스

인간 Vitruvian Man 〉 등 건축과 예술 작품에서도 피보나치 수열에 기반한 황금비율이 적용됩니다. 이러한 비율은 시각적 안정성과 아름다움을 느끼게 해줌으로써 피보나치 수열이 건축과 예술에서 하나의 미적 기준으로 자리 잡을 수 있게 해주었습니다.

피보나치 수열의 끝은?

피보나치 수열과 황금비율의 관계는 수학에서 가장 아름답고 신비로운 연결 고리 중 하나입니다. 한마디로 정리하자면, "피보나치 수열을 따라가다 보면 황금비율에 도달하게 된다"는 것입니다.

피보나치 수열의 숫자들을 나열해 놓고, 뒤의 숫자를 앞의 숫자로 나누어 봅시다. 그 결과는 수가 커질수록 어떤 특정한 값에 가까워지는 것을 볼 수 있습니다.

$$1 \div 1 = 1 \qquad\qquad 13 \div 8 = 1.625$$
$$2 \div 1 = 2 \qquad\qquad 21 \div 13 = 1.615 \cdots$$
$$3 \div 2 = 1.5 \qquad\qquad 34 \div 21 = 1.619 \cdots$$
$$5 \div 3 = 1.666 \cdots \qquad\qquad \cdots$$
$$8 \div 5 = 1.6 \qquad\qquad 144 \div 89 = 1.6179 \cdots$$

이 과정을 계속 반복하면 그 값은 1.6180339887… 이라는 무리수에 한없이 가까워집니다.

즉 피보나치 수열의 항들이 커질수록 연속된 항들 사이의 비율은 황금비율에 수렴합니다. 수학을 조금 아시는 독자라면 다음의 수학 기호를 보고서 놀라지 않으시겠죠? 이 수학 기호를 모른 척하고 싶으신 분들은 그냥 넘어가셔도 됩니다.

$$\lim_{n \to \infty} \frac{F(n+1)}{F(n)} \approx 1.618$$

피보나치 수열과 황금비율이 자연에서 자주 발견되는 이유는 생존을 위한 최고의 효율성 때문입니다. 식물이 잎이나 씨앗을 낼 때 약 137.5도, 소위 황금각을 유지하며 자라나면 놀라운 일이 벌어집니다. 위쪽 잎이 아래쪽 잎을 가리지 않아 햇빛을 골고루 받을 수 있고, 씨앗들은 빈틈 하나 없이 가장 빽빽하게 자리를 잡을 수 있게 되죠.

결론적으로, 피보나치 수열은 자연이 성장하는 구체적인 숫자^{정수}의 기록이고, 황금비율은 그 성장이 도달하고자 하는 완벽한 균형^{무리수}이라고 말할 수 있습니다. 즉, 피보나치 수열은 황금비율이라는 이상적인 아름다움을 향해 한 단계식 발전해 나가는 과정이라고 볼 수 있지 않을까요?

아래 그림에서 정사각형들이 만들어지는 순서를 확인하세요. 정사각형 가운데에 쓰여진 숫자가 만들어지는 순서입니다. 그리고 정사각형의 한 변의 길이가 1, 1, 2, 3, 5, 8, 13, … 등으로 피보나치 수열에 맞추어 점점 커진다는 것도 확인해 보세요.

이제 오른쪽 작은 그림에서 보이는 것처럼 한 변의 길이가 1인 정사각형의 한 꼭짓점에서 시작하여 마주 보는 꼭짓점을 잇는 1/4짜리 원을 그려 보세요. 이 과정을 반복해 보세요. 오른쪽 그림에서는 세 번째로 만들어지는 정사각형까지 1/4짜리 원들이 연결된 곡선을 보여 줍니다.

어떤 그림이 나오나요? 제가 원하는 답은 앵무조개 껍데기에서 찾아볼 수 있는 이른바 '황금나선'이라는 곡선입니다.

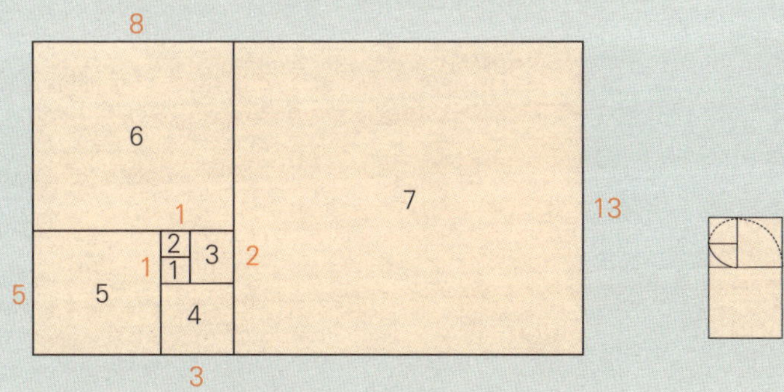

III

생각의 확장:
만물을 수학으로 번역하다

나는 오직 덧셈과 뺄셈만으로
모든 수학적 난제를 해결하는 방법을 세상에 남기노라.
I bequeath to the world a method for resolving
all mathematical difficulties solely by addition and subtraction.

"천문학자들의 수명을 두 배로 늘려 주었다"는 찬사를 받을 만큼, 지루하고 거대한 계산의 고통을 벗어나게 해준 네이피어에 대한 동영상입니다. 주술사나 마법사라는 오해를 받을 정도로 기이했던 그의 독특한 삶과 함께, 계산기 이전에 존재했던 곱셈 계산기인 네이피어의 뼈에 대한 이야기도 나옵니다.

10

닭 도둑 잡는 마법사

16세기 말, 스코틀랜드의 에든버러 근교 머치스턴성 Merchiston Castle 에는 기이한 소문이 돌았습니다. 밤마다 성의 탑 꼭대기에서 이상한 불빛이 번쩍이고, 검은 옷을 입은 성주가 흑마술을 부린다는 이야기였습니다.

그는 검은 수탉을 어깨에 올린 채 알아들을 수 없는 주문을 중얼거리며 영혼들과 대화한다고 했습니다. 혹은 해괴한 숫자들을 새긴 상아 막대기들을 늘어놓고 밤새도록 주술을 부린다는 소문도 무성했죠. 가끔 성 주변을 서성이며 기이한 막대기를 휘둘러 사람들을 공포에 떨게 했습니다. 마을 사람들은 그가 금지된 고서를 탐독하며 초자연적인 힘을 빌려 지옥의 악령들과 소통하며 기괴한 의식을 치르고 있다고 믿었습니다.

하지만 그가 부리고 있던 마법은 악마의 주술이 아니었습니다. 그는 인류를 고통스러운 계산의 늪에서 구원할 '수학이라는 이름의 마법'을 연마하고 있었습니다. 그가 바로 로그 Logarithm 의 창시자, 존 네이피어입니다.

머치스턴의 남작

존 네이피어는 1550년 스코틀랜드의 에든버러 근처 머치스턴에서 태어났습니다. 부유한 귀족 가문에서 태어난 그는 정규 교육보다는 독학으로 수학, 신학, 과학 등에 대한 관심을 키웠습니다. 당시 스코틀랜드의 교육 수준은 그의 학문적 갈증을 채우기에는 턱없이 부족하였습니다. 그는 대학의 정해진 커리큘럼에 안주하는 대신, 성안의 거대한 서재에 틀어박혀 고대 그리스 수학자들이 저술한 책들과 신학 서적들을 탐독하며 스스로 생각의 근육을 키웠습니다. 이러한 독학의 습관은 네이피어에게 기존의 틀에 얽매이지 않고 문제를 바라보는 독창적인 시각을 갖게 하였습니다.

오늘날로 치면 중학생에 불과한 13세라는 어린 나이에 세인트 앤드루스 대학University of St Andrews*에 입학했으나 중퇴합니다. 그리고 삼촌 애덤 네이피어의 권유로 1564년, 그의 나이 14세에 유럽 대륙으로 유학을 떠납니다.

유럽 대륙은 그에게 거대한 지식의 용광로와 같았습니다. 특히 그는 상업과 항해의 중심지였던 네덜란드에서 당시 파격적인 수학 도구였던 십진법 소수의 가능성을 발견하였습니다. 숫자를 쪼개어

---

* 16세기 당시 대학은 오늘날의 대학이 아니라, 중등교육과 고등교육이 섞여 있는 형태였습니다. 특히 귀족 자제들은 라틴어와 기초 학문을 일찍 떼고 12~15세 사이에 대학에 입학하는 것이 일반적이었습니다.

III. 생각의 확장: 만물을 수학으로 번역하다

수를 더욱 세밀하게 기록하는 이 방식은 복잡한 계산을 단순화하려던 그의 탐구심을 일깨웠죠. 프랑스에서는 르네상스 인문주의자들이 고대 그리스의 원전을 복원하며 일궈낸 논리적 엄밀함을 흡수하며 생각의 깊이를 더했습니다. 또한 이슬람 수학의 유산이 남아 있던 대륙의 대수학은 그에게 큰 수를 다루는 새로운 관점을 얻게 해주었습니다.

네이피어는 유학 생활을 마치고 그의 나이 21세에 스코틀랜드로 돌아옵니다. 7년의 유학 기간 동안 그는 서로 다른 학문의 줄기를 하나로 엮어내는 통합적 사고력을 길렀습니다. 그의 머릿속에는 어쩌면 이미 곱셈을 덧셈으로 바꾸는 혁명적인 계산 체계를 조립하고 있지 않았을까요? 기록이 상세히 남아 있지는 않지만, 학자들은 그가 이때 습득한 선진 학문이 훗날 로그라는 새로운 수학 체계를 세우는 데 결정적인 밑거름이 되었다고 믿고 있습니다.

그런데 놀랍게도 네이피어는 자신을 수학자라고 생각하지 않았답니다. 그의 본업은 영지를 관리하는 영주이자, 독실한 프로테스탄트 신학자였습니다. 그는 가톨릭 세력에 대항하여 개신교의 논리를 정립하는 신학 연구를 자신의 소명으로 여겼습니다. 실제로 그가 생전에 가장 자랑스럽게 여긴 저술은 수학책이 아니라 1593년에 쓴 신학서적《요한계시록의 전체적 증거》였답니다. 책은 당시 베스트셀러가 되었지만, 오늘날 우리는 그를 신학자가 아닌 위대한 수학자로 기억합니다.

위대한 발명, 로그

16~17세기는 '대항해 시대'이자 천문학 혁명의 시대였습니다. 케플러 Kepler 나 티코 브라헤 Tycho Brahe 같은 천문학자들은 행성의 궤도를 계산하기 위해 자릿수가 큰 정밀한 수치들을 서로 곱하고 나누는 지루하고 고통스러운 작업에 매달려야 했습니다. 항해사들 역시 별의 위치를 계산하다가 실수하여 난파당하기 일쑤였습니다. 네이피어는 이들을 위해 "곱셈을 덧셈으로 바꿀 수 없을까?"라는 근본적인 질문을 던졌습니다.

네이피어는 1594년부터 약 20년 동안 외부와 단절한 채 오로지 연구에만 몰두했습니다. 그는 특히 더하기의 세계(등차수열)와 곱하기의 세계(등비수열) 사이의 관계에 주목하였습니다.

여기서 우리 오랜만에 중고등학교 시절에 배웠던 수열의 종류를 복습해 볼까요? 등차수열이란 연속하는 두 항의 차이 공차가 일정한 수열을 말합니다. 예를 들어 수열 1, 4, 7, 10, 13, …은 공차가 3인 등차수열로서 각 항에다가 공차를 더해 다음 항을 얻게 됩니다. 즉, 등차수열은 덧셈으로 증가하는 수열이라고 말할 수 있죠. 한편 등비수열은 연속하는 두 항의 비율 공비이 일정한 수열을 말합니다. 예를 들어 1, 2, 4, 8, 16, 32, …은 공비가 2인 등비수열로서 각 항에다가 공비를 곱해 다음 항을 얻게 됩니다. 즉, 등비수열은 곱셈으로 증가하는 수열이라고 말할 수 있습니다.

　　　　　　　Ⅲ. 생각의 확장: 만물을 수학으로 번역하다

네이피어는 등차수열과 등비수열 사이의 관계성을 이용해서 복잡한 등비수열의 곱셈(예: 4×8＝32)을 등차수열의 덧셈(예: 2＋3＝5)으로 환원할 수 있다는 원리를 발견하였습니다.

이 원리를 바탕으로 1614년, 마침내 그는 《놀라운 로그 법칙의 기술》을 출판했습니다. 이 책에는 90페이지에 달하는 방대한 로그

《놀라운 로그 법칙의 기술》의 표지

출처: 위키피디아

표가 실려 있었습니다. 이 로그표는 천문학, 공학, 항해, 물리학 등에서 매우 큰 수들의 곱셈이나 나눗셈을 쉽게 계산할 수 있도록 도왔습니다. 특히, 케플러와 같은 천문학자들은 로그를 사용하여 행성 궤도 계산을 정확하고 효율적으로 할 수 있었습니다.

로그는 곱셈과 나눗셈을 덧셈과 뺄셈으로 단순화하여 계산을 크게 간소화한 혁신적인 개념입니다. 약 20년 동안 오로지 숫자 계산만을 하여 만들어 낸 것이 네이피어의 로그표입니다. 프랑스의 수학자 라플라스 Laplace 는 훗날 "네이피어는 천문학자들의 수고를 덜어 줌으로써 그들의 수명을 두 배로 늘려 주었다"라는 찬사를 보냈습니다.

이 책의 마법 같은 계산 방법에 매료된 런던의 수학 교수 헨리 브

릭스 Henry Briggs 는 1615년, 늙은 네이피어를 만나기 위해 스코틀랜
드까지 찾아갔습니다. 두 천재의 만남은 감동적이었습니다. 그들은
처음 만났을 때 서로에 대한 존경심으로 차마 말을 잇지 못하고 15
분간 침묵만 지켰다고 전해집니다. 브릭스는 네이피어에게 "밑 base
을 10으로 하고 log1＝0으로 정하자"고 제안하였고, 네이피어도 이
에 동의하였습니다. 비록 네이피어는 곧 사망했지만, 브릭스가 이
연구를 이어받아 오늘날 우리가 쓰는 상용로그 common logarithm 를 완
성한 것입니다.

네이피어의 뼈

　네이피어는 복잡한 로그뿐만 아니라, 일반 상인이나 평범한 사람
들도 쉽게 계산할 수 있는 도구를 만들고 싶어 했습니다. 1617년 6월,
그가 세상을 떠난 지 두 달 후 그의 유고작 《랍돌로지 Rabdology》가 출
간되었습니다. 랍돌로지는 막대 Rabdos 를 이용한 학문이라는 뜻입
니다.

　그는 상아나 동물의 뼈로 막대를 만들고, 그 위에 구구단 표를 새
기되, 각 칸을 사선으로 분할하여 십의 자리와 일의 자리를 구분하
여 새겼습니다. 이 막대들을 조합하면 복잡한 곱셈을 단순히 대각
선 방향으로 숫자를 더하는 방식만으로 계산할 수 있습니다. 또한

나눗셈은 막대의 숫자를 이용한 뺄셈의 반복으로 계산할 수 있습니다.

이 도구는 상아로 만든 모양이 뼈처럼 보인다고 하여 네이피어의 뼈 Napier's Bones 또는 네이피어의 막대기라고 불렸습니다. 이는 현대적인 계산기가 발명되기 전까지 유럽 전역에서 널리 사용된 최초의 휴대용 아날로그 계산기였다고 볼 수 있지요.

네이피어의 뼈

출처: 위키피디아

구면 삼각법과 소수점

네이피어는 천문학에 필수적인 구면 삼각법 spherical trigonometry 정리에도 큰 공헌을 했습니다. 구면 삼각법은 평면이 아닌 구球의 표면에서 도형의 길이와 각도를 계산하는 수학의 한 분야입니다. 당시 과학과 상업 분야에서 가장 중요한 천문학과 항해법에서는 둥근 하늘과 지구라는 구면의 세계를 다루어야 했습니다. 따라서 구면에서의 길이와 각도를 측정하는 것은 매우 중요하였죠. 즉, 구면 삼각법은 망망대해와 광활한 우주에서 꼭 필요한 도구이었습니다.

구면 삼각법은 우리가 흔히 학교에서 배우는 평면 삼각법 plane

trigonometry과 다음과 같은 차이점이 있습니다. 평면에서는 삼각형의 변이 곧은 직선이지만, 구면에서는 큰 원의 일부인 호弧, arc입니다. 또한 평면에서는 삼각형의 내각의 합이 항상 180도이지만 구면에서는 항상 180도보다 큽니다. 따라서 피타고라스 정리와 같은 평면 기하학의 법칙이 구면에서는 통용되지 않습니다.

나침반이 발명된 후 대규모 항해가 가능해졌지만, 그 항해를 정확하게 이끌기 위해서는 고난도의 수학이 필수적이었습니다. 특히, 구면 삼각법은 단순히 수학적 호기심이 아니라, 당시 과학자들의 발견과 항해사들의 생존을 위한 실용적인 핵심 기술이었습니다.

항해사나 천문학자들은 거친 파도 위에서 또는 어두운 밤하늘 아래서 복잡한 삼각함수 표를 뒤적이며 공식을 떠올려야 했습니다. 네이피어는 이 복잡한 과정을 '네이피어의 법칙 Napier's Rules'으로 간단히 정리하였답니다. 이 법칙은 구면에서 삼각형의 5가지 핵심 요소, 즉 3개의 변과 2개의 각 사이의 복잡한 관계식을 아주 간단하게 외울 수 있게 만든 일종의 암기 공식이랍니다. 여기서는 상세히 다루지 않으니 관심 있는 독자는 한 번 찾아서 확인해 보시는 것도 좋겠습니다.

한편, 우리가 숫자 3.14159…처럼 정수와 소수를 구분할 때 찍는 점(.), 즉 소수점을 대중화시킨 사람도 네이피어입니다. 16세기까지 정수와 분수를 표기하는 방법은 매우 혼란스러웠습니다. 수학자들은 정수와 소수 부분을 구분하기 위해 막대, 작은 원, 쉼표, 세로선 등 다양한 기호를 무분별하게 사용했습니다. 이로 인해 수학자들 간의 소통에 많은 오류가 발생했습니다.

네이피어가 소수점 표기에 기여한 것은 새로운 기호를 발명했다기보다는, 일관성 있는 기호를 사용하여 표준을 확립한 데 있습니다. 네이피어는 저서 《놀라운 로그 법칙의 기술》에서, 방대한 양의 로그표를 작성하면서 정수부와 소수부를 구분하기 위해 점(.)이나 쉼표(,)를 일관되고 체계적으로 사용했습니다. 로그표는 당시 천문학자들과 수학자들에게 필수품이었으므로 표에 사용된 소수점 표기법 역시 전 유럽의 학자들에게 쉽게 받아들여지기 시작했습니다.

네이피어는 처음에는 쉼표를 사용했다가 이후 점을 사용하기도 했습니다. 그래서 우리가 프랑스나 독일에서 소수점을 쉼표(,)로 표시된 것을 종종 보게 됩니다. 점(.)을 사용하는 지역은 영국, 미국, 그리고 네이피어의 동료였던 헨리 브릭스의 영향이 컸던 지역이고, 쉼표(,)를 사용했던 곳은 주로 유럽프랑스, 독일 등 지역으로 아직도 그 전통이 남아 있는 것입니다.

머치스턴의 마법사

네이피어와 관련된 가장 재미있는 일화 중 하나는 '닭 도둑을 잡는 마법사'라는 별명을 얻게 된 사건입니다. 자신의 농장에서 닭을 훔쳐 가는 도둑을 잡기 위해 네이피어는 기발한 아이디어를 냈습니다. 그는 하인들에게 자신이 마법을 부릴 것이라며, 그러면 금방 닭을 훔친 도둑을 찾아낼 것이라고 경고했습니다.

네이피어는 하인들에게 깜깜한 방에 들어가도록 하면서 이 방에는 검은 닭이 있는데 이 닭은 분명히 도둑을 찾아내어 자기에게 알려 줄 것이라고 하였죠. 그러고는 모두 그 안에 있는 검은 닭을 만지도록 하였습니다. 그런 다음 네이피어는 정말 도둑을 잡아냈답니다. 과연 어떻게 잡았을까요?

하인들이 깜깜한 방에서 나오자 그는 하인들의 손바닥을 하나씩 살펴보았고 모두가 검댕이 묻어 있었는데, 단 한 사람만 손에 검댕이 묻지 않았습니다. 네이피어는 바로 이 사람을 도둑이라고 지명하였고 범인은 자백을 하였답니다. 사실 네이피어는 검은 닭에 검댕을 묻혀 놓았던 것인데, 범인은 마법이 무서워 어두운 방을 핑계삼아 닭을 만지지 않았던 것이지요. 이 사건 이후 그의 별명이 '닭도둑을 잡는 마법사'가 되었답니다.

또 다른 이야기를 전해 드립니다. 당시 스코틀랜드 귀족들은 식용으로 비둘기를 많이 길렀는데, 이웃 영지의 비둘기들이 경계를 넘어와 네이피어의 곡식을 쪼아먹는 일이 잦았습니다. 이웃 영주는 날아다니는 새를 어떻게 막느냐며 비아냥거렸지만, 네이피어의 생각은 달랐습니다. 그는 알코올^{브랜디}에 푹 절인 콩을 마당에 뿌려 두었습니다. 비둘기들은 콩을 먹고 취해서 비틀거리며 날지 못하게 되었고, 네이피어는 하인들을 시켜 손쉽게 비둘기들을 자루에 담아버렸습니다. 그 후 비둘기 요리를 해 먹었다는 설과, 이웃 영주에게 경고용으로 돌려주었다는 설이 있습니다.

네이피어는 발명가로서도 이름을 남겼습니다. 그는 스페인의 침공을 걱정하며 조국을 지킬 비밀 무기들을 설계하여 국왕에게 편지를 보냈습니다. 이 중에는 모든 각도로 총알을 발사할 수 있는 장갑차, 기름을 분사하는 전차, 무기 투석기, 심지어 물속에서 항해할 수 있는 배^{잠수함}와 같은 기계의 설계도 포함되어 있었습니다. 비록 실제로 제작되지는 않았으나, 그의 상상력이 시대를 수백 년 앞서 있었음을 보여 줍니다.

컴퓨터가 도입된 이후에 로그를 이용한 계산은 더 이상 많이 사용되지 않습니다. 그러나 로그의 개념은 자연과학 분야에서 지속적으로 활용되고 있습니다. 예를 들어, 지진의 규모를 나타내는 리히터 계수와 용액의 산성 정도를 나타내는 수소이온 농도^{pH}를 정의하는 데 로그가 사용됩니다. 또한 별의 밝기는 거리에 따라 급격히 감소되는데, 별의 밝기를 나타내는 단위인 등급^{magnitude}도 로그를 이용하여 정의합니다.

오늘날 우리는 계산기 버튼 하나로 로그 값을 구하지만, 그 버튼 뒤에는 20년 동안 촛불 아래서 수천만 번의 계산을 반복했던 네이피어의 땀방울이 서려 있습니다. 단순 계산에 묶여 있던 인류의 에너지를 더 거대한 우주적 상상력으로 전환해 준 사람, 그가 바로 존 네이피어였습니다.

네이피어의 뼈는 [그림 10-3]처럼 모두 9개의 막대기로 구성되어 있는데 각각의 막대기를 자세히 살펴보면 1단부터 9단까지의 구구단임을 알 수 있습니다.

우리도 네이피어 막대기를 이용하여 곱셈을 같이 해 볼까요? 예를 들어 734에 57을 곱하는 경우를 살펴보겠습니다.

[그림 10-4]를 보면서 설명하겠습니다. 먼저 734를 이루는 세 개의 숫자에 대응하는 막대기 세 개를 순서대로 가져옵니다[그림 10-4] (a). 그리고 세 개의 막대기로부터 곱하는 수인 57로부터 5와 7에 해당하는 부분만 고려합니다. 그런 다음에는 [그림 10-4] (b)에서처럼 사선으로 연결되는 수들을 서로 더합니다. 여기서 더한 결과가 9을 초과하는 경우 올림수를 다음 단계에 덧셈에 포함시키는 것에 유의하세요. 그럼 최종적으로 얻게 되는 값은 41,838입니다.

자, 이제 여러분 차례입니다. 네이피어 막대기를 활용하여 265에 73을 곱해 보세요.

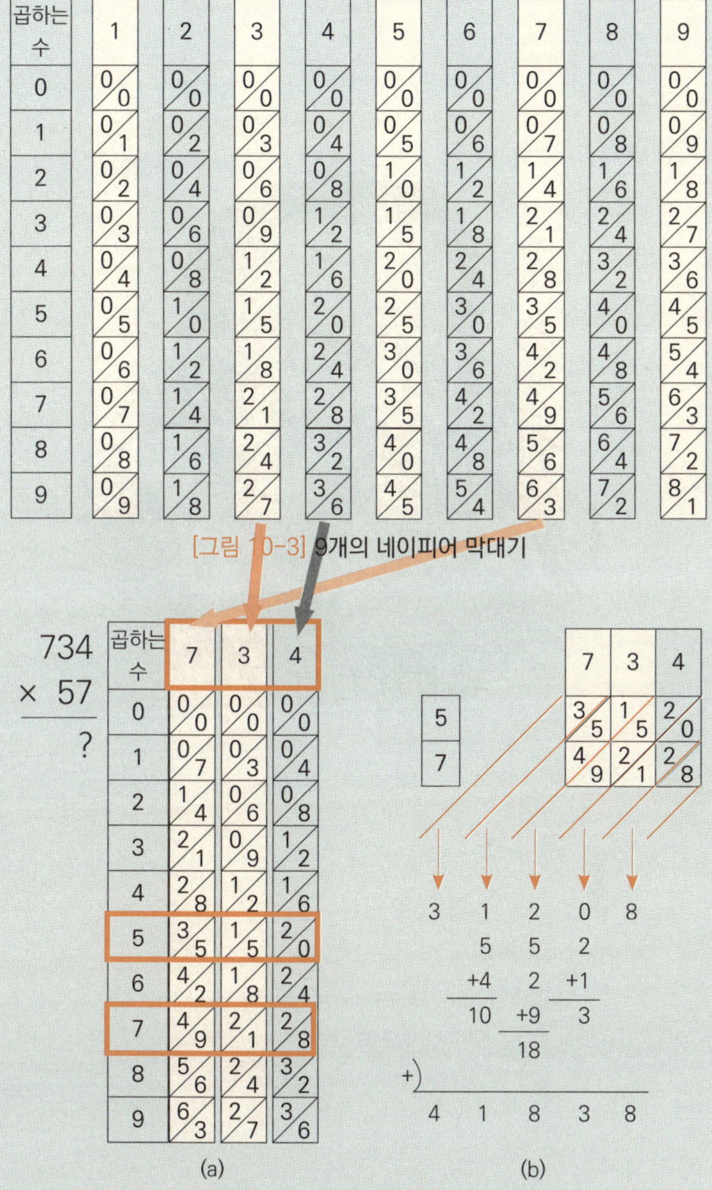

[그림 10-3] 9개의 네이피어 막대기

[그림 10-4] 네이피어 막대기를 이용한 곱셈(예: 734 × 57)

성경은 하늘로 가는 길을 가르쳐줄 뿐,
하늘이 움직이는 방식을 가르쳐 주지는 않는다.
The Bible shows the way to go to heaven,
not the way the heavens go.

권위보다 중요한 것은 관찰이라는 신념으로 아리스토텔레스 철학에 기반한 중세적 물리 법칙에 도전하며, 실험과 측정을 통해 근대 과학 방법론의 기틀을 마련한 갈릴레이. 그는 개량한 망원경으로 하늘을 관찰하고 목성의 위성과 금성의 위상 변화를 발견함으로써 지동설의 결정적 근거를 제시하였습니다.

11

그래도 지구는 돈다

1609년 가을, 이탈리아의 한 대학교수는 기묘한 소문을 하나 듣습니다. 저 멀리 네덜란드에서 유리 두 알을 겹쳐 멀리 있는 물체를 당겨 보는 장난감이 만들어졌다는 이야기였습니다. 남들 같으면 신기한 구경거리로만 여겼을 소식이었지만, 이 남자는 달랐습니다. 그는 소문을 듣자마자 자신의 작업실로 달려가 직접 렌즈를 깎기 시작했습니다. 원리는 몰랐지만, 그는 자기 손의 감각과 계산을 믿었습니다.

단 하룻밤 만에 그는 세상에 없던 물건을 만들어 냈습니다. 그리고 이 도구를 들고 베네치아의 높은 탑 위로 유력 인사들을 불러 모았습니다. "자, 보십시오. 저 멀리 바다 끝에 있는 배가 마치 눈앞에 있는 것처럼 보일 겁니다." 사람들은 감탄하였고, 그는 그 자리에서 평생 연구만 해도 좋다는 파격적인 제안을 받게 되었습니다. 그는 분명 돈의 가치를 아는 세속적인 면모도 있었으며, 남들의 코를 납작하게 해주는 일을 즐기는 자신만만한 성격의 소유자였습니다.

하지만 이 물건으로 그가 보고 싶었던 것은 따로 있었습니다. 바로 하늘에 떠 있는 천체였습니다. 태양과 달을 그리고 금성과 목성을 쳐다보았죠. 당시 사람들은, 하늘은 신이 만든 완벽한 예술품이라 믿었습니다. 그래서 태양이나 달 같은 천체에 흠집이 있을 거라곤 상상조차 하지 않았습니다. 그런데 그의 눈에 비친 달은 울퉁불퉁한 구멍투성이었고, 태양에는 거뭇한 흉터들이 가득했습니다. 그는 이 위험한 발견을 숨기지 않았습니다. 사람들의 비웃음 앞에서도 그는 '그래도 내 눈에는 그렇게 보이는데'라며 어깨를 으쓱해 보이던 고집불통이었습니다. 그가 바로 갈릴레오 갈릴레이입니다.

사실 태양 중심의 지동설을 주장한 사람은 코페르니쿠스가 먼저입니다. 하지만 그의 지동설은 수학적 계산을 위한 하나의 가설이나 추측에 불과했을 뿐, 눈앞의 현실로 증명해 낼 명확한 근거가 부족했습니다. 이때 갈릴레이는 이 대담한 가설을 사실이라고 확인시켜 주었죠. 그는 스스로 제작한 망원경을 통해 금성의 모양 변화와 목성의 주위를 도는 위성들을 포착하며, 코페르니쿠스의 상상이 사실임을 세상에 공표한 것입니다. 말하자면 지동설의 역사에서 두 사람의 역할은 다음과 같은 것입니다.

- **코페르니쿠스** "지구가 돌고 있을지도 몰라. 수학적으로는 그게 더 깔끔하거든."

- **갈릴레이** "그가 옳아요. 보세요! 목성 주위를 도는 위성들이 있고, 금성도 달처럼 모습이 변하잖아요."

　　　　　　　Ⅲ. 생각의 확장: 만물을 수학으로 번역하다

갈릴레이는 단순히 새로운 사실을 발견한 학자가 아니었습니다. 그는 실험과 관찰을 통해 자연현상을 파악하고, 그 결과를 수학적 언어로 표현하는 현대 과학의 방법론 자체를 확립한 인물이었죠. 그의 눈에 들어온 달의 분화구, 목성의 위성, 그리고 떨어지는 물체의 속도 변화는 아리스토텔레스의 세계를 뒤엎는 증거들이었습니다.

갈릴레이의 삶은 시대의 보수성과 과학적 진보성이 서로 충돌하는 매우 극적인 이야기라고 말할 수 있습니다. 이제 그의 불운하였지만 위대했던 생애를 따라가며, 그가 어떻게 시대를 초월하는 지적 거인이 되었는지 함께 알아보시지요.

궁핍은 발명으로

갈릴레오 갈릴레이는 1564년 2월 15일, 이탈리아의 상업 도시 피사Pisa에서 태어났습니다. 그의 가문은 몰락한 귀족 가문이었으며, 아버지는 유명한 음악 이론가이자 류트 연주자였던 빈첸초 갈릴레이Vincenzo Galilei였습니다. 아버지는 음악적 화성의 본질을 수학적 비례에서 찾으려 했습니다. 그리고 아리스토텔레스의 권위적인 이론보다 실험과 관찰이 매우 중요하다는 것을 깨달았던 인물이었습니다. 이러한 아버지의 합리주의적 태도는 어린 갈릴레이에게 깊은 영향을 주었습니다.

그러나 아버지는 경제적으로 무능했고, 갈릴레이는 일찍부터 가난이라는 현실적인 압박을 느끼며 성장하게 됩니다. 그는 늘 아버지와 가족의 빚을 갚아야 한다는 책임감에 시달렸으며, 이는 평생 그의 경제적 결정과 학문적 행보에 큰 영향을 끼치게 됩니다.

갈릴레이의 아버지는 아들이 경제적으로 안정되기를 바라며, 1581년 17세의 갈릴레이를 명문 피사 대학의 의학과에 입학시킵니다. 하지만 갈릴레이는 권위적인 의학 강의에 흥미를 느끼지 못했다고 합니다. 오히려 대학 외부에서 당시 궁정 수학자였던 오스틸리오 리치 Ostilio Ricci 의 유클리드 기하학 강의를 몰래 듣기 시작합니다. 이때부터 갈릴레이는 수학에 완전히 매료되었습니다. 그는 아버지의 반대에도 불구하고 의학을 포기한 채 수학과 자연철학에 전념하게 됩니다.

피사 대학의 의학과에서 학위도 받지 못했던 갈릴레이는 수년간 경제적으로 불안정한 생활을 이어가다 1589년 피사 대학에서 겨우 수학 교수 자리를 얻었습니다. 하지만 여전히 월급이 매우 적었습니다. 그래서 3년 후인 1592년, 그는 당시 유럽에서 가장 명망 높은 교육기관 중 하나인 파도바 Padova 대학으로 자리를 옮겼고, 이곳에서 18년간 교수로 재직하며 그의 황금기를 보내게 됩니다.

파도바 대학 시절은 갈릴레이에게 학문적 안정을 가져다주었지만, 여전히 경제적 형편은 좀처럼 나아지지 않았습니다. 그래서 그는 귀족 학생들에게 개인 교습을 하고, 자신이 발명한 과학 장비를

    III. 생각의 확장: 만물을 수학으로 번역하다

판매하는 등 다양한 부업을 병행해야만 했습니다. 이러한 환경은 그가 순수 학문뿐만 아니라 실용 과학과 기술 개발에도 관심을 갖게 만든 배경이 되었지요.

이러한 경제적 결핍은 갈릴레이를 당대의 최고 기술자로 만들었습니다. 즉, 온도계와 나침반 등을 개발하게 된 것이죠. 1593년, 그는 공기가 온도에 따라 팽창하고 수축하는 원리를 이용하여 최초의 공기 온도계를 제작했습니다. 이것은 유리구 안의 공기 변화를 통해 연결된 관의 물을 움직여 온도를 측정하는 장치이었습니다. 그 이후에 이 장치를 바탕으로 그의 제자와 기술자들이 온도계를 발명하고, 스승의 이름을 따서 갈릴레오 온도계Galileo thermometer 라고 이름 붙였답니다.

갈릴레오 온도계

출처: 위키피디아

갈릴레이는 1597년경에는 군사 및 측량 목적으로 사용될 수 있는 정밀한 컴퍼스를 설계하고 직접 제작하여 판매했습니다. 이 컴퍼스는 군사용 및 기하학적 계산을 위해 설계되었으며, 이후 '갈릴레오의 군사용 및 기하학적 컴퍼스'로 불렸습니다. 이것은 덧셈, 뺄셈뿐만 아니라 포격거리 계산, 면적 계산, 복잡한 비례 계산 등을 손쉽게 구할 수 있도록 고안된 휴대용 아날로그 계산기 역할을 했습니다.

갈릴레이는 이 컴퍼스를 직접 제작하였을 뿐만 아니라, 사용자들에게 이 장치를 효과적으로 사용하는 방법을 설명하는 사용 설명서까지 만들어 판매했답니다. 이는 당시 학자로서 드물었던 지식의 상업화 사례로, 그의 실용주의적인 면모를 보여 줍니다.

한편 1608년 그는 네덜란드의 한스 리퍼셰이 Hans Lippershey 라는 안경 제작자에 의해 렌즈를 이용한 '멀리 보는 도구', 즉 굴절 망원경이 발명되었다는 소식을 듣게 됩니다. 그는 이 도구의 원리를 즉시 파악하고, 곧바로 기존의 장치를 훨씬 능가하는 망원경을 제작하는 데 착수했습니다. 당시의 망원경은 불과 3배율 정도였으나, 갈릴레이는 독자적인 렌즈 연마 기술을 활용하여 약 20배율까지 확대 가능한 망원경을 만드는 데 성공하였습니다.

     III. 생각의 확장: 만물을 수학으로 번역하다

망원경으로 하늘을 보다

갈릴레이는 자신이 만든 망원경을 밤하늘로 돌린 최초의 인물 중 한 명이었습니다. 그가 제일 먼저 관측한 것은 달이었습니다. 고대 그리스의 아리스토텔레스 철학에 따르면, 하늘의 천체들은 완벽하고 변하지 않는 완전한 구球여야 했습니다. 그러나 갈릴레이의 망원경은 달 표면에 분화구, 산맥, 계곡과 같은 그림자들을 보여 주었습니다. 갈릴레이는 심지어 그림자들의 길이와 형태를 수학적으로 분석하여 달의 산 높이를 추정하기까지 했답니다.

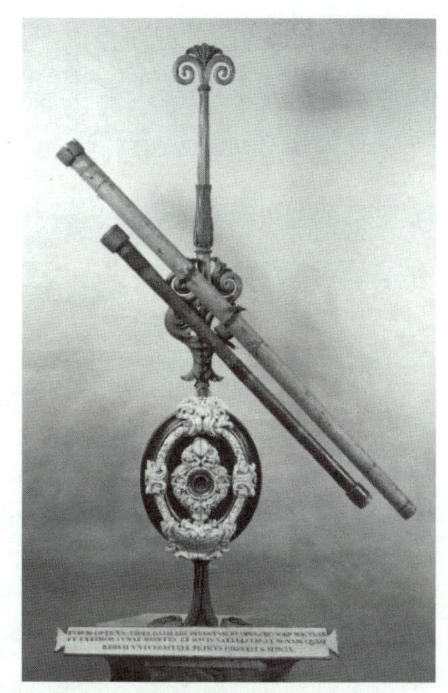

갈릴레이의 망원경

출처: 위키피디아

이 발견은 천상계하늘가 지상계지구와 근본적으로 다르다는 아리스토텔레스의 이분법적 우주관을 정면으로 부인하는 것이었습니다. 신성하고 완벽해야 할 천체가 지구처럼 불완전하고 변화무쌍한 모습을 하고 있다는 사실은 당대 지식인들에게 큰 충격을 주었습니다.

1610년 1월, 갈릴레이는 목성 주변에서 빛나는 세 개의 작은 천체를 발견했습니다. 며칠간의 지속적인 관찰을 통해 그는 이 천체들이 목성을 중심으로 공전하고 있다는 사실을 확신하였습니다. 이후 네 번째 위성까지 발견하여 이를 메디치아 위성 Medicean Stars 이라고 이름 짓고, 자신의 후원자인 코시모 2세 메디치 공작에게 헌정하였습니다.

당시 천동설의 핵심 요지는 "우주의 모든 천체는 지구를 중심으로 돌아야 한다"라는 것이었습니다. 그러나 목성을 공전하는 위성들의 발견은 지구가 아닌 다른 중심이 우주에 존재하며, 천체들이 그 주위를 돈다는 명백한 증거였습니다. 이는 지구가 유일하고 특별한 우주의 중심이라는 개념을 무너뜨리는 강력한 논거가 되었습니다.

갈릴레이가 망원경으로 발견한 가장 결정적인 지동설의 증거는 금성의 위상 변화 관찰이었습니다. 천동설 프톨레마이오스 모델 에 따르면, 금성은 지구와 태양 사이에서 태양을 등지고 운행해야 하므로, 금성은 항상 초승달 모양이거나 아주 작게 차오른 모습으로만 보여야 했습니다. 그러나 갈릴레이는 금성이 달처럼 초승달부터 보름달까지 모든 위상을 거치는 것을 관찰하였습니다. 이러한 현상은 금성이 태양 주위를 공전하며, 때로는 태양의 뒤편으로 돌아가 우리에게 완전히 둥근 모습을 보여 줄 때만 가능한 것이었습니다. 갈릴레이가 관측한 금성의 완전한 위상 변화는 코페르니쿠스의 지동설

  III. 생각의 확장: 만물을 수학으로 번역하다

만이 설명할 수 있는 현상이었으며, 이는 천동설을 무너뜨리는 결정적인 증거가 되었습니다.

1610년 3월, 갈릴레이는 자신의 초기 천문학적 발견들을 담은 얇은 책자《별들의 전령 Starry Messenger》을 출간하였습니다. 이 책은 당시 유럽 지식인 사회에 폭발적인 충격을 안겨 주었습니다. 그도 그럴 것이 2천 년 동안 절대적이었던 고대 우주관이 단 몇 달간의 망원경 관측 증거 앞에 무너져 내렸기 때문입니다.

이 책의 성공으로 그는 파도바 대학을 떠나 피렌체의 토스카나 대공 궁정의 수석 수학자 겸 철학자로 신분 상승을 이루었습니다. 이는 그에게 재정적 안정과 연구의 자유를 주었지만, 동시에 교황청의 직접적인 감시 아래 놓이게 되는 위험을 수반하였습니다.

갈릴레이의 지동설에 대한 논쟁이 뜨거워지자, 보수적인 학계와 종교 당국은 반발하기 시작했습니다. 1615년, 지동설이 성경의 내용과 배치된다며 갈릴레이를 이단으로 고발하는 사건이 발생하였습니다. 1616년, 교황청의 종교 재판소는 코페르니쿠스의 저서《천구의 회전에 관하여》를 금서 목록에 올리고, 지동설은 성경에 위배되는 터무니없는 주장이라고 공식 선언하였습니다. 그리고 갈릴레이에게는 지동설을 진실이 아닌 단순한 수학적 가설로만 가르쳐야 한다고 공식적으로 경고를 하였습니다.

갈릴레이의 혁명적인 발견으로 당대의 지식인들은 찬반으로 나뉘었습니다. 독일의 천문학자 요하네스 케플러 Johannes Kepler 는 갈릴레이의 발견에 열렬히 환호하였습니다. 케플러는 갈릴레이에게 격려의 서신을 보내며 그를 지지하였으며, 두 사람은 천문학적 진실을 공유하는 지적 동반자가 됩니다. 반면, 아리스토텔레스와 프톨레마이오스 철학에 물들어 있던 대학 교수와 가톨릭 교단의 보수주의자들은 망원경 관찰 결과 자체를 부정하거나, 갈릴레이가 망원경에 마법을 걸었다는 비난까지 서슴지 않았습니다.

갈릴레이는 자신의 저서 《두 우주 체계에 대한 대화》에서 지동설을 옹호하다가 종교재판을 받게 되었고, 결국 이를 철회해야 했습니다. 그러나 그는 재판 후에도 자신의 주장을 다음과 같이 속삭였다는 일화가 전해집니다. 위대한 수학자이자 천문학자이었던 갈릴레이에게도 인간적인 두려움이 있었던 것이겠죠.

"그래도 지구는 돈다 Eppur si muove**"**

역학에서도 큰 발견을

이번에는 갈릴레이가 역학에 대해 발견한 여러 가지 이야기를 소개하겠습니다. 역학 mechanics 이란 움직이는 물체의 운동을 다루는 물리학 분야입니다.

1583년, 피사 대학에서 의학 공부보다 수학에 매료되었던 19세의

  III. 생각의 확장: 만물을 수학으로 번역하다

갈릴레이는 피사 성당의 천장에 매달린 램프가 바람에 흔들리는 모습을 보고 진자의 원리를 수학적으로 밝혀냅니다. 즉, 그는 램프의 흔들림진폭이 점점 작아짐에도 불구하고, 한 번 왕복하는 데 걸리는 시간주기은 거의 변하지 않고 일정하다는 사실을 자신의 맥박을 이용해 측정하며 발견했습니다. 이 진자의 등시성 원리는 이후 시계 제작의 혁명적인 기초가 되었습니다. 네덜란드의 물리학자 크리스티안 하위헌스는 이 원리를 바탕으로 정확한 진자시계를 발명하였고, 이는 정밀한 시간 측정을 가능하게 하여 천문학과 역학 연구를 크게 발전시키는 결과를 낳았습니다.

1585년, 의학 학위도 받지 못한 채 피사를 떠나 고향 피렌체로 낙향했던 갈릴레이는 1589년에 다시 피사 대학에 수학 교수가 되어 돌아옵니다. 여기서 교수로 지내던 시기에 그의 천재성을 보여 주는, 여러분도 잘 알고 계시는 일화를 남겼습니다. 즉, 피사의 사탑에서의 실험입니다. 덕분에 이탈리아 피사에 여행 가는 사람들은 이 사탑을 배경으로 사진을 많이 촬영하지요[그림 11-1].

피사의 기울어진 탑에서 무게가 다른 두 물체를 동시에 떨어뜨립니다. 그러면 어떻게 될까요? 혹시 무거운 물체는 가벼운 물체보다 빨리 떨어진다고 생각하시는 분이 계실까요? 무거운 물체가 더 빨리 떨어질 것 같지만, 이것은 순전히 2천 년이나 된 아리스토텔레스의 통념이랍니다.

갈릴레이는 직접 해보았습니다. 실험을요. 즉, '일정한 조건을 설

[그림 11-1] 피사의 사탑

정하고 현상을 일으켜서 관찰하고 측정하는 일'을 한 것입니다. 진짜 무거운 것이 더 빨리 떨어지는지 확인하는 것, 이러한 실험 정신이 바로 그를 위대한 과학자로 만들게 되었죠.

이후로도 갈릴레이는 역학에 대해서 계속 연구를 진행했습니다. 그는 수평면에 대한 실험을 통해 관성 inertia 의 개념을 사실상 처음으로 정립한 물리학자이었습니다. 그는 공을 한 경사면에서 내리굴렸을 때, 반대편 경사면의 원래 높이까지 거의 도달한다는 사실을

      III. 생각의 확장: 만물을 수학으로 번역하다

관찰했습니다.

만약 반대편 경사면의 기울기를 점점 완만하게 한다면, 공은 원래 높이에 도달하기 위해 더 먼 거리를 끊임없이 굴러갈 것이라고 추론했습니다. 이 사고를 통해 그는 외부에서 힘이 작용하지 않는 한, 물체는 정지 상태 또는 등속 직선 운동 상태를 유지하려 한다는 관성의 원리를 확립했습니다. 이 원리는 훗날 뉴턴에 의해 운동 제1법칙 관성의 법칙, Law of Inertia 으로 공식화되었지요.

또한 갈릴레이는 물체의 운동 변화를 단순히 느려진다 또는 빨라진다는 정성적인 용어가 아닌, 수학적인 비례 관계로 정의한 최초의 과학자였습니다. 그는 물체가 떨어질 때 속도가 일정하게 증가하며, 이 증가율, 즉 가속도가 중력에 의해 일정하다는 것을 수학적으로 증명하였습니다.

낙하 속도가 너무 빨라 정확한 측정이 어려웠기 때문에, 그는 경사면을 활용하여 낙하 속도를 늦추는 방식으로 실험하였습니다. 그는 홈을 판 매끄러운 경사면을 만들고, 그 위에 둥근 쇠구슬을 내리굴려 속도를 늦췄습니다. 당시에는 스톱워치가 없었기에, 구슬이 경사면을 굴러 내려가는 동안, 그는 일정량의 물을 흘려보냈습니다. 그리고 구슬이 특정 거리를 지날 때마다 흘러나온 물의 무게를 측정했습니다. 물의 무게는 곧 시간이므로, 그는 정밀하게 낙하 운동에 걸린 시간을 측정할 수 있었습니다.

진실은 관찰, 실험, 그리고 수학으로 찾는 것

갈릴레이는 "철학^{자연과학}은 우주라는 거대한 책 속에 쓰여 있지만, 우리가 그 언어를 배우고 그 글자를 이해하지 못하면 읽을 수 없다. 이 책은 수학이라는 언어로 쓰여 있으며, 그 글자는 삼각형, 원, 그리고 기하학적 도형들이다"라고 선언했습니다. 이 유명한 선언은 자연 현상을 설명하기 위해 반드시 추상적인 수학적 모델과 논리를 사용해야 한다는 근대 과학의 핵심 신조가 되었습니다.

갈릴레이가 앞에서 설명한 모든 혁명적인 업적을 이룰 수 있었던 근본적인 이유는 바로 그의 새로운 연구방법론에 있었습니다. 그는 고대로부터 내려오던 권위나 추상적인 사변^{思辨} 대신, 자연에 대한 직접적인 관찰과 실험을 통해 진실을 찾고자 하였습니다. 이것이 바로 근대 과학의 원칙입니다.

갈릴레이는 여기서 멈추지 않고, 관찰된 현상을 수학적 공식으로 설명하였습니다. 그가 달의 산 높이를 측정하고, 금성의 위상 변화를 수학적으로 설명하려고 노력한 것은 자연의 법칙이 수학적 언어로 씌어 있다는 그의 신념을 행동으로 보여 준 것이지요. 이처럼 관찰, 실험, 그리고 수학적 분석으로 이어지는 갈릴레이의 연구방법론은 이후 뉴턴을 비롯한 후대 과학자들에게 계승되어, 근대 과학을 확립하는 기반이 되었습니다.

   III. 생각의 확장: 만물을 수학으로 번역하다

갈릴레이의 노년과 유언

갈릴레이는 노년에 실명하게 됩니다. 평생 망원경으로 태양의 흑점과 별들을 들여다본 대가였죠. 앞이 전혀 보이지 않는 상황에서도 그는 제자들에게 자신의 이론을 말로 설명하며 연구를 이어갔습니다. 그때 그가 친구에게 쓴 편지에는 이런 구절이 있습니다.

"나는 평생 보아 왔던 이 광활한 우주를, 이제 내 몸속의 아주 작은 공간으로 옮겨왔다네."

한때 우주 전체를 세상 누구보다도 꼼꼼하게 바라보던 천재가 이제는 시력을 잃고 비좁은 어둠 속에 갇혔음에도 불구하고, 끝내 지적 품위를 잃지 않았던 모습입니다.

갈릴레이는 재판 이후 가택 연금 상태에서 생을 마감했습니다. 당시 교황청은 그가 죽은 뒤에도 묘비를 세우거나 장례식을 크게 치르는 것을 금지했습니다. 망원경 하나로 온 유럽의 찬사를 받던 스타 과학자에서 한순간에 진리를 부정당한 죄인이 되기까지, 갈릴레이는 말 그대로 파란만장한 생을 살았습니다. 인생의 황혼기에 시력마저 잃고 갇힌 채 생을 마감하면서도, 그는 자신이 본 우주를 단 한 번도 의심하지 않았습니다.

갈릴레이는 죽기 직전까지 제자들과 농담을 주고받으며 이런 말을 남겼다고 합니다.

"내가 죽거든 내 손가락 하나만은 잘 보관해 주게. 하늘을 가리키던 그 손가락만큼은 끝내 자유로워야 하니까.”

실제로 그의 손가락 중 하나는 현재 이탈리아 피렌체의 과학사 박물관에 보존되어 전시되고 있습니다. 죽어서도 하늘을 가리키며 기득권의 코를 납작하게 해주려 했던 그의 재치있는 집념을 보여 주는 이야기입니다.

갈릴레이는 물체의 질량과 자유 낙하 속도에 대한 연구를 통해 아리스토텔레스의 "무거운 물체가 더 빨리 떨어진다."는 이론을 반박하였습니다. 여러분은 갈릴레이가 피사의 사탑에서 시행한 자유 낙하 실험에 대해 잘 알고 계실 것입니다. 그렇다면 다음 문제를 풀어 보시죠.

만약 두 개의 공(질량이 각각 1kg과 5kg인 공)이 공기 저항이 없는 조건에서 높이 20m에서 동시에 떨어진다고 하였을 때, 다음 질문에 답하세요.

(1) 두 공 중 어떤 공이 먼저 땅에 도착하나요?

(2) 두 공이 땅에 도달하기까지 걸리는 시간은 몇 초인가요?

　　(단, 중력 가속도 g는 $9.8\,\mathrm{m/s^2}$로 가정합니다.)

점성술이라는 딸이 먹을 것을 벌어다 주지 않았다면
어머니인 천문학은 굶어 죽었을 것이다.

If the daughter, astrology, had not provided food,
the mother, astronomy, would have starved.

천문학자 칼 세이건이 '우주 여행을 위한 이정표'라고 극찬한 행성 운동에 관한 세 가지 법칙을 찾아낸 케플러. 우주는 신이 연주하는 거대한 음악이라 믿었던 독실한 신자이었지만 관찰의 결과로부터 천동설을 버리고 지동설의 수학적 근거를 마련하였으며, 행성의 궤도가 원이 아닌 타원임을 생각해 낸 과학자의 이야기입니다.

12

결혼도 수학적으로

인생의 가장 중대한 결정인 결혼마저 수학 문제 풀듯 접근한 남자가 있었습니다. 첫 부인을 병으로 잃고 홀로 남겨진 그는 새로운 동반자를 찾기로 결심합니다. 하지만 이 남자의 방식은 남달랐습니다. 그는 무려 2년에 걸쳐 11명의 여성 후보를 선발한 뒤, 그들의 성격, 외모, 교양, 지참금까지 모든 항목을 수치화하여 꼼꼼히 비교 분석하기 시작했습니다.

주변 사람들은 그냥 마음이 가는 사람을 선택하라고 조언했지만, 그는 요지부동이었습니다. 4번 후보는 너무 거만해서 탈락, 5번 후보는 씀씀이가 헤퍼서 감점. 그는 마치 세상의 모든 가치를 숫자로 환산할 수 있다고 믿는 사람처럼, 후보들의 장단점을 분석하며 점수를 매겼습니다. 그에게는 감정보다 정확한 수치가 더 신뢰할 만하였던 모양입니다. 결국 그는 2년에 걸친 분석 끝에, 화려한 조건보다는 자신의 부족함을 채워줄 여성을 최종 선택했답니다.

이 우스꽝스러울 정도로 철저한 분석가는 평생을 이런 식으로 살았습니다. 그는 지독한 근시였고 손가락은 늘 떨렸으며, 가정사에는 비극이 끊이지 않았습니다. 하지만 그는 자신에게 닥친 불행조차 숫자로 기록하며 그 이면의 법칙을 찾으려 애썼습니다. 시장에서 파는 와인 오크통의 모양을 보고 부피를 계산하는 공식을 고안하고, 눈송이가 왜 항상 육각형인지 궁금해하며 기하학적 원리를 파고들었습니다.

그는 세상 모든 혼란의 이면에는 반드시 완벽한 수학적 질서가 숨어 있다고 믿었습니다. 모두가 별들의 움직임을 천상의 신비라 여길 때, 그는 수십 년간 쌓인 방대한 관측 데이터를 붙들고 밤을 지새웠습니다. 우주는 신이 쓴 수학책이라 확신했던 이 고집스러운 완벽주의자. 스스로를 우주의 음악을 듣는 조율사라 믿으며, 일그러진 타원 궤도 속에서 우주의 진실을 캐낸 이 고달프고도 위대한 수학자가 바로 요하네스 케플러입니다.

케플러는 1571년 독일 남부의 바이덴슈테판에서 태어났습니다. 가난한 집안에서 태어난 그는 어릴 때부터 병약했습니다. 천연두에 걸려서 눈이 나빠졌고 양손마저 불편하게 되었습니다. 눈은 단순히 나쁜 수준을 넘어, 사물이 여러 개로 겹쳐 보이는 복시複視 증상이 있었고, 손가락 근육에도 문제가 생겨 늘 미세하게 떨렸습니다.

어려운 환경 속에서도 교육을 받은 그는 목사 이외에는 다른 직업을 얻게 될 것 같지 않아서 1589년 튀빙겐 대학에 입학하여 신학을 공부하게 되었습니다. 그런데 튀빙겐 대학에서 남다른 수학 실력을 보여 수학과 교수에게서 특별한 지도를 받을 수 있었습니다.

   III. 생각의 확장: 만물을 수학으로 번역하다

대학 시절 그는 코페르니쿠스의 태양 중심설을 접하며 지동설을 믿게 되었습니다.

대학 졸업 후 1594년, 케플러는 오스트리아 그라츠의 개신교 학교 나중에 그라츠 대학이 됨에서 수학과 천문학 교사로 일하게 되었습니다. 하지만 케플러가 강의를 잘하지는 못했던 모양입니다. 왜냐하면 수업에 들어오는 학생이 아무도 없을 정도였다고 합니다. 역설적이게도 이 적막한 교실은 그에게 좋은 연구실이 되어 주었습니다. 이 당시 그는 천문학 연구를 시작하였고 행성 궤도를 완벽히 설명할 수 있는 수학적 법칙을 찾고자 노력했습니다.

신은 기하학으로 우주 창조

독실한 신교도였던 케플러는 신이 완벽한 우주를 설계하기 위해 기하학을 도구로 사용하였다고 믿었습니다. 그리하여 신이 창조한 완벽하고 조화로운 우주에 대한 자신의 신념을 기하학적으로 증명하기 위해 노력을 기울였고 그 결과 그의 나이 25세인 1596년에 드디어 《우주의 신비 Mysterium Cosmographicum》라는 제목의 저서를 발간하게 됩니다. 이때만 하여도 케플러는 태양 중심의 지동설을 완벽히 수용할 수 없었고 기존의 천문학자들처럼 행성의 궤도가 완벽한 원이라고 믿고 있었던 것 같습니다.

행성 궤도가 원이라면 행성이 지나가는 궤도는 3차원 공간에서 거대한 공 모양을 이루게 되는데, 이를 천구^{天球}라 부릅니다. 그는 크기가 제각각인 이 천구들이 우주 공간에서 서로 겹치지 않고 안정적으로 존재하기 위해서는, 이들을 단단히 지탱해 줄 일종의 지지대가 필요하다고 생각했습니다. 만약 완벽한 신이 우주를 설계했다면 이 지지대 또한 가장 완벽한 형태여야 했습니다.

케플러는 그 답을 고대 그리스 시절부터 가장 완전한 도형이라 믿어온 플라톤의 정다면체에서 찾았습니다. 즉, 그는 플라톤의 정다면체를 기반으로, 태양계 행성들의 천구를 한정하는 다면체 우주 Polyhedral Universe 모형을 고안해 냈습니다.

여기서 잠깐, 복습 시간을 가져보죠. 4장에서 우리는 플라톤의 정다면체에 대해 알아보았습니다. 이것은 인간이 찾아낸 오직 다섯 개의 정다면체 정사면체, 정육면체, 정팔면체, 정십이면체, 정이십면체를 말하며, 각각 우주의 기본 원소 불, 흙, 공기, 에테르, 물를 의미하였습니다.

[그림 12-1]는 케플러의 다면체 우주 모형을 나타내고 있는데, 각 행성의 천구와 플라톤의 정다면체 사이의 관계를 잘 표현해 주고 있습니다. 참고로 당시 알려져 있던 행성은 수성, 금성, 지구, 화성, 목성, 토성 등 6개뿐이었습니다. 그러면, 이 모델에서 한 가지 질문이 생깁니다. 행성은 6개인데, 왜 이를 떠받치는 정다면체는 5개뿐일까요? 그것은 케플러가 정다면체를 행성과 행성 사이의 틈을 채우는 지지대로 생각했기 때문입니다.

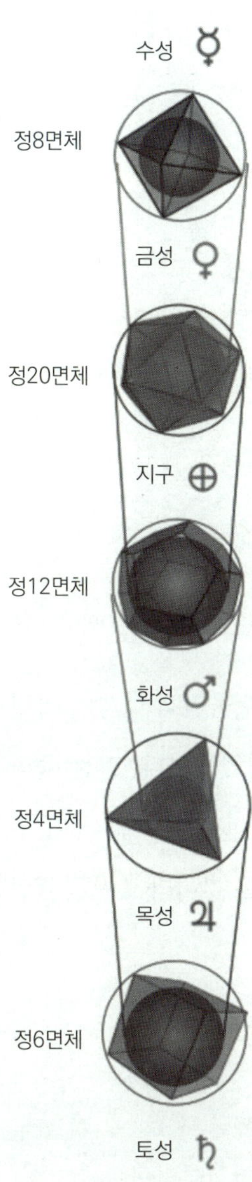

[그림 12-1] 행성과 플라톤의 정다면체의 관계

이 모델에 따르면 먼저 수성의 천구는 정8면체에 내접합니다. 즉, 수성이 그리는 구 모양의 궤도가 정8면체라는 입체 도형의 안쪽 벽면에 맞닿아 있는 상태를 말하죠. 이 정8면체 지지대는 다시 그 겉면을 감싸는 금성의 천구 안쪽에 빈틈없이 맞물립니다. 같은 방식으로 금성의 천구를 품은 정20면체는 지구의 천구와 닿아 있고, 지구의 천구는 정12면체를 통해 화성의 천구와 연결됩니다. 계속해서 화성의 천구는 정4면체라는 지지대에 폭 안겨 목성의 천구를 떠받치며, 마지막으로 목성의 천구를 감싼 거대한 정6면체는 우주의 가장 바깥쪽인 토성의 천구 안쪽 벽면에 모서리를 대고 단단히 고정되는 구조입니다.

다소 복잡해 보이고 억지로 끼워 맞추기 식이기는 하지만 독실한 신교도이었던 케플러의 이 모형은 매우 독창적이라고 생각됩니다. 케플러의 다면체 우주 모형은 그의 저서 《우주의 신비》에 잘 묘사되어 있습니다.

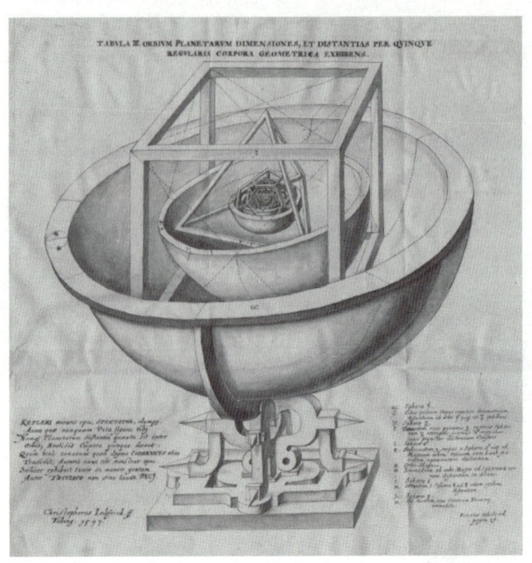

《우주의 신비》에 묘사된 케플러의 다면체 우주 모형

출처: 위키피디아

이와 같이 케플러는 태양계의 구조가 단순히 물리적 현상이 아니라, 신이 설계한 수학적 조화에 기반한다고 믿었습니다. 그는 플라톤의 정다면체가 완벽한 기하학적 대칭을 가지기 때문에, 신이 우주를 설계할 때 분명히 창조의 도구로 사용했을 것이라고 생각했던 것입니다.

티코 브라헤의 빅데이터를 처리하다

케플러는 《우주의 신비》를 출간하면서 이름이 유럽에 알려지게

　　　　　III. 생각의 확장: 만물을 수학으로 번역하다

되었습니다. 당시 유명한 천문학자였던 갈릴레오 갈릴레이와도 서신을 주고받는 사이가 되었답니다. 케플러는 자신의 책을 갈릴레이에게 보내며 자기의 주장이 맞는지 봐달라고 요청했습니다. 그러나 신중했던 갈릴레이는 지동설에 동의한다는 짧은 답장만 보냈다고 하네요. 당시 갈릴레이는 지동설을 지지한다는 사실이 알려져 종교계의 표적이 되는 것을 극도로 경계하고 있었기에, 낯선 독일 학자의 열정적인 편지가 반가우면서도 한편으론 부담스러웠던 것입니다.

1597년 오스트리아의 그라츠에서 종교전쟁이 발발하여 신교도였던 케플러는 프라하로 이사하게 되었습니다. 그리고 《우주의 신비》가 출간된 지 4년이 지난 1600년, 프라하에서 케플러는 당시 유명한 천문학자였던 티코 브라헤Tycho Brahe와 운명적으로 만납니다. 케플러가 그동안 연구하였던 천문학 성과를 듣게 된 브라헤는 케플러를 제자로 맞이하게 됩니다.

브라헤는 덴마크의 귀족 가문에서 태어나 코펜하겐과 라이프치히 등에서 공부한 뒤 덴마크 왕실로부터 천문대를 하사받는 등 천문학자로서 크게 성공한 사람이었습니다[그림 12-3]. 당시 유명하였던 코페르니쿠스와 갈릴레이를 잇는 천문학자로서 지동설과 천동설을 절충한 태양계 모형을 주장하였습니다.

그는 시력이 매우 뛰어나서 망원경이 없이도 천체를 관측할 수 있었으며 그 중 신성新星, 즉 새로운 별이 생겨난 것도 발견하였다고 전해집니다. 당시 종교계에서는 천구는 영원하다는 주장이 보편적인

(a) 티코 브라헤

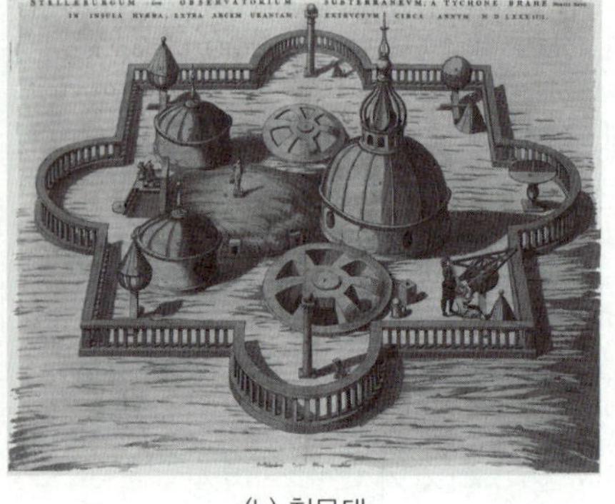

(b) 천문대

티코 브라헤와 그의 천문대

신념이었으므로 신성의 발견은 엄청난 파장을 일으키게 되었고, 이 사건으로 브라헤는 유럽에서 천문학자로 유명해지게 되었습니다.

케플러는 브라헤를 만나 그의 천문학 연구를 도와주는 조수 역할을 하였습니다. 그는 브라헤의 연구 방법과 관측의 정확성을 존중하였으며 브라헤를 천문학 복원의 토대를 제공할 중요한 인물이라고 생각했습니다.

1601년 브라헤가 사망하기 직전 평생 동안 관측한 항성 1,006개에 대한 방대한 양의 관측 자료를 케플러에게 물려주게 되었습니다. 브라헤는 이 자료를 케플러에게 건네주면서 "나의 생애가 헛되지 않았다면, 그것으로 만족한다"라고 유언을 남겼다고 전해집니다. 시력이 엄청나게 좋았던 천문학자가 시력이 엄청나게 좋지 않았던 수학자에게 자신이 평생 동안 숨겨 놓았던 자료를 넘긴 것이지요.

케플러는 요즘으로 치자면 대단한 빅데이터 분석가라고 볼 수 있습니다. 사실 현대 천문학자들은 별을 직접 보지 않고 수없이 생성되는 데이터를 분석하기 위해 컴퓨터 모니터만 본다고 합니다.* 별로 낭만적이지는 않죠? 지독한 근시에 복시였던 케플러 역시 스승이 남겨준 엄청난 데이터 속에서 우주가 운행하는 비밀 법칙을 수학 공식으로 찾아냈습니다.

브라헤에게 물려받은 엄청난 양의 관측 자료를 분석하면서 그는 그동안 이상적으로 생각해 왔던 자신의 다각형 우주 모형이 태양계의 실제 궤도에 완벽히 부합하지 않는다는 것을 깨닫게 되었습니다.

스승이 남겨준 화성 관측 데이터를 분석하던 케플러는, 자신의 수학 모델에서 계산한 값과 실제 관측값 사이에 미세한 오차를 보인다는 사실을 발견하고 절망에 빠졌습니다. 천체는 완벽한 원을 그려야 한다는 믿음에 금이 가기 시작한 거죠. 수천 번의 계산을 반복하였지만, 결국 그는 신이 설계한 우주가 일그러진 타원일지도 모른다는 고통스러운 결론을 내려야 했습니다. 이 눈물겨운 정직함은 인류가 2천 년 동안 갇혀 있던 원형 궤도의 감옥을 부수고 나오게 하는 전환점을 만들어 주었습니다.

그리하여 그는 1609년에 출간한 《신천문학 Astronomia Nova》에서

---

* 천문학자 심채경의 첫 에세이집 제목이 《천문학자는 별을 보지 않는다》라고 합니다.

행성의 궤도가 원이 아니라 타원인 것과 행성의 공전에는 면적 속도가 일정하다는 것을 발표하게 됩니다. 이것이 케플러의 제1법칙과 제2법칙입니다.

그럼에도 불구하고 신앙인 케플러는 우주에는 분명히 신의 섭리가 작동하고 있을 것이라고 믿으며 다시 10년을 브라헤의 관측 자료와 씨름을 하였습니다. 그리고 드디어 1919년에 《세계의 조화 Harmonices Mundi》를 출간하게 됩니다. 이 책에서 우리는 '조화의 법칙'이라고 부르는 케플러의 제3법칙을 발견할 수 있습니다.

행성 운동의 비밀을 밝히다

케플러는 행성 운동에 대한 세 가지 법칙을 발견했으며, 이는 천문학에서 혁명적인 발견으로 평가받습니다.

(1) 케플러의 제1법칙(타원 궤도의 법칙)

행성은 태양을 중심으로 타원 궤도를 그리며 공전한다.

이전에는 행성이 원형 궤도로 움직인다고 믿었지만, 케플러는 관측 데이터를 통해 행성이 타원 궤도를 따라 움직인다는 사실을 밝혀냈습니다. [그림 12-2](a)에서 행성은 태양을 타원의 한 초점에 두는 타원 궤도를 운행한다는 것을 보여 주고 있습니다.

(2) 케플러의 제2법칙(면적 속도 일정의 법칙)

행성이 태양을 중심으로 공전할 때, 태양과 행성을 연결하는 선분이 같은 시간 동안 쓸고 지나가는 면적은 일정하다.

이것은 행성의 속도가 궤도상에서 일정하지 않으며, 태양에 가까울수록 더 빠르게 움직인다는 것을 의미합니다. [그림 12-2](b)에서 행성이 타원 궤도를 운행할 때 태양을 공전하는 면적 속도가 일정하다는 것을 보여주고 있습니다. 즉, 태양과

*   AU(Astronomical Unit)는 태양계 내의 거리를 표현하기 위해 사용되는 표준 단위로서, 태양과 지구 사이의 평균 거리를 나타냅니다. 현재 국제적으로 정의된 1AU는 약 1억 5천만 킬로미터입니다.

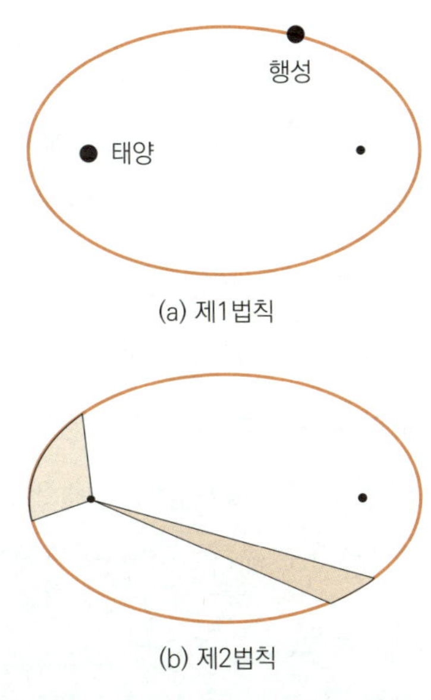

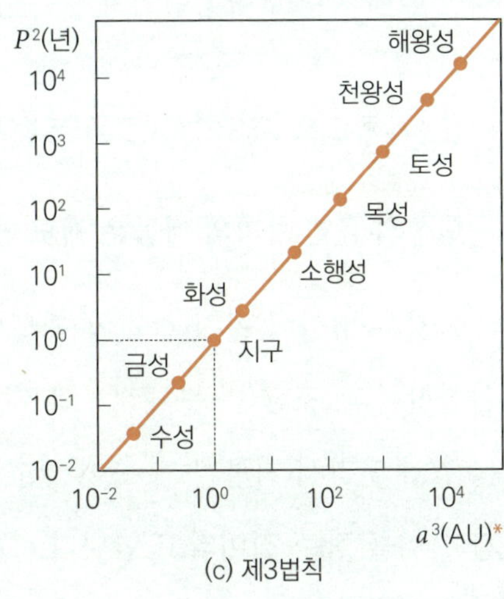

[그림 12-2] 케플러의 행성 운동의 법칙

가까운 지점을 지날 때는 그렇지 않을 때보다 행성의 공전 속도가 빠르다는 것을 알 수 있게 됩니다.

면적 속도 일정의 법칙은 우리 일상에서도 쉽게 발견할 수 있습니다. 피겨 스케이팅 경기에서 선수의 몸통을 축으로 해서 몸을 회전시키는 스핀 동작이 있습니다. 선수가 스핀 동작을 할 때 자세히 살펴보면 팔을 쭉 펴고 돌다가 점점 팔을 안으로 오므려 몸통에 바짝 붙이면서 갑자기 회전이 빨라지게 합니다. 즉, 팔의 회전 반경이 짧아지는 만큼 회전 속도는 더 빨라지지요.

케플러는 제2법칙을 제1법칙보다 먼저 발견하였다고 전해집니다. 행성이 태양으로부터 가까워지면 공전 속도가 빨라지고, 멀어지면 공전 속도가 느려지는 것을 확인한 케플러는 행성의 궤도가 완벽한 원이 아니라 타원이어야 한다는 것을 알게 된 것입니다.

(3) 케플러의 제3법칙(조화의 법칙)

행성의 공전 주기의 제곱은 궤도 반장축의 세제곱에 비례한다.

이것은 행성의 공전 주기와 궤도의 크기 사이의 수학적 관계를 설명합니다. 조금 더 구체적으로 이야기해 보겠습니다. 타원 궤도는 원과 달라서 지름이 긴 곳이 있고 짧은 곳이 있는데 지름이 가장 긴 거리를 장축 길이라고 합니다. 그런데 흥미롭게도 태양의 행성들은 어떤 행성이든지 태양을 한 바퀴 도는 시간과 그 행성의 타원 궤도의 장축 길이 사이에는 일정한 관계가 있다는 것입니다.

   III. 생각의 확장: 만물을 수학으로 번역하다

정확하게는 행성의 공전 주기를 P로 두고 그 행성의 타원 궤도에서 장축 길이의 반을 a라고 하였을 때 $P^2 \approx a^3$와 같은 성질이 있다는 법칙입니다. [그림 12-2](c)에서 태양계의 행성들은 케플러의 제3법칙을 따르고 있다는 것을 알 수 있습니다. 이 법칙은 케플러가 가장 사랑하는 법칙이라고 알려져 있는데요, 어떤 행성이든지 행성의 공전 주기만 알면 그 행성 궤도의 장축 길이를 알 수 있으니까요.

그러나 케플러는 왜 이러한 법칙이 만족되는지는 알 수 없었습니다. 관측 데이터를 분석하여 이러한 법칙을 찾아낸 것일 뿐, 그 뒤에 숨겨진 물리적 원인까지는 밝혀내지 못한 것이죠. 하지만 케플러의 행성 운동의 법칙은 훗날 뉴턴이 만유인력의 법칙을 세우는 결정적인 토대가 되었습니다[14장 참조].

《세계의 조화》는 다섯 개의 장으로 구성되었습니다[그림 12-5]. 제1장은 규칙적인 다각형과 다면체의 성질을 수학적으로 다루고 있습니다. 제2장은 도형의 합동에 관한 장으로서 케플러가 자신의 다면체 우주 모형에서 사용하였던 플라톤의 정다면체를 포기하지 못하는 모습을 보여 주고 있습니다. 제3장은 음악에서 조화로운 비율의 기원에 관한 장으로, 화음의 원리가 감각의 영역을 넘어 수학적 비율에 근거하고 있다고 주장합니다. 제4장은 점성술*에서 조화로

---

* 케플러가 제4장에서 말한 점성술은 별을 가지고 점을 치는 것이라기보다는 하늘의 별들이 배치된 기하학적 각도가 지구상의 생명체나 날씨 등에 특정한 영향을 준다는 일종의 우주 기상학 같은 개념이었습니다.

(a) 표지   (b) 행성들의 악보

[그림 12-3] 케플러의 저서 《세계의 조화》

운 구성에 관한 장으로서 우주에는 분명히 신의 섭리에 의해 어떤 조화로운 규칙이 있을 것이라는 그의 믿음이 잘 드러나 있습니다. 그리고 마지막 제5장이 바로 행성 운동의 조화에 관한 장으로서 케플러의 제3법칙에 관한 내용을 다룹니다.

점성술사인가, 천체물리학자인가

케플러는 피타고라스의 가르침을 발전시켜 우주의 화음을 구체적으로 표현하는 일을 시도하였습니다. 우주를 지배하는 것은 수의 비比라고 주장하였던 피타고라스는 자신이 우주의 화음을 직접 들었다고 주장했습니다. 즉, 피타고라스는 태양과 달, 그리고 행성들은 자신의 궤도를 움직일 때 소리를 만들어 내며, 이 소리들이 아름다운 화음을 이루면서 우주는 완벽한 질서를 갖추며 유지된다고 믿었답니다. 그런데 케플러는 이 독특한 우주론에 영향을 받아 우주의 화음을 악보로까지 제작하였습니다.

《세계의 조화》의 제3장에서 그는 피타고라스의 천체의 음악을 구체적으로 표현하는 일을 시도했습니다. [그림 12-3](b)에서 볼 수 있듯이 케플러는 순수하게 기하학적인 원리를 이용하여 자신의 12음계를 도출하였습니다. 그에 따르면 우주는 거대한 현악기이며, 천체가 움직이면 마치 현을 퉁겼을 때처럼 공기가 진동되며 소리를 낸다는 것입니다.

이러한 과정을 통해 케플러가 결성한 천상의 합창단은 소프라노 수성, 두 개의 알토 화성과 지구, 테너 화성, 두 개의 베이스 토성과 목성로 구성되어 있습니다. 참으로 멋지고 독특한 생각 아닌가요? 많이 일그러진 타원 궤도를 가진 수성은 가장 많은 음을 낼 수 있어서 홀로 소프라노 파트를 맡게 되지만, 금성은 궤도가 거의 원에 가깝기 때문에 단 하나의 음만 낼 수 있어서 천상 합창단에 참여할 수 없었습니다.

케플러는 모든 행성이 완벽한 조화를 이루며 함께 노래할 수 있는 것은 매우 드물다고 생각하였고, 이것은 오직 우주가 생성될 당시에만 단 한 번 일어났을지도 모른다고 주장했습니다. 흥미로운 점은 지구가 내는 선율이 '미, 파, 미'에 해당한다고 하였는데, 케플러는 미 mi는 괴로움 miseria, 그리고 파 fa는 기아 fames 의 약자로 해석했답니다. 케플러는 지구에는 늘 근심과 굶주림이 가득하다고 생각했던 것이지요. 다분히 천문학자라기보다는 점성술사의 면모가 보이는 대목입니다.

사실 천문학과 점성술이 분화되는 시기를 살았던 케플러는 뛰어난 점성술사이기도 했습니다. 케플러는 그라츠 시절 터키의 침공과 추운 겨울을 예견했던 것으로 명성을 얻고, 나중에는 황제 루돌프 2세의 재정적 지원까지 얻게 되었습니다. 사실 그의 재정적인 수입은 주로 점성술로부터 들어왔지만 그 자신은 점성술을 개선하기 위해 노력하였습니다. 《코스모스》의 저자로 유명한 미국의 천문학자 칼 세이건 Carl Sagan 은 케플러를 가리켜 '마지막 점성술사이자 최초의 천체물리학자'이었다고 말한 바 있습니다.

케플러의 다양한 업적

케플러는 광학 연구에도 재능을 보여, 현대 망원경 설계의 기반을 마련했으며, 천문 관측의 정확도를 크게 높였습니다. 갈릴레이가 망원경을 이용해서 새로운 발견을 했다는 소식을 접한 케플러는 쾰른의 에른스트 공작에게서 빌린 망원경을 이용해 광학 망원경 연구를 시작하였고, 접안렌즈가 오목렌즈인 갈릴레이식과는 달리, 접안렌즈가 볼록렌즈인 케플러식 망원경을 발명하였습니다. 오늘날

　　　　　　　　Ⅲ. 생각의 확장: 만물을 수학으로 번역하다

천체 망원경 중 굴절 망원경은 대부분 갈릴레이식보다는 훨씬 넓은
영역을 볼 수 있는 케플러식이 선호되고 있답니다.

케플러는 1604년 10월, 뱀주인자리에서 맨눈으로도 관측이 가능
한 초신성超新星인 'SN 1604'를 발견했습니다.* 초신성이란 이름만
보면 새로운 별이 태어난 것 같지만, 사실은 별이 수명을 다해 거대
하게 폭발하며 별의 생을 마감하는 현상입니다. 당시 사람들은 아
리스토텔레스의 철학에 따라 하늘은 완벽하며 결코 변하지 않는다
고 믿었으나, 케플러는 약 1년 동안 이 별을 정밀하게 추적하며 하
늘도 변화한다는 사실을 증명했습니다.

또한, 그는 별과 행성의 위치에 관한 정확한 자료를 정리하여
1627년에 《루돌프 표 Rudolphine Tables》를 출간하였는데, 당대 가장 정
확한 행성의 위치와 운동을 계산할 수 있는 표로서 항해, 점성술, 천
문관측 등에 활용되었습니다.

한편, 케플러는 수학 발전에도 많은 기여를 했습니다. 예를 들어
《루돌프 표》 개발을 위해 필요한 방대한 계산은 로그 없이는 불가
능했습니다. 케플러는 물론 네이피어의 로그를 활용했지만, 천문학
자료 계산에 더 적합하도록 스스로 개량한 로그표를 출간했습니다.

---

* 케플러가 관측한 이 초신성은 당시 조선의 《선조실록》에도 매우 상세히 기록
되어 있습니다. 1604년 9월(음력)부터 약 7개월간 130회 이상 기록된 조선의
데이터는 관측의 연속성이 뛰어나, 1985년 《네이처(Nature)》지에 게재된 스티
븐슨(F. R. Stephenson)의 연구 등 현대 천문학에서 초신성의 연구에 결정적
자료로 인용되고 있답니다.

또한 포도주통과 관련된 다음의 일화는 미적분학과도 연결됩니다.

1613년, 케플러는 두 번째 부인과의 결혼식을 위해 포도주 몇 통을 사게 되었습니다. 그런데 포도주 상인이 술값을 매기는 방식이 수학자인 케플러의 눈에는 너무나도 엉터리처럼 보였습니다. 상인은 긴 막대를 포도주통의 구멍에 대각선으로 푹 찔러 넣더니, 포도주가 묻어 나온 길이만 재고는 바로 가격을 매겼던 것입니다.

케플러는 생각했죠. '통의 모양이 홀쭉할 수도 있고 뚱뚱할 수도 있는데, 어떻게 막대기 길이 하나로 부피를 알 수 있단 말인가?' 상인의 엉터리 계산에 화가 난 케플러는 집으로 돌아와 포도주통처럼 곡선을 가진 입체의 부피를 정확히 계산하는 법을 연구하기 시작했습니다. 그는 포도주통을 수없이 많은 아주 얇은 원반으로 쪼갠 뒤, 그 원반들의 넓이를 모두 합치면 전체 부피가 될 것이라는 생각을 해냈습니다. 이렇게 입체를 무수히 많은 얇은 조각으로 나누어 합산하는 그의 방식은 저서 《포도주통의 신계량법》으로 출간되었고 훗날 뉴턴과 라이프니츠의 미적분학의 토대가 되었답니다.

그러나 케플러가 과학에 가장 크게 기여한 것은 당연히 케플러의 행성 운동 법칙이지요. 그는 우주는 신이 창조하였다고 믿은 신교도로서 우주의 구조를 신의 언어인 수학으로 조화롭게 설명하고자 평생을 바쳤습니다. 비록 케플러의 다면체 우주 모형이 억지스러운 측면도 있으나 우주의 설계 원리를 수학적, 기하학적으로 탐구한 최초의 시도로 인정해야 할 것입니다.

     III. 생각의 확장: 만물을 수학으로 번역하다

잘 알려지지 않은 이야기

마지막으로 케플러에 관해 잘 알려지지 않는 이야기 두 가지를 소개하겠습니다. 첫째, 그는 《꿈 The Dream》이라는 소설도 썼는데, 마법을 이용해 달로 떠난 소년이 달에서 지구와 다른 행성들을 관찰하는 내용입니다. 대단하게도 이 소설은 세계 최초의 SF 소설이라고 평가되고 있습니다.

둘째, 케플러는 첫 번째 아내 바르바라 뮐러 Barbara Müller 가 사망한 후, 수학적 기준을 활용해 두 번째 배우자를 선택하려 하였습니다. 빅데이터 분석가의 기질일까요? 케플러는 11명의 여성을 만나며 각자의 성격, 교육 수준, 외모, 지참금, 신분, 결혼 후 기대되는 생활 수준 등을 분석했습니다. 이것은 어쩌면 케플러가 평생 재정적으로 넉넉하지 못하였고, 용병이었던 아버지와 선술집의 딸이었던 어머니가 케플러를 살갑게 대하지 않았던 까닭에 현모양처의 아내를 원했기 때문으로 보입니다.

그는 각 후보를 비교하며 마치 행성 궤도를 계산하듯 치밀하게 선택 과정을 진행했지만, 이 과정은 순탄하지 않았던 모양입니다. 케플러는 리스트를 다시 훑어본 끝에, 처음 마음이 흔들렸던 다섯 번째 여성 수잔나 로이팅거를 선택하였습니다. 이렇게 고른 아내 수잔나는 훗날 케플러의 어머니가 마녀재판에 회부되었을 때도 그에게 든든한 버팀목이 되어주었답니다.

그런데, 달을 꿈꾸던 상상력과 일상을 빅데이터로 처리하려고 하였던 케플러를 더 빛나게 한 것은 단 8분(8′)*의 오차를 외면하지 않은 그의 정직함이었습니다. 그는 2천 년간 믿어온 행성의 원형 궤도가 실제 데이터와 미세하게 어긋나자, 자신의 신념을 과감히 버리는 용기를 선택했습니다. 수천 번의 계산 끝에 밝혀낸 그 작은 진실은 결국 우주의 질서를 바꾼 타원 궤도의 발견으로 이어졌습니다.

케플러에게 수학은 정답을 맞히는 도구가 아니라, 편견을 버리고 진실을 직면하게 하는 가장 정직한 생각의 기술이었습니다. 데이터가 범람하는 AI 시대, 우리가 배워야 할 진짜 지혜는 바로 이 진실 앞에서의 정직함이 아닐까 합니다.

---

* 1도(1°)는 원을 360개로 나눈 각도입니다. 1분(1′)은 1도를 다시 60개로 쪼갠 각도입니다. 따라서 8분은 0.13도밖에 되지 않습니다.

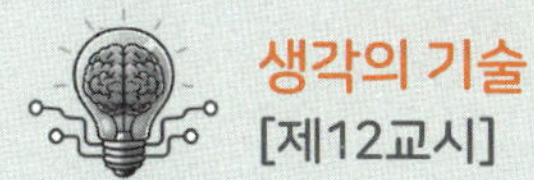

생각의 기술
[제12교시]

여러분은 케플러의 행성 운동에 대한 세 가지 법칙을 통해 태양계의 행성들이 타원을 이루며 공전한다는 것을 아셨을 것입니다. 그러면 확인하는 차원에서 다음을 풀어 보시죠.

1. 케플러 행성 운동 법칙에 따르면, 행성이 태양 주위를 돌 때 태양은 궤도의 중심이 아니라 타원의 한 초점에 위치합니다. 행성의 공전궤도에서 가장 속도가 느려지는 지점은 어디일까요?

   (A) 태양과 가장 가까운 지점 (근일점)
   (B) 태양과 가장 먼 지점 (원일점)
   (C) 궤도의 기울기가 가장 큰 지점
   (D) 태양에서 가장 멀리 있지도, 가깝지도 않은 중간 지점

2. 어떤 가상의 태양계에서 행성 A의 공전 주기는 1년이고, 태양과의 평균 거리(타원 궤도 긴 지름의 반)를 1AU라고 가정합시다. 행성 B의 공전 주기가 8년이라면, 케플러 제3법칙을 이용하여 행성 B가 태양으로부터 떨어진 평균 거리는 몇 AU인지 알아맞혀 보세요.

   (A) 16AU
   (B) 8AU
   (C) 4AU
   (D) 2AU

힌트

① 케플러 제2법칙을 적용해 보세요.
② 케플러 제3법칙의 공식을 이용해 보세요.

모든 좋은 책을 읽는 것은 과거의 가장 위대한 지성들과
대화하는 것과 같다.

The reading of all good books is like a conversation
with the finest minds of past centuries.

"나는 생각한다, 따라서 나는 존재한다"라는 철학적 선언으로 중세의 신 중심 사회를 끝내고 인간의 이성을 역사의 중심에 세운 데카르트. 그가 침대 위에서 천장의 파리 위치를 숫자로 표현하려다 발명한 좌표계가 어떻게 기하학과 대수학을 통합하여 해석기하학을 만들게 되었는지 설명합니다.

13

파리를 어떻게 잡지?

여러분은 언제 처음으로 방정식을 풀어 보셨나요? 우리나라 교육과정에 따르면 초등학교 4학년에 방정식에 대한 기초를 배운다고 하고, 중학교 2학년에서는 연립방정식, 3학년에서는 2차방정식의 근의 공식 등을 배운다고 합니다. 방정식^{equation} 이란 미지수^{未知數, unknown}를 포함한 두 표현식이 등호(=)를 이용해 서로 같음을 나타내는 수학적 문장입니다. 방정식을 푼다는 것은 주어진 방정식의 미지수 값을 구한다는 것을 말하고요.

예를 들어 $2x+1 = 7$은 아주 간단한 방정식으로 등호를 이용해서 좌변과 우변이 서로 같다는 것을 알려 줍니다. 우리는 양변에서 같은 수를 더하거나 빼도 등식이 유지된다는 성질을 배웠고 그래서 위의 식에서 양변으로부터 1을 빼 $2x = 6$이라는 방정식을 얻게 됩니다. 다시 양변에 0이 아닌 수로 곱하거나 나누어도 등식이 유지된다는 성질을 이용하여 양변을 2로 나눠 $x = 3$을 얻게 됩니다. 즉, 방정식 $2x+1 = 7$을 풀었습니다.

그런데 여기서 하나 살펴볼 것은, 우리가 방정식에서 미지수를 x

로 자연스럽게 사용하는데, 누가 최초로 미지수를 x라는 문자로 사용했을까입니다. 궁금하지 않으신가요? 정답은 바로 르네 데카르트입니다.

프랑스의 철학자, 수학자, 과학자인 데카르트는 1637년에 처음으로 미지수를 x, y, z로 표시하고, 알려진 값을 a, b, c로 표시하기 시작하였으며, 이 관례는 현재까지도 널리 사용되고 있답니다.[*]

방정식은 고대 메소포타미아 문명이나 이집트 문명에서도 당연히 있었지요. 그러나 미지수를 무엇이라고 표시하여야 하는가는 시대가 변하면서 달라졌습니다. 예를 들어, 린드 파피루스 Lind Papyrus 는 고대 이집트의 문서로 여러 수학 문제들을 포함하고 있습니다.

이 중에서 24번 문제는 '알 수 없는 수'를 찾는 문제로, 미지수를 나타내기 위해 '아하 aha'라는 단어를 사용합니다. 아하는 고대 이집트어로 무더기 또는 더미를 뜻하는데 이집트 수학에서 구하고자 하는 양量을 의미하며, 현대 수학의 x와 같은 역할을 합니다. 만일 우리가 미지수를 '아하' 또는 '모르는 수'라고 표현해야 한다면 방정식 문제 자체가 얼마나 복잡하게 표현되었을까요? '생각의 기술'에서 확인해 보시길.

---

[*] 미지수를 문자로 사용하는 관례는 프랑수아 비에타(François Viète)가 16세기 말에 처음 도입하였습니다. 비에타는 알려진 값은 자음으로, 미지수는 모음으로 표현하는 방식을 사용했답니다.

   III. 생각의 확장: 만물을 수학으로 번역하다

늦잠꾸러기 꼬마 철학가

데카르트는 1596년 3월 31일 투렌 지방*의 법관 귀족 가문에서 태어났습니다. 아버지는 지방의 시의원이었고 어머니는 병약하여 데카르트가 태어난 지 14개월이 못 되어 세상을 등졌습니다. 이후 그는 외할머니 밑에서 자랐고, 어머니와 같이 허약하여 어린 시절 창백하고 마른 체형의 아이였다고 전해집니다. 이 때문에 그의 아버지는 아들이 학교에 가는 것을 늦추고 강제로 쉬게 하였습니다. 그는 주변 사물에 대한 호기심이 강했고 골똘히 생각에 잠기는 버릇이 있었으며 이런 연유로 그의 아버지는 그에게 '꼬마 철학가'라는 별명을 붙여 주었다고 합니다.

1607년 허약한 체질 탓에 조금은 늦은 나이로 예수회가 운영하는 라 플레슈 콜레주 Collège la Flèche 에 입학하였습니다. 오늘날의 중고등학교와 대학 기초 과정을 합쳐 놓은 듯한 이 명문 기숙학교에서 데카르트는 1614년까지 8년간에 걸쳐 철저하게 중세식 교육과 함께 인본주의 교육을 받았습니다. 5년간 라틴어, 수사학, 고전 작가 수업을 받았고 3년간 변증론을 비롯하여 자연철학, 형이상학 그리고 윤리학을 포괄하는 철학을 공부하였습니다.

---

* 투렌 지방은 현재 프랑스 중서부 지방으로 파리에서 남서쪽으로 약 200km 정도 떨어져 있습니다. 데카르트가 태어난 마을은 원래 라에(La Haye)였으나 지금은 그를 기념하여 도시 이름을 데카르트(Descartes)로 바꾸었답니다.

그러나 허약한 데카르트는 학교 수업을 제대로 듣지 못했습니다. 그의 재능과 건강 상태를 배려한 교장 선생님은 데카르트에게 늦게 까지 잠자는 것을 허락하였답니다. 데카르트의 늦잠 자는 습관은 이때부터 생겨났고, 이 습관 때문에 그가 훌륭한 생각을 많이 할 수 있었다고 하니 우리도 늦잠꾸러기가 되어 볼까요?

데카르트는 라 플레쉬를 졸업하고서 아버지의 뜻을 따라 푸아티에 대학Université de Poitiers 법학과에 입학했습니다. 수학, 자연과학, 법률학, 스콜라 철학 등을 배우고 1616년에 졸업하게 됩니다. 그의 손에는 법학사 학위가 있었지만, 마음속은 회의감으로 가득했습니다. 당대 최고의 엘리트 코스를 모두 섭렵했음에도 불구하고, 그가 마주한 지식들은 명쾌한 해답 대신 의구심만을 더했기 때문입니다. 이 시기를 데카르트는 "학교에서 배운 학문들은 나에게 단 하나의 확실한 지식도 주지 못했다"라고 회상합니다.

이후 그는 세상이라는 커다란 책에서 실질적인 지식을 얻고자 학교 밖으로 나갔고, 다시는 제도권 교육으로 돌아오지 않았습니다. 다음은 그의 저서 《방법서설 Discourse on the Method》에서 밝힌 것으로서, 기존의 학문과 관습에 의존하지 않고 자신의 경험과 관찰을 통해 진리를 탐구하겠다는 결심을 담고 있습니다.

"나는 학문적인 글자 공부를 완전히 버렸다. 내 자신 속에서 찾을 수 있거나 세상이라는 위대한 책 속에서 발견할 수 있는 지식 외에는 어떤 지식도 탐구하지 않겠다고 결심했다."

   III. 생각의 확장: 만물을 수학으로 번역하다

아버지는 데카르트의 식견을 높이기 위해 1617년에는 그를 파리로 보냈습니다. 파리에서 데카르트는 아버지가 원했던 사교계의 신사와는 영 딴판인 길을 걷기 시작했습니다. 처음에는 잠시 화려한 파티와 도박의 세계에 몸을 던져보기도 했습니다. 뛰어난 수학적 머리 덕분에 도박에서 꽤 큰 돈을 따기도 했지만, 곧 그마저도 공허함을 안겨주었을 뿐입니다.

공허감 때문이었을까요? 그는 아는 사람이 아무도 없는 파리의 어느 한적한 동네에 집을 구하고는, 몇 달 동안 두문불출하며 은둔 생활에 들어간 것입니다. 하인들조차 그가 어디 있는지 모를 정도로 자신을 감추고, 오로지 수학과 철학적 사색에만 몰두했습니다. 하지만 이런 정적인 사색의 삶도 그의 지적 갈증을 완전히 채워 주지는 못했습니다.

이때 데카르트는 극단적인 결정을 합니다. 네덜란드에 군인으로 지원하여 입대한 것이죠. 그가 아버지의 기대를 저버리고 전쟁터로 향한 이유는 싸우기 위해서가 아니었습니다. 그가 말했던 '세상이라는 위대한 책' 속에 직접 들어가 진리를 찾고 싶다는 갈망 때문이었던 것입니다.

1618년 11월 네덜란드 브레다^{Breda}에서 군 복무 중이던 시절, 길을 걷던 데카르트는 벽에 붙은 광고지를 발견했습니다. 그러나 광고 내용은 네덜란드어로 적혀 있어서 내용을 알 수 없었고 그는 그 내용을 프랑스어나 라틴어로 설명해 줄 사람을 찾았지요. 마침 광고 내용을 설명해 줄 수 있는 사람을 만났는데, 그는 아이작 베크만 Isaac Beeckman 이라는 네덜란드 대학의 학장이었답니다. 광고에는 어려운 기하학 문제가 적혀 있었고 이 문제를 푸는 사람에게 사례하겠다는 내용이었습니다. 데카르트는 단 몇 시간 만에 문제를 풀었고 자신에게 수학적 재능이 있음을 발견했습니다.

회의하는 철학자 데카르트

데카르트가 활동하던 17세기 초반, 유럽은 신의 이름 아래 칼을 휘두르는 거대한 격랑 속에 있었습니다. 특히 가톨릭과 개신교의 신학적 대립은 단순한 말다툼을 넘어, 인류 역사상 가장 잔혹한 종교전쟁으로 불리는 30년 전쟁*으로 번지게 됩니다.

참혹한 전쟁의 포화 속에서 데카르트는 역설적이게도 인생에서 가장 중요한 깨달음의 순간을 맞이합니다. 1619년 겨울, 30년 전쟁에 참전 중이던 그는 독일의 울름 Ulm 근처의 한 마을에 머물게 됩니다. 지독한 추위 때문에 군대가 이동을 멈추었기 때문이죠. 그는 화

---

* 30년 전쟁은 가톨릭과 개신교의 신학적 대립으로 시작된 종교전쟁으로 종교적 진리에 대한 단 하나의 정답이 사라진 혼돈의 시대를 상징합니다. 서로 이단이라 부르며 파괴하는 광경을 목격하며, 데카르트는 신학적 교리나 전통적인 권위가 아닌, 그 누구도 부정할 수 없는 확실한 진리가 무엇인지 알아내고자 하였습니다. 결국 그는 신앙과 권위의 시대를 지나, 인간이 스스로 생각하고 증명하는 이성의 시대로 나아가는 문을 열게 됩니다.

로가 있는 따뜻한 방에 틀어박혀 사색에 잠겼습니다.

데카르트의 사색은 모든 것을 의심하는 것에서 시작되었습니다. 내 감각이 나를 속이는 것이라면 어쩌지? 지금 내가 깨어 있다고 생각하지만, 사실은 꿈을 꾸고 있는 거라면? 만약 악마가 존재해서, 내가 2 더하기 3은 5라고 믿을 때마다 나를 속이고 있는 거라면?

그러나 아무리 의심을 하여도 의심하고 있는 자신의 존재만큼은 부정할 수가 없게 되었죠. 그렇게 해서 나오게 된 유명한 말이 바로 "나는 생각한다, 따라서 나는 존재한다 Cogito, ergo sum"입니다. 데카르트는 이 명제를 수학의 공리처럼 단단한 기초로 삼아, 개인의 존재와 인식의 철학적 기초를 확립하려 하였습니다.

데카르트의 좌표계

지금부터는 역사적 사실에 입각하되, 나머지는 저의 상상으로 데카르트라는 독특한 철학자가 어떻게 "나는 생각한다, 따라서 나는 존재한다"라는 철학적 명제와 함께 해석기하학이라는 수학적 도구를 만들었는지 설명하고자 합니다.

데카르트는 근거가 명확하지 않은 주장은 모두 거부하였습니다. 그에게는 근거 또는 중심이 필요하였던 것입니다. 이것이 데카르트의 좌표계가 나오게 된 이유라고 저는 믿습니다.

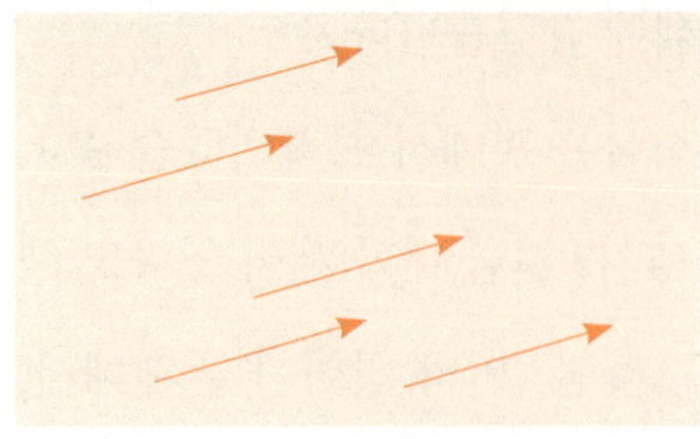

(a) 다르게 보이는 벡터들

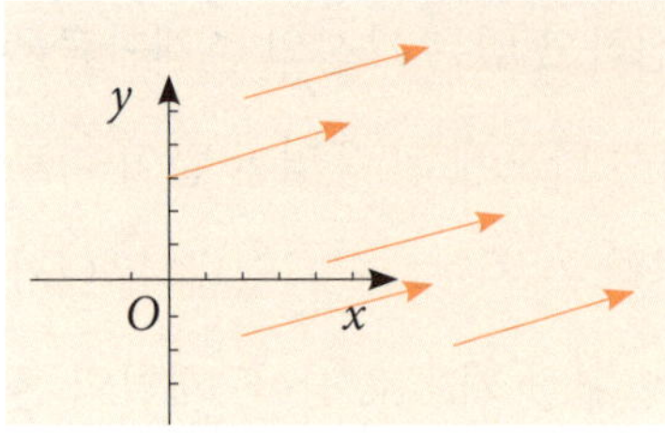

(b) 좌표계와 벡터들

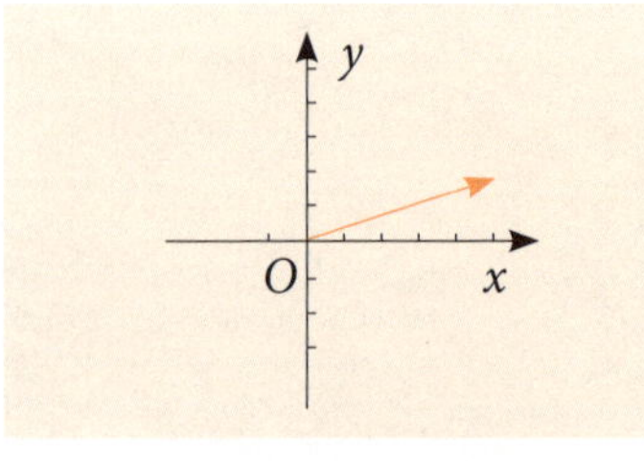

(c) 사실은 동일한 벡터

[그림 13-1] 벡터들과 좌표계

그의 머릿속에서는 많은 철학자나 종교학자가 주장하는 진리라는 것이 화살표로 표시됩니다. 수학적인 용어로는 벡터vector이고요. [그림 13-1](a)에서는 어떤 근거나 중심도 없이 주장되고 있는 진리들 5개가 보입니다. 여기에 측정이 가능한 도구인 좌표계를 도입합니다[그림 13-1](b). 여기에는 원점,* 곧 기준이 되는 점이 있고 원점으로부터 얼마나 떨어져 있는가를 측정할 수 있는 x축과 y축이 있습니다. '벡터는 크기와 방향이 같으면 동일하다'는 이야기를 들어보셨을 것입니다. 벡터의 시작점을 원점으로 이동시켜 보면 5개의 벡터는 [그림 13-1](c)와 같이 사실상 동일한 하나의 벡터였던 것이죠.

---

* 좌표계에는 반드시 원점(origin)이 있죠. 예를 들어 2차원 평면 좌표계에는 (0,0)가 원점입니다. 여러분이 x축과 y축을 그리시면 그 교차점이 원점이랍니다. 그래서 원점을 표시할 때는 숫자 0이 아닌 영어 origin에서 앞의 'o'를 대문자로 사용해야 하는 것도 기억해두세요.

III. 생각의 확장: 만물을 수학으로 번역하다

이 사람은 이것이 진리라고 주장하고 저 사람은 저것이 진리라고 주장하는 세상에서 데카르트는 의심합니다. 그는 '생각하는 나'를 원점으로 두고 판단해 볼 때 사실 두 사람의 주장이 서로 같은 주장이었고, 심지어 그것이 틀린 주장일 수도 있음을 보여주고 싶었던 것은 아닐까요? 즉, 그는 좌표계를 이용해 기하학적 도형을 숫자로 치환하였듯이, 자신의 존재라는 확신 위에서 세상의 모든 불확실한 주장들을 논리라는 좌표계 위에 정렬시켰다고 생각해 봅니다.

전쟁 속에서 꾼 꿈

1619년 겨울, 지독한 추위 때문에 군대가 이동을 멈추었던 독일의 울름에서 데카르트는 자신의 운명을 예견하는 세 번의 꿈을 꾸었습니다.

첫 번째 꿈에서 데카르트는 길을 걷던 중 거센 폭풍우를 만납니다. 강한 바람 때문에 몸을 가누지 못해 오른쪽으로 쓰러지려 할 때, 어떤 알 수 없는 힘에 이끌려 왼쪽으로 걸음을 옮깁니다. 그는 이 꿈을 과거의 잘못에 대한 경고로 풀이하였습니다. 즉, 지금까지 자신이 믿어 왔던 낡고 불확실한 학문적 권위^{바람}에서 벗어나, 새로운 진리로 향해야 한다는 사명감을 느낀 것이죠.

두 번째 꿈은 무시무시한 천둥소리가 방 안을 가득 채우고, 데카르트의 눈앞에서 수많은 불꽃이 튀어 올랐습니다. 그는 이 불꽃을 지혜의 영 Spirit of Truth이 자신에게 내린 계시라고 믿었습니다. 인간의 이성이 어둠을 밝히는 빛처럼 진리를 비출 수 있다는 확신을 이 꿈으로부터 얻었다고 합니다.

세 번째 꿈에서는 책상 위에 사전 한 권과 시집 한 권이 놓여 있었는데, 시집을 펼쳤을 때 "나는 어떤 삶의 길을 따라야 하는가?"라는 구절을 발견합니다. 이때 한 낯선 사람이 나타나 다른 시 구절을 보여 주기도 하고, 사전이 사라졌다가 다시 나타나기도 하는 신비로운 꿈을 꾸었습니다. 데카르트는 이 꿈이 자신의 미래를 결정짓는 가장 중요한 지침이라고 보았습니다. 즉, 사전은 모든 학문의 통합을, 시집은 직관과 영감을 상징한다고 생각한 그는 이 꿈을 통해 모든 학문을 수학적인 확실성으로 통합하는 삶의 길을 살겠다고 맹세합니다.

폭풍우 속의 방황과 번뜩이는 불꽃, 그리고 운명을 묻는 책 한 권. 이 세 번의 꿈은 데카르트에게 단순한 환상이 아닌 삶의 지도가 되었습니다. 잠에서 깬 그는 밤새 겪은 이 직관적인 계시들을 누구도 부정할 수 없는 단단한 논리로 바꾸기 시작했습니다. 그것이 바로 세상의 모든 문제를 해결하기 위해 필요한 문제 해결 방법론, 즉 《방법서설》의 집필이었습니다.

데카르트의 《방법서설》

데카르트의 《방법서설》은 크게 두 부분으로 나뉩니다. 먼저 자신의 철학적 방법론을 6부로 나누어 설명한 본문(서설)이 있으며, 그 뒤에는 이 방법론을 실제로 적용한 세 편의 시범 논문이 수록되어 있습니다. 관심 있는 독자 여러분은 직접 읽어보시기를 바라며, 여기서는 서설의 각 부와 시범 논문에서 다루는 내용을 간략하게 소개하겠습니다.

제1부는 기존 학문에 대한 회의와 성찰을 다루었습니다. 데카르트가 학교에서 배운 지식들이 얼마나 불확실한지 고백합니다. 30년 전쟁의 혼돈 속에서 전통과 권위가 나를 지켜 주지 못한다고 깨닫고, "세상이라는 큰 책"을 읽기 위해 여행을 떠나기로 결심하는 배경이 담겨 있습니다.

제2부는 세상의 모든 문제에 대한 철학적 해결 방법론을 4가지 단계로 제시합니다. 첫째는 조금이라도 의심스러운 것은 진리로 받아들이지 않는 '명증'의 단계이며, 둘째는 복잡한 문제를 해결 가능한 최소 단위로 나누는 '분석'의 단계입니다. 셋째는 나누어진 작은 실마리들을 단순한 것부터 복잡한 순서로 다시 결합하여 전체를 파악하는 '종합'의 단계이고, 마지막은 계산이나 논리에 빠진 점이 없는지 꼼꼼히 훑어보는 '검토'의 단계입니다. 이것이 바로 데카르트가 확립한 근대적 사고의 틀입니다.

제3부에서는 진리를 찾는 동안 지켜야 할 임시적 도덕 지침을 다룹니다. 즉, 집을 새로 짓는 동안(기존 지식을 깨뜨리는 동안) 머물 임시 숙소가 필요하듯, 진리를 찾는 동안 지켜야 할 최소한의 행동 지침을 제시합니다.

제4부에서 그는 "나는 생각한다, 따라서 나는 존재한다"라는 절대 진리를 선포합니다. 즉, 모든 것을 의심한 끝에 철학의 원점으로서 이 명제를 얻게 되는 과정이 설명됩니다. 간략하게 설명하자면, 이 철학적 원점이 확립되어야 비로소 세상이라는 그래프를 그릴 수 있다, 이렇게 표현하는 것도 괜찮을 것 같습니다.

제5부에서는 자신의 철학적 방법론이 자연철학^{오늘날의 과학}과 생리학에 어떻게 적용될 수 있는지 설명합니다. 즉, 빛의 성질, 심장의 박동, 동물의 움직임 등을 물리적으로 설명하고 있습니다. 데카르트의 기계적 우주론(우주와 자연은 신의 창조로 만들어진 기계와 같으며, 수학적 법칙에 따라 작동함)을 주장하고 인간을 제외한 동물은 본질적으로 기계와 같은 존재로 설명합니다.

마지막 제6부에서는 왜 이 책을 쓰게 되었는지, 그리고 자연을 지배하고 인간의 삶을 개선하기 위해 과학*이 얼마나 중요한지 설명

---

* 과학을 통해 불, 물, 공기, 별 등 우리 주변의 힘을 이해하고 활용함으로써, 인간이 자연을 지배할 수 있게 하겠다는 것과 특히 인간의 삶을 개선시키기 위해 과학의 가장 큰 결실이 의학에 있다고 보았습니다. 또한 좌표계와 같은 수학적 도구를 통해 기계 장치를 정교하게 설계함으로써, 인간의 노동을 줄이고 삶을 풍요롭게 만드는 기술적 진보를 예견했습니다.

합니다. 그가 고안한 해석기하학^{좌표계}과 같은 도구들이 실제 세상을 어떻게 바꿀 수 있는지를 설명하며, 그 실용성에 대해서도 비전을 제시하며 마무리합니다.

《방법서설》은 당시 출판될 때의 원제는 《이성을 바르게 인도하고, 여러 과학에서 진리를 탐구하기 위한 방법서설, 그리고 이 방법의 시도들인 굴절광학, 기상학 및 기하학》으로 꽤 길지요. '이 방법의 시도들'이 바로 굴절광학, 기상학 및 기하학에 관한 세 편의 논문입니다. 이것은 데카르트가 꿈에서 깨어나 결심했던 '모든 학문의 통합'을 위해 연구된 결과랍니다.

데카르트는 자신의 철학적 이론과 방법을 제시한 뒤, 곧바로 세 편의 논문들을 통해 자신의 문제 해결 방법의 결과를 입증하였습니다. 〈기하학〉에서는 좌표계라는 도구를 제시함으로써 복잡한 도형^{기하학} 문제를 수식^{대수학}으로 바꿔서 푸는 해석기하학을 창시하였습니다.

그리고 〈굴절광학〉에서는 해석기하학이라는 도구를 이용하여 망원경 렌즈를 설계했습니다. 그는 빛이 유리 표면에서 꺾이는 각도를 좌표상의 기하학적 곡선으로 치환하여, 빛을 한 점에 완벽하게 모으는 데 필요한 쌍곡선 형태의 렌즈 설계도를 수학적으로 도출해 냈습니다.

〈기상학〉에서는 무지개의 비밀을 풀어냈습니다. 그는 무지개를 신비로운 징조가 아닌, 빛이 물방울 내부에서 굴절되고 반사되는 물리적 현상으로 정의했습니다. 그는 좌표계를 활용해 수많은 빛의 궤적을 계산한 끝에 무지개의 크기와 모양이 왜 항상 일정한지를 밝혀냈습니다. 이와 같이 논문 세 편을 통해 자신의 방법론이 세상을 바꾸는 실용적인 도구임을 입증해 보였습니다.

그런데 《방법서설》은 데카르트가 세 번의 꿈을 꾸었던 1619년 추운 밤 이후 무려 18년이나 흐른 1637년에서야 출판되었습니다. 왜 그랬을까요? 거기에는 다음과 같은 이유가 있었습니다. 1633년 갈릴레이의 종교재판 소식을 접한 데카르트는 자신의 과학적 견해가 교회와 충돌할 것을 우려하였기 때문이랍니다.

1637년에 이르러서야 세상에 나온 이 책은 학술 공용어인 라틴어 대신 모국어인 프랑스어로 쓰였는데, 이는 권위나 전통에 매몰되지 않은 일반 대중의 보편적 이성에 직접 호소하기 위한 파격적인 결정이었습니다. 또한 그는 불필요한 종교적 박해로부터 사유의 자유를 지키기 위해 자신의 이름을 숨긴 채 익명으로 출판함으로써, 오직 논리적 완결성만으로 세상의 편견과 맞서고자 했습니다.

데카르트가 자신의 철학적 방법론을 적용한 사례로 해석기하학을 다룬 것에 저는 초점을 맞춰 생각해 봅니다. [그림 13-1]에서 서로 다르게 보이는 벡터(당시 다양하게 해석된 종교적·철학적 진리들)가 사실은 어떤 하나의 벡터를 다르게 본 것(진리는 있으되 잘못 해석되고 있음)이라는 것이 그의 주된 생각이었다고 믿습니다.

이제부터는 해석기하학이 세상에 나오기 위해 필요했던 한 사건을 소개합니다.

  III. 생각의 확장: 만물을 수학으로 번역하다

철학적으로 파리를 잡다

어느 날, 데카르트는 침대에 누워 천장을 바라보다가, 날아다니는 파리를 관찰하게 됩니다. 이것은 순전히 저의 상상에 기반한 이야기이지만, 아마도 늦잠꾸러기 데카르트는 이날도 늦잠을 자고 있었을 것입니다. 그런데 더 자지 못하고 잠에서 깨어나게 되었고 생각해 보니 자기를 깨운 것이 파리라는 걸 알게 되었습니다.

귀찮게 윙윙거리며 자신을 괴롭히던 파리를 잡고 싶었죠. 대부분의 사람들은 침대에서 일어나서 파리채든 무엇인가를 들어 파리를 잡으려 할 것입니다. 하지만 우리의 병약한 잠꾸러기 철학자는 '저 귀찮은 파리를 어떻게 잡지? 나는 수학자이니까 수학자답게 잡아야겠다. 그래, 파리의 위치를 고정시켜 보자. 그러면 추상적이긴 하지만 파리를 잡는 것이니까'라고 생각을 했을 것입니다.

그는 파리가 천장의 특정 위치에 머무를 때 그 위치를 어떻게 정확히 표현할 수 있을지 고민하기 시작했습니다. 이때 그는 천장을 가로와 세로의 선분들로 나누고, 특정 위치를 두 개의 숫자로 나타낼 수 있다는 발상을 떠올렸습니다.

이러한 상황은 [그림 13-2]로 표현하였습니다. 천장에 파리가 원 안에 표시되어 있습니다. 침대의 오른쪽 면벽으로부터 파리가 있는 곳까지의 직선거리 a와 침대의 머리 쪽 벽면으로부터 파리가 있는 곳까지의 직선거리 b를 이용하면 파리의 위치는 명확하게 결정

[그림 13-2] 천장의 파리 잡기 – 좌표의 발견

될 것입니다. 이것을 우리가 알고 있는 수학 용어로 설명하자면 원점 O를 정하고 원점 O로부터 x축과 y축을 설정하고 y축으로부터의 거리(x좌표라고 부름)와 x축으로부터의 거리(y좌표라고 부름)를 이용하면 파리의 위치는 두 개의 수로 구성된 좌표 (a, b)로 확정되는 것이죠.

해석기하학

데카르트의 이러한 재미있는 발상은 수학에서 좌표계로 발전하여, 기하학 문제를 대수학적 방식으로 해결하는 해석기하학analytic geometry을 탄생시켰습니다. 해석기하학이란 좌표계를 이용한 기하학으로서 데카르트의 이름을 따서 데카르트 기하학Cartesian geometry

이라고도 부릅니다. 데카르트 이전에는 기하학과 대수학이 독립적인 학문으로 여겨졌습니다. 데카르트는 도형의 성질을 방정식으로 표현하는 방법을 제안하며, 두 학문을 통합한 것입니다.

데카르트의 해석기하학을 쉽게 설명하기 위해 예를 들어 보겠습니다. 고대 그리스 시대부터 해석기하학 이전까지 원圓이란 '평면 위에서 한 점을 중심으로 두고, 중심으로부터 같은 거리에 있는 모든 점의 집합'이라고 정의하였습니다. 하지만 해석기하학에서의 원은 대수적인 식, 즉 원의 방정식으로 정의합니다. 확인해 보니 원의 방정식은 지금 고등학교 1학년에서 배우고 있군요.

[그림 13-3](a)는 유클리드의 정의에 따라 원을 그린 것입니다. 즉, 가운데 점이 원의 중심이고, 중심으로부터 같은 거리에 있는 모든 점을 표시한 것입니다. 이때 중심에서 원까지의 일정한 거리를 반지름이라고 부르죠. 이 그림에서 반지름을 r이라고 하겠습니

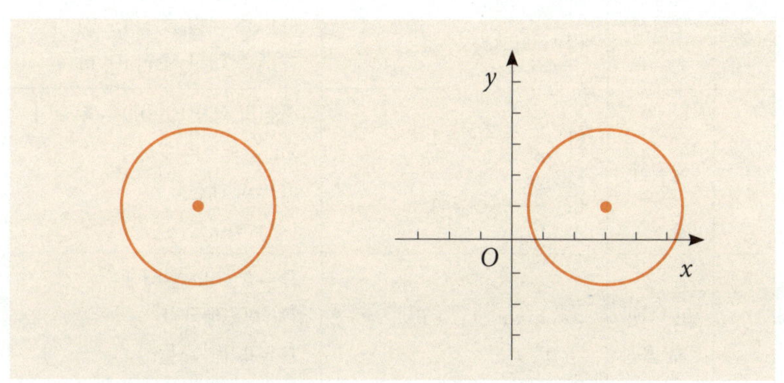

(a) 유클리드 기하학의 원　　　　　(b) 해석기하학의 원

[그림 13-3] 유클리드 기하학과 해석기하학의 차이 - 원의 정의

다. 동일한 원에 좌표계를 적용하면 [그림 13-3] (b)와 같이 됩니다.
만일 원의 중심의 좌표가 (3, 1)이라면 해석기하학에서는 이 원을
$(x-3)^2+(y-1)^2=r^2$과 같이 방정식으로 나타냅니다.

원의 방정식에 대해 살펴보았으니, 고등학교에서 배우는 곡선의
방정식을 정리해 볼까요? 다음 [표 13-1]을 참고하세요. 복잡한 식
때문에 수학에 흥미를 잃은 독자분은 '정말' 참고만 하셔도 됩니다.

데카르트의 좌표계는 오늘날 수학의 기초 도구로 사용됩니다. 함
수와 그래프, 미적분학, 통계학 등 다양한 분야에서 필수적입니다.
특히 데카르트의 해석기하학은 물리학에서 물체의 운동을 설명하

구분	곡선 이름	곡선의 방정식	조건
1	원	$(x-a)^2+(y-b)^2=r^2$	중심의 좌표 (a, b), 반지름 r
2	타원	$\dfrac{x^2}{a^2}+\dfrac{y^2}{b^2}=1$	중심의 좌표 $(0, 0)$, x축 반장축 a, y축 반장축 b
3	포물선	(1) $y^2=4px$ (2) $x^2=4py$	꼭짓점의 좌표 $(0, 0)$ (1) x축 대칭, 초점 $(p, 0)$ (2) y축 대칭, 초점 $(0, p)$
4	쌍곡선	(1) $\dfrac{x^2}{a^2}-\dfrac{y^2}{b^2}=1$ (2) $\dfrac{y^2}{a^2}-\dfrac{x^2}{b^2}=1$	중심의 좌표 $(0, 0)$, 주축 길이 $2a$, 부축 길이 $2b$ (1) x축 대칭 (2) y축 대칭
5	일반적인 2차 곡선	$ax^2+bxy+cy^2+dx+ey+f=0$	$D=b^2-4ac$일때 $D<0$이면 타원 $D=0$이면 포물선 $D>0$이면 쌍곡선

[표 13-1] 2차 곡선의 방정식

는 데 중요한 도구가 되었고, 뉴턴과 라이프니츠가 미적분학을 발전시키는 데 중요한 역할을 하였으며, 뉴턴의 고전역학과 만유인력 법칙으로 이어졌습니다.

근대 과학의 선봉자

데카르트의 "나는 생각한다, 따라서 나는 존재한다"라는 명제는 철학적 사유의 출발점으로, 모든 것을 논리적으로 증명하려는 근대적 사고방법을 열었습니다. 이러한 방법론은 《방법서설》의 세 편의 시범 논문에서 확인할 수 있듯이 과학에서도 이성과 논리를 중시하는 방법론으로 과학의 근대화를 이끌었습니다.

이제 데카르트의 안타까운 죽음 소식을 전해야겠군요. 그는 평생 아침 늦게까지 침대에 누워 사색하던 잠꾸러기 철학자였습니다. 그에게 침대는 휴식처이면서 동시에 육체의 간섭을 최소화한 채 오직 정신의 힘만으로 새로운 생각을 만들어 내던 사유의 산실이었습니다. (어쩌면 이제 여러분에게도 늦잠을 잘 수 있는 좋은 구실이 생겼을지 모르겠습니다.)

1649년 가을, 스웨덴 크리스티나 여왕의 거듭된 초청으로 여왕의 철학 교사가 된 데카르트는 평생의 습관을 꺾어야만 했습니다. 왜냐하면 학구열에 불타던 젊은 여왕의 요청에 따라 새벽 5시에 강의를 해야만 했던 것이죠. 따뜻한 침대에서 늘어지게 생각만 하던 잠꾸러기 철학자에게는 혹독한 북유럽의 새벽 공기는 너무 견디기 힘들었습니다. 결국 폐렴을 얻은 그는 여왕이 보낸 의사의 방혈 치료*마저 거부한 채 스스로의 이성으로 병마와 싸우려 고집하다, 이듬해 2월 타국에서 쓸쓸히 생을 마감하게 되었답니다.

그러나 '파리를 잡으려는 발상'에서 시작된 좌표계와 해석기하학은 오늘날 현대 과학과 공학의 필수적인 도구가 되었으며, 데카르트의 이름은 지금까지 근대 과학의 선구자로서 기억되고 있습니다.

---

* 데카르트는 평소 의학에 깊은 관심을 가졌음에도 불구하고, 당시의 일반적인 치료법이었던 방혈(피를 뽑는 것) 치료에 강한 거부감을 보였습니다. 설탕을 넣은 따뜻한 포도주를 마시는 등 자가 치료를 시도했으나, 이미 추위와 과로로 무너진 몸을 되살리기에는 역부족이었습니다. 결국 그는 1650년 2월 11일 새벽, "나의 영혼아, 이제 떠날 시간이다"라는 말을 남기고 눈을 감았습니다.

      III. 생각의 확장: 만물을 수학으로 번역하다

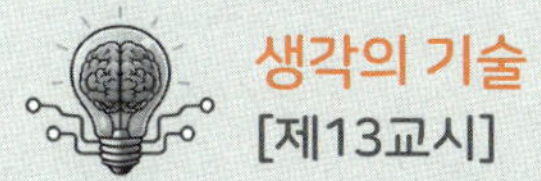

생각의 기술
[제13교시]

데카르트는 방정식에서 미지수를 x라고 처음 사용한 수학자로 알려져 있습니다. 이와 관련해서 데카르트의 책을 인쇄할 때 가장 사용되지 않던 활자인 x를 사용하자고 인쇄소에서 제안했다고도 전해집니다.

다음 문제를 방정식으로 표현하여 풀어 보세요. 미지수는 당연히 문자 x, y 등을 사용하시기 바랍니다.

1. 모르는 수를 두 번 곱한 값의 두 배에 모르는 수의 네 배를 더하고 6을 더한 것이 48에서 모르는 수의 네 배한 것을 뺀 것과 같습니다. 모르는 수를 구하시오.

2. 2차원 좌표 평면에서 도형 $y = x^2$과 도형 $y = x + 2$은 어느 점에서 만나나요?

힌트

① 모르는 수를 x라고 두고 만들어지는 방정식을 푸시면 답이 나옵니다.

② 도형이라고는 하였지만, 각 방정식을 대수적으로 이해해서 y값은 서로 동일해야 한다는 생각으로 방정식을 만들어서 푸시면 답이 나옵니다.

IV

생각의 진화:
기계의 지능을 설계하다

우주 만물은 신이 정한 수와 무게, 그리고 법칙으로 창조되었다.

우주 만물은 신이 정한 수와 무게, 그리고 법칙으로 창조되었다.
God created everything by number, weight and measure.

뉴턴은 만유인력과 운동 법칙을 정립해 파편화된 지식을 하나의 수학적 질서로 통합하며 근대 과학을 완성했습니다. 그는 물체의 운동을 설명하고자 미적분을 창안했으며, 저서 《프린키피아》를 통해 우주가 정교한 기계처럼 법칙에 따라 작동한다는 기계론적 세계관을 확립했습니다.

14

거인의 어깨에 서서

여기, 낮에는 조용히 창밖을 응시하다가 밤이 되면 불타는 용광로 앞에서 기묘한 실험에 몰두하던 한 남자가 있습니다. 그는 평생을 마법의 돌을 찾아 헤매며 납을 황금으로 바꾸려 했던 지독한 연금술사였습니다. 게다가 빛이 어떻게 굴절되는지 알아내기 위해 자신의 눈 뒤쪽에 바늘을 찔러 넣는 실험을 감행할 정도로 무모한 인물이기도 했습니다.

그의 기이한 행보는 또 있습니다. 가발을 쓰고 변장한 채 런던의 뒷골목을 누비며 위조지폐범들을 직접 추적해 잡아들이는 수사관 일도 했답니다. 범죄자들에게는 무자비한 공포의 대상이었지만, 집에서는 자신의 반려견이 촛불을 엎질러 귀중한 자료를 태워버렸을 때도 그저 웃어넘기는 너그러운 사람이었습니다.

그는 어디인가에 한 번 꽂히면 끝장을 보고 마는 사람이면서 동시에 누군가 자신의 영역을 침범하면 절대 잊지 않는 역대급 ‘뒤끝 작렬’의 소유자이기도 했습니다. 특히 자기가 발견한 사실을 다른 사람도 발견했다고 하니까 상대에게 욕설을 퍼붓고 수십 년간 집요하게 괴롭히는 복수의 화신이기도 했습니다. 하지만 정작 대중 앞에서는 "나는 진리라는 거대한 바다 앞에서 조약돌을 줍는 아이에 불과합니다"라며 겸손한 면모도 보여주기도 했답니다. 참으로 모순적인 인물이지 않습니까? 질투와 겸손, 광기와 이성 사이를 오갔던 이 모순적인 인물은 도대체 누굴까요? 바로 만유인력의 법칙을 찾아낸 아이작 뉴턴입니다.

어린 발명가 뉴턴

뉴턴은 1643년 영국 링컨셔의 작은 마을 울스소프 Woolsthorpe 에서 미숙아로 태어났습니다. 그의 아버지는 그가 태어나기도 전에 세상을 떠났습니다. 뉴턴은 너무나 작고 허약하게 태어나, 어머니 해나 Hannah 는 몇 시간 안에 그가 죽을 것으로 예상했을 정도였습니다. 전해지는 이야기에 따르면, 그는 작은 1쿼트약 1.1리터짜리 머그잔에 들어갈 정도의 크기였다고 합니다.

어머니는 재혼하면서 세 살 된 뉴턴을 할머니에게 맡겼습니다. 그리하여 그는 외로운 유년기를 보내게 되었고, 이 시기의 고립된 환경은 훗날 그의 위대한 사색에 큰 영향을 주었습니다.

어릴 때부터 병약했지만, 어린 뉴턴은 주변의 모든 것을 유심히 관찰하는 능력과 남다른 호기심을 가졌습니다. 머릿속에서 떠오르

   IV. 생각의 진화: 기계의 지능을 설계하다

는 생각을 직접 손으로 만들어 내는 재능도 있었습니다. 그는 학교에 가는 것보다 주로 작업장에서 시간을 보내는 것을 더 좋아했습니다(천재들은 대부분 학교를 안 좋아했군요. 하하). 그는 물의 힘으로 움직이는 수차水車 모형을 만들어 실제 작동하게 하였고, 해의 움직임을 정밀하게 관찰하여 자기 집 벽면에 해시계를 새겨 넣기도 하였습니다. 그가 마을의 풍차를 모델로 삼아 축소된 풍차 모형을 만들었을 때입니다. 이 풍차 모형을 실제로 작동시키기 위해 풍차 안에 작은 쥐를 넣어 동력원으로 사용하였답니다. 이 이야기는 추상적인 원리를 현실의 기계 장치로 구현해 내는 그의 실용적인 문제 해결 능력을 잘 보여 줍니다.

이러한 기계 제작은 그의 외롭고 고립된 유년 시절의 중요한 탈출구이자 놀이였습니다. 장난감 대신 실제 기계들을 만지며 동작 원리를 스스로 터득하던 이 경험은 훗날 그의 연구에서 실험과 관찰을 중시하는 태도를 갖게 했습니다.

기적의 해

1661년, 뉴턴은 케임브리지 대학 트리니티 칼리지에 입학하여 수학, 철학, 천문학을 공부했습니다. 가난했기에 부유한 학생들의 잡일을 해주며 생활했습니다. 그는 당시 대학에서 가르치던 아리스토텔레스 철학 대신 갈릴레이, 데카르트, 케플러 등의 최신 과학 서적을 독학하며 지적인 기반을 다졌습니다.

1665년 런던에 흑사병페스트이 창궐하자, 케임브리지 대학이 폐쇄되었고 뉴턴은 고향인 울스소프로 돌아갔습니다. 이 18개월간의 강제 휴가는 그의 생애에서 가장 생산적인 시기가 되었고 뉴턴은 2년간 독학하며 그의 인생에서 가장 중요한 것들을 발견하게 됩니다. 즉, 이 시기에 그는 미적분학의 기본 아이디어를 구상했습니다. 또한, 사과가 떨어지는 것을 보고 만유인력 법칙의 기본 개념을 떠올렸습니다. 그리고 백색광이 프리즘을 통과하면 다양한 색깔로 분해된다는 사실을 발견하여 빛의 성질에 대한 연구도 시작했습니다.

뉴턴이 전염병을 피해 고향으로 내려가 보낸 이 시기를 우리는 '기적의 해Annus Mirabilis'라고 부릅니다. 훗날 그는 이 시절을 회상하며 "그때는 내가 생각하는 데 전혀 방해받지 않았던 내 생애 가장 생산적인 시기였다"라고 고백합니다. 남들에게는 지루한 강제 휴가였을 그 시간이 그에게 기적이 될 수 있었던 이유는 간단합니다. 그것은 뉴턴이 남들처럼 게으름을 피우지 않고 어린 시절부터 품어온 관찰력과 호기심을 한순간도 내려놓지 않았기 때문입니다. 세상이 멈춰 버린 적막한 시골집에서, 그는 눈앞의 사소한 현상 하나도 그냥 지나치지 않고 그 현상을 만들어 내는 보이지 않는 원리를 끝까지 파고들었던 것입니다.

　　　　　　　　　　IV. 생각의 진화: 기계의 지능을 설계하다

고전역학의 완성

뉴턴의 대표작《프린키피아(자연철학의 수학적 원리)》는 과학사의 위대한 전환점입니다. 이 책에서 뉴턴은 운동의 3법칙과 만유인력 법칙을 정리하며 고전역학의 기초를 확립했습니다.

운동의 3법칙(Law of Motion)

- 제1법칙(관성의 법칙)

  물체는 정지 상태 또는 등속 운동을 유지하려는 성질이 있음
- 제2법칙(가속도의 법칙)

  힘은 질량과 가속도의 곱에 비례함($F=ma$)
- 제3법칙(작용-반작용의 법칙)

  모든 작용에는 크기가 같고 방향이 반대인 반작용이 존재함

만유인력 법칙(Law of Universal Gravitation)

- $F = G\dfrac{m_1 m_2}{r^2}$

  모든 물체는 서로를 끌어당기며, 이는 질량과 거리에 따라 달라진다는 법칙(공식에서 m_1과 m_2는 두 물체의 질량, r은 두 물체 사이의 거리, G는 만유인력 상수, F는 끌어당기는 힘을 나타냄.)

미적분학의 창안

뉴턴은 독립적으로 미적분학을 개발했습니다(같은 시기에 독일 수학자 라이프니츠도 독립적으로 개발). 미적분은 시간에 따른 위치의 변화율(속도)과 속도의 변화율(가속도), 그리고 속도 그래프가 이루는 면적(이동거리)을 계산할 수 있게 하며, 물리학, 공학, 경제학 등 모든 현대 과학의 기초가 되었습니다.

당시 과학계는 행성의 궤적 변화, 물체의 가속도, 그리고 곡선 아래의 면적 등 변화하는 양을 수학적으로 다룰 필요성을 절감하고 있었습니다. 기존의 유클리드 기하학이나 대수학으로는 움직이는 물체에 관련된 문제들을 해결하는 데 한계가 있었습니다.

뉴턴은 이러한 문제를 해결하기 위해 유율법method of fluxions이라는 독자적인 방법을 개발했습니다. 유율fluxion은 시간에 따른 변화율, 즉 오늘날의 미분 개념에 해당하며, 유량fluent은 그 변화하는 양 자체, 즉 함수에 해당합니다. 그는 유율법을 통해 곡선 위의 접선의 기울기를 찾고, 역으로 그 기울기를 통해 변화가 누적된 전체 효과, 즉 적분에 해당하는 구적법의 원리까지 확립했습니다.

빛과 색에 대한 연구

뉴턴은 프리즘 실험을 통해 백색광이 여러 색깔의 빛으로 구성되어 있음을 발견했습니다. 이를 통해 색의 본질을 이해했고, 그의 저

IV. 생각의 진화: 기계의 지능을 설계하다

서 《광학Opticks》에서 이를 상세히 설명했습니다. 또한 1668년에는 망원경의 성능을 개선한 반사망원경을 설계하고 제작했습니다. 이 망원경은 크기가 작으면서도 높은 해상도를 제공했으며, 기존의 굴절망원경의 문제 중 하나였던 색 수차(빛이 굴절될 때 색깔별로 초점이 달라지는 현상)를 제거하는 데 성공했습니다. 반사망원경은 소형으로 제작하기 쉽다는 장점을 가지고 있어서 이후 현대에 이르기까지 대부분의 망원경은 뉴턴의 반사망원경의 원리를 따라 제작되고 있습니다(예: 허블 우주 망원경).

1669년, 뉴턴은 26세의 나이에 케임브리지 대학의 최고 권위직인 루카스 수학 교수로 임명되었습니다. 또한, 광학 연구의 성과로 발명한 반사망원경을 1672년에 영국 왕립학회에서 시연함으로써 학회 회원으로 선출되었습니다.

뉴턴은 자신의 광학 연구를 발표했지만, 당시 왕립학회 주요 인물이었던 로버트 훅Robert Hooke에게 격렬한 비판을 받았습니다. 훅은 빛의 파동설을 지지했고, 뉴턴의 입자설에 반대했습니다. 뉴턴은 자신의 연구에 대한 비판을 개인적인 공격으로 받아들였으며, 이로 인해 극심한 스트레스를 받아 한동안 학계와의 소통을 끊는 고립적인 성향을 보였습니다.

명저《프린키피아》의 출간

　　1680년대 초, 유럽의 천문학자들은 케플러의 행성 운동에 관한 세 가지 법칙에 따라 행성들이 태양 주위를 타원 궤도로 돈다는 사실은 알고 있었습니다. 하지만 이 타원 운동을 일으키는 힘의 근원이 무엇이며, 그 힘이 거리와 어떤 수학적 관계를 가지고 있는가와 같은 근본적인 질문에 대한 답을 찾지 못하고 있었습니다.

　　당시 왕립학회의 주요 인물들인 로버트 훅, 에드먼드 핼리Edmond Halley 등은 행성과 태양 사이에 작용하는 힘이 거리의 제곱에 반비례할 것이라고 막연히 추측하고 있었습니다. 그러나 이 추측을 수학적으로 증명하고, 이 힘이 행성을 정확히 타원 궤도로 움직이게 한다는 사실을 입증할 수 있는 사람은 아무도 없었던 것이죠.

　　1684년 8월, 저명한 천문학자였던 에드먼드 핼리는 이 문제를 논의하기 위해 케임브리지 대학의 뉴턴을 찾아갔습니다. 핼리는 뉴턴에게 행성이 태양으로부터의 거리의 제곱에 반비례하는 힘을 받을 때, 그 궤도가 어떤 모양이 되겠느냐고 질문했습니다. 뉴턴의 대답은 핼리에게 커다란 충격을 주었습니다. 왜냐하면 뉴턴이 망설임 없이 타원이 된다고 답했기 때문입니다. 핼리가 그 증거를 요구하자, 뉴턴은 이미 몇 년 전에 이 문제를 수학적으로 풀어냈다며 자신의 노트에서 증명 자료를 찾아 보여 주었습니다.

　　핼리는 과학계 전체가 해결하려 했던 난제를 뉴턴이 이미 해결했

　　　　　　　IV. 생각의 진화: 기계의 지능을 설계하다

음을 알고 흥분을 감추지 못했습니다. 사실 뉴턴은 자신의 주요 발견(미적분학, 만유인력 등)을 학계의 비판과 논쟁이 두려워 발표하지 않고 개인적으로만 간직하는 성향이 강했던 것입니다. 핼리는 뉴턴의 천재성을 세상에 알려야 한다고 확신했고, 이 위대한 발견을 즉시 책으로 출판할 것을 강력하게 촉구했습니다.

뉴턴은 원래 원고를 정리하는 데 소극적이었고, 왕립학회 역시 재정 상태가 좋지 않아 출판 비용을 지원할 수 없었습니다. 이에 핼리는 개인적인 경비를 들여《프린키피아》의 출판 비용 전액을 지원하겠다고 약속했습니다. 이처럼 핼리의 방문은 뉴턴의 고립된 연구 업적을 세상으로 이끌어 낸 결정적인 사건이었으며, 이 역사적인 만남 덕분에 뉴턴은 2년 동안 집필에 몰두하여 1687년에《프린키피아》라는 역작을 출판할 수 있었습니다. 이 책에서 그는 만유인력의 법칙과 운동의 3법칙을 수학적으로 증명함으로써, 지구상의 역학과 천체의 역학을 하나로 통합했습니다.

만유인력과 사과 이야기

뉴턴이 만유인력의 아이디어를 떠올린 계기로 "사과가 나무에서 떨어진 것을 보고 영감을 받았다"는 이야기는 아주 유명하죠. [그림 14-1]은 케임브리지대학 식물원에 있는 '뉴턴의 사과나무'입니다.

[그림 14-1] 케임브리지 대학 식물원에 있는 '뉴턴의 사과나무'*

뉴턴의 사과 이야기는 그의 제자인 윌리엄 스터클리^{William Stukeley}가 쓴 《뉴턴 경의 생애에 대한 회고》에 기록되었습니다. 그는 뉴턴이 들려준 이야기를 다음과 같이 기술했습니다.

"뉴턴은 사과가 떨어지는 것을 보며, 왜 사과가 옆으로나 위로가 아니라 항상 아래로 떨어지는지 궁금해했다고 말했다."

* 이 나무는 19세기 초 고사한 원조 나무를 접붙이기로 복제한 것입니다. 우리나라에도 표준과학연구원 등 10여 곳에 복제된 뉴턴의 사과나무가 있습니다.

　　　　　　IV. 생각의 진화: 기계의 지능을 설계하다

이 기록은 1726년 뉴턴이 젊은 시절 중력에 대해 사색하던 과정을 상징적으로 담고 있습니다. 그러나 실제로 뉴턴이 나무에서 떨어지는 사과를 보고 곧바로 만유인력 법칙을 정립한 것이 아니고, 일상의 자연 현상에서 일정한 법칙을 찾으려 했던 그의 꾸준한 사색의 결과물이라고 생각합니다.

이것은 과거 그리스 시대에 자연과학이 태동하던 때를 기억하게 합니다. 즉, 자연 현상을 신화로 해석하지 않고 관찰과 합리적인 사고를 통해 설명했던 탈레스처럼 현상 뒤에 숨겨져 있는 진실을 찾아내는 것이죠. 번개를 제우스가 던지는 무서운 분노의 창으로 해석하는 대신, 구름 속 전하의 불균형 때문에 발생하는 대규모 방전 현상으로 해석해야 비로소 과학적 탐구가 되는 것입니다. "사과는 원래 땅으로 떨어지는거야"라고만 생각한다면 결코 그 뒤에 숨겨져 있는 만유인력의 법칙을 찾아낼 수 없었을 것이란 이야기이지요.

과학자 뉴턴의 비밀스러운 삶

여러분, 물리학자이자 수학자인 뉴턴이 약 30년 동안이나 몰입한 연구가 있었답니다. 이 연구를 위해 뉴턴이 남긴 원고가 약 100만 단어에 달하며, 이것은 그의 물리나 수학 저술을 합친 것보다 많은 양이라고 합니다. 도대체 어떤 연구에 이만큼이나 몰입한 것일까요? 그것은 다름 아닌 연금술 Alchemy 이었습니다.

　뉴턴은 그의 위대한 과학적 업적을 완성한 후에도 연금술 연구에 대한 집착을 버리지 않았습니다. 당시의 연금술은 아직 화학(Chemistry)과 명확히 분리되지 않은 화학술(Chymistry)의 일부로 인식되었는데, 뉴턴의 목표는 비금속을 황금으로 바꾸는 '현자의 돌 Philosopher's Stone'을 찾는 신비주의적 영역에 있었습니다.

　연금술에 대해 그가 남긴 엄청난 양의 원고는 실험 노트, 고대 연금술 문헌 필사본, 그리고 복잡한 화학 기호 해독 등으로 가득 차 있습니다. 뉴턴은 이 연구를 철저히 비밀리에 진행했습니다. 만약 당대에 이 사실이 알려졌다면 그의 과학적 명성에 심각한 타격이 되었을 것입니다. 현대 과학의 관점에서 볼 때도, 돌을 금으로 바꾸려는 연금술 연구는 궁극적으로 성공할 수 없는 비생산적인 활동, 즉 지적인 실수로 평가되며 그의 천재성이 낭비된 것으로 여겨집니다.

　또한, 뉴턴은 과학 연구에 못지않게 성경 연구에도 깊이 몰두했습니다. 그는 특히 성경의 예언서인 《다니엘서》와 《요한계시록》에 집착하며 수많은 주석을 남겼습니다. 이 예언들을 수학적으로 분석하고 역사적 연대를 대입하여 세상의 종말이 올 시점을 계산하려고 시도했습니다. 이것은 그가 신학적 진리도 또 과학 법칙처럼 논리와 수학으로 접근할 수 있다고 믿었음을 보여 줍니다. 그는 세상의 종말이 2060년 이후에야 일어날 것이라는 결론을 내렸습니다.

　여기서 잠깐만요. 세상의 종말을 계산하려고 했던 수학자가 또

　IV. 생각의 진화: 기계의 지능을 설계하다

있었습니다. 그는 바로 로그를 발명한 존 네이피어입니다[10장 참조].
1593년 펴낸《요한계시록의 전체적 증거》에서 네이피어는《요한계시록》의 암호를 풀어 종말의 날짜를 1688년이나 1700년으로 계산했답니다. 지금 시각으로 보면 무척 황당해 보이지만, 당시 천재들에게 수학과 과학은 단순한 계산 도구가 아니라 신의 섭리와 우주의 끝을 알아내기 위한 성스러운 도구로 여겨진 것 같습니다.

한편, 뉴턴의 신학적 연구에서 가장 위험하고 이단적이었던 결론은 주류 교회의 근간이었던 삼위일체 교리를 부정했다는 점입니다. 그는 초기 기독교 문헌을 연구하여 삼위일체가 후대에 정치적인 이유로 첨가된 교리라고 주장하였는데, 이는 당시 영국 성공회의 교리에 정면으로 위배되는 견해였습니다. 당시 케임브리지 대학 교수는 성직자 서약을 해야 했고, 이단으로 판명되면 모든 지위를 잃고 박해를 받을 위험이 있었습니다. 따라서 뉴턴은 자신의 명성과 안위를 지키기 위해 이 신학적 견해를 평생 동안 극비로 유지했습니다.

은화 위조범을 잡은 뉴턴

뉴턴은 과학자로서의 업적 외에도 왕립조폐국에서 감독관으로 활동하였답니다. 이 자리는 원래 명예직에 가까웠지만, 뉴턴은 이를 단순히 상징적 지위로 여기는 대신, 영국의 화폐 제도를 혁신하고 화폐 위조 문제를 해결하기 위해 적극적으로 나섰습니다.

당시 영국은 오래된 은화가 통용되고 있었는데, 시간이 지남에 따라 마모되어 무게가 줄어들었고, 따라서 실제 가치가 하락했습니다. 이러한 은화는 거래에서 불신을 불러일으키고, 화폐 경제를 혼란에 빠뜨렸습니다. 또 다른 문제로 위조 화폐도 심각한 문제였습니다. 위조범들은 순도가 낮은 금속을 사용해 화폐를 제작했으며, 이 또한 실제 통화 가치를 훼손했습니다.

뉴턴은 낡은 은화를 회수하고, 새로운 은화와 금화를 주조하는 화폐 개혁을 추진했습니다. 그는 모든 주화가 정확한 무게와 순도를 갖추도록 새로운 규격을 정했습니다. 즉, 은화와 금화의 정확한 중량과 금속 함유 비율을 계산하여 표준화함으로써 주화의 품질이 균일하게 유지될 수 있었습니다.

그런데, 뉴턴이 감독관으로 취임한 당시 영국은 대규모 화폐 위조 범죄가 발생하고 있었습니다. 뉴턴은 수사관처럼 위조범을 직접 조사하고 추적했습니다. 뉴턴의 주요 감시 대상 중 하나는 악명 높은 위조범 윌리엄 챌로너 William Chaloner 였습니다. 챌로너는 정교한 위조 기술로 알려져 있었지만, 뉴턴의 치밀한 수사와 증거 수집 끝에 결국 1699년 체포되었답니다.

뉴턴은 화폐 위조범을 잡는 데서 멈추지 않고, 화폐 그 자체의 불완전함을 개선하였습니다. 즉, 모든 화폐가 한 치의 오차도 없이 똑같은 무게와 규격을 갖추도록 하였고 동전의 테두리에 톱니 모양의

          IV. 생각의 진화: 기계의 지능을 설계하다

홈을 새겨 깎아내기를 방지하는 등 화폐 제작에 엄격한 표준을 세웠습니다. 그의 접근은 오늘날의 품질 관리 방법이나 표준화 작업과 유사하며, 이러한 기법을 수백 년 앞서 실현한 것은 정밀함을 추구하는 뉴턴의 성격 덕분이었다고 말할 수 있습니다.

거인은 누구?

뉴턴이 남긴 유명한 말 중에 "거인의 어깨 위에 서 있다"라는 표현이 있습니다. 이는 뉴턴이 1675년 2월 5일에 로버트 훅에게 보낸 편지에서 나온 표현으로, 다음과 같이 기술되어 있습니다.

"내가 더 멀리 볼 수 있었다면, 그것은 거인의 어깨 위에 서 있었기 때문이다."

이 문장은 뉴턴이 자신의 발견이 이전 학자들의 업적에 기반한 것임을 인정하는 겸손한 표현으로 널리 알려져 있습니다. 특히, 그는 코페르니쿠스, 갈릴레이, 케플러, 데카르트와 같은 선배 과학자들이 쌓아 올린 지식 위에서 자신의 연구를 수행할 수 있었음을 암시한 것입니다.

코페르니쿠스의 지동설은 뉴턴의 중력 법칙과 행성 운동 연구의 철학적 출발점이 되었습니다. 특히 갈릴레이의 실험적 방법론과 물

[그림 14-2] 뉴턴에게 거인은 누구였을까?

리학 연구는 뉴턴의 운동 법칙 정립에 큰 영향을 끼쳤고 갈릴레이의 관성의 개념을 확장하여 자신의 제1법칙(관성의 법칙)을 제시했습니다. 또한 케플러의 행성 운동에 관한 세 가지 법칙은 뉴턴이 만유인력 법칙을 정립하는 데 수학적 기초를 제공하였으며, 케플러의 법칙을 중력의 결과로 설명하며 고전역학을 완성했습니다.

IV. 생각의 진화: 기계의 지능을 설계하다

데카르트의 수학적 사고는 뉴턴이 물리학 문제를 정량적으로 해결하는 데 기초가 되었으며, 뉴턴은 데카르트의 기계론적 우주관을 수정하고 발전시켰습니다. 특히, 데카르트의 해석기하학은 뉴턴이 미적분학을 발전시키는 데 큰 영향을 주었으며, 움직이는 물체(특히 지구와 달과 같은 천체) 사이의 복잡한 물리적 문제를 정량적으로 해결하는 데 기여했습니다.

그런데 거인에 관한 이 문장은 당시 뉴턴과 로버트 훅 사이의 긴장된 관계와도 관련이 있다는 해석도 있습니다.* 훅은 뉴턴의 광학 연구와 만유인력 법칙에 대해 비판적인 태도를 보였는데, 이에 대해 '뒤끝 작렬'의 소유자 뉴턴이 이 표현을 다소 비꼬는 의도로 사용했을 가능성도 제기됩니다. 즉, 훅은 키가 작고 왜소한 체구였기 때문에, 뉴턴이 일부러 '거인'이라는 표현을 사용했다는 것이지요. 위대한 과학자 뉴턴도 우리처럼 때로는 감정적이며 쫀쫀한 면모를 지닌 한 인간이었음을 보여줍니다.

이토록 쫀쫀하고 '뒤끝 작렬'의 소유자인 뉴턴도 반려견 다이아몬드 앞에서는 한없이 너그러웠습니다. 쉰 살 무렵, 그가 잠시 자리를 비운 사이, 반려견 다이아몬드가 책상 위 촛불을 쓰러뜨려 불이 났습니다. 불길은 순식간에 뉴턴이 20년 동안 집필해 온 귀중한 연

---

* 베르나르 베르베르의 장편소설 《퀸의 대각선》(전미연 옮김, 열린책들, 2024)에도 뉴턴의 성격이 책의 마지막 부분에 잠시 소개됩니다. "인간 혐오로 유명했던 아이작 뉴턴"이라고요.

구 원고들을 집어삼키고 말았습니다. 뉴턴은 그저 허탈하게 웃으며 "네가 저지른 일을 너는 모르겠구나"라고 탄식했다고 전해집니다.

기록된 지식은 한순간 재가 될 수 있지만, 그것을 일궈낸 '생각의 근육'은 결코 없앨 수 없습니다. 지식을 외우는 것보다 뉴턴처럼 다시 시작할 수 있는 사고의 힘을 기르는 것, 그것이 우리가 수학을 공부하는 진짜 이유입니다.

IV. 생각의 진화: 기계의 지능을 설계하다

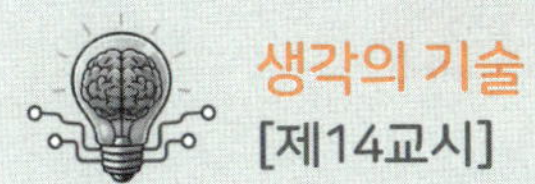

뉴턴의 만유인력 법칙은 우주에 존재하는 모든 물체는 서로를 끌어당기는 힘을 가진다는 원리를 설명합니다. 이 힘은 물체의 질량과 거리의 제곱에 따라 달라집니다. 또한 이 힘은 지구와 달과 같은 천체에서도 일정하게 적용되지요. 다음 문제는 만유인력 법칙을 아는 분이라면 조금만 생각하면 풀 수 있는 것이랍니다. 여러분의 도전을 기대하겠습니다.

질량이 70 kg인 사람이 지구에서 최대 1.5 m 높이까지 뛸 수 있습니다. 달의 질량은 지구의 약 1/81, 반지름은 지구의 약 1/4라고 할 때, 이 사람은 달에서 최대 몇 m 높이까지 뛸 수 있을까요?

힌트 먼저 달에서의 중력을 구해야 합니다. 달은 지구보다 가벼워서 우리를 당기는 힘이 81배 약해지지만, 동시에 지구보다 크기가 작아서 우리가 달의 중심에 훨씬 더 가깝게 서게 됩니다. 가까워진 만큼 힘은 4의 제곱, 즉 16배 강해지죠. 그럼, 지구에서의 중력보다 어느 정도 약해졌을까요? 즉, 지구와 달의 중력비를 찾아야 합니다. 그런 다음 지구에서 1.5 m 높이까지 뛸 수 있는 사람이 달에서는 얼마나 높이 뛸 수 있을지 중력비를 이용하시면 될 것입니다.

자 현대 컴퓨터와 인공지능의 기틀을 마련한 천재입니다. 세상을 구하고도 동성애 범죄

앨런 튜링은 제2차 세계대전에서 독일군의 에니그마 암호를 해독해 승전을 이끈 영웅이

기계가 인간을 속여 자신이 인간이라고 믿게 만들 수 있다면,
그 기계는 지능적이라고 불릴 자격이 있다.

A computer would deserve to be called intelligent
if it could deceive a human into believing that it was human.

앨런 튜링은 제2차 세계대전에서 독일군의 에니그마 암호를 해독해 승전을 이끈 영웅이
자 현대 컴퓨터와 인공지능의 기틀을 마련한 천재입니다. 세상을 구하고도 동성애 범죄
자로 사회로부터 외면받았던 그는 결국 사과를 베어 물고 짧은 생을 마감했습니다.

15

컴퓨터와 인공지능의 아버지

출근길, 방독면을 쓴 채 자전거를 타고 달리는 한 남자가 있습니다. 지나가는 이들은 그를 미친 사람이라 생각하며 피했지만, 그는 아랑곳하지 않습니다. 그저 꽃가루 알레르기로부터 자신을 보호하기 위한 가장 논리적인 선택이었을 뿐이니까요.

그가 타는 자전거는 체인이 자주 빠지는 고질적인 결함이 있었는데, 그는 수리점을 찾는 대신 페달을 밟으며 머릿속으로 숫자를 셌습니다. 체인이 이탈하는 정확한 주기를 계산한 것이죠. 그리고 페달 횟수를 세다가 체인이 빠질 때쯤에 자전거에서 내려 체인의 위치를 다시 정렬했답니다. 여러모로 괴짜는 괴짜였나 봅니다.

세상은 그를 기계에 영혼을 불어넣으려 했던 몽상가라고도 불렀습니다. 기계도 생각할 수 있을까라는 그의 발칙한 질문 때문이었죠. 현대 문명을 좌우한 컴퓨터의 설계도를 그려낸 인물, 올림픽 국가대표급 실력의 마라토너, 가장 해독하기 어렵다는 철통같은 암호를 풀어낸 사람. 하지만 그의 끝은 한 알의 사과와 함께 비극적으로 마무리되었습니다.

뉴턴에게 사과가 우주의 질서를 일깨워 준 축복이었다면, 이 남자에게 사과는 차가운 침묵을 가져다준 독배였습니다. 현대 인공지능의 시대를 예언하고 인류의 운명을 바꾼 이 사람은 과연 누구일까요? 그는 바로 컴퓨터과학과 인공지능의 아버지, 앨런 튜링입니다.

튜링의 어린 시절과 학문적 성장

앨런 튜링은 1912년 6월 23일 영국 런던에서 태어났습니다[그림 15-1]. 그는 어릴 때부터 수학적 재능과 논리적 사고가 뛰어났습니다. 6세에 학교에 입학했으나, 언어와 문학 과목에는 흥미를 보이지 않았습니다. 대신, 독학으로 화학 실험과 기계 작동 원리를 탐구하며 즐거움을 찾았습니다. 그는 한 번 읽은 책의 내용을 모두 암기할 정도로 뛰어난 기억력을 보였고, 수학적

암호 해독자이자 컴퓨터과학의 개척자인 앨런 튜링이 이곳에서 태어났다.

[그림 15-1] 앨런 튜링의 거주 확인 명판

출처: 위키피디아

IV. 생각의 진화: 기계의 지능을 설계하다

문제를 풀 때 기발한 접근 방식을 자주 사용했습니다.

튜링은 1926년, 14세에 셔번 사립학교에 입학했습니다. 첫날부터 그는 실험적이고 독립적인 사고로 주변을 놀라게 했습니다. 예를 들어, 파업으로 인해 대중교통이 운영되지 않자 자전거를 타고 96km를 달려 학교에 도착한 일화가 있습니다.

1931년, 튜링은 케임브리지 대학교 킹스칼리지에 입학하여 수학을 전공했습니다. 그는 케임브리지에서 독창적인 사고와 놀라운 학업 성취를 보여 주며, 1934년 최우등학위 First Class Honors 를 받았습니다.

케임브리지 시절, 튜링은 당시 수학계의 혁신적인 연구 주제인 다비트 힐베르트 David Hilbert 의 결정 문제에 관심을 가졌습니다. 또한 그는 독일 수학자 쿠르트 괴델 Kurt Gödel 의 불완전성 정리를 접하며 '계산 가능성'의 개념을 탐구하기 시작했습니다.

튜링 기계와 계산 가능성

튜링은 1936년에 발표한 논문 〈계산 가능한 수와 결정 문제에의 응용〉에서 현대 컴퓨터 과학의 개념을 제시했습니다. 이 논문은 독일 수학자 힐베르트가 제기한 결정 문제를 해결하려는 시도에서 출발했습니다. 결정 문제란 모든 수학적 진술이 참인지 거짓인지 기계적으로 판별할 수 있는 일반적인 알고리즘이 존재하는가라는 문제입니다. 바꿔 말하면, 수학적 명제의 진리값이 기계적으로 결정될 수 있는지에 대한 질문이었습니다.

여기서 당시 수학계에서 매우 중요하게 다루어졌던 결정 문제가 무엇인지 다시 설명해 보겠습니다. 힐베르트는 수학이 명제와 논리적 규칙으로 구성된 형식 체계로 정의될 수 있다고 보았습니다. 이것을 힐베르트의 형식주의 formalism 이라고 부릅니다. 그는 제대로 된 수학이라면 일관성(consistency, 체계 내에 모순이 없어야 함), 완전성(completeness, 체계 내 모든 참인 명제가 증명 가능해야 함), 결정 가능성(decidability, 참과 거짓을 기계적으로 판별할 수 있는 방법이 존재해야 함) 등 3가지 성질이 있다고 추정하였습니다.

결정 문제는 '결정 가능성'에 관한 문제로서 힐베르트가 말한 수학이라는 형식 체계에서 모든 명제에 대해 그 명제가 참인지 거짓인지를 판별할 수 있는 일반적 방법이 존재하는지 묻는 것이었습니다. 힐베르트는 제대로 된 수학이라면 결정 가능성이 있다고 추측하였고요.

그런데 1931년에 이러한 힐베르트의 추측은 쿠르트 괴델의 "불완전성 정리"에 의해 산산히 무너지고 맙니다. 괴델은 "모든 수학적 체계에는 참이지만 증명할 수 없는 명제가 존재한다"는 것을 증명했던 것입니다. 이는 힐베르트가 추측하는 형식 체계가 완전할 수 없음을 보여 주었으며, 모든 명제를 판별할 수 있는 알고리즘이 존

IV. 생각의 진화: 기계의 지능을 설계하다

재하지 않을 가능성을 제기했습니다.

바로 이즈음에 튜링은 이러한 결정 문제와 불완전성의 정리에 대해 깊이 연구하였고 1936년에 〈계산 가능한 수와 결정 문제에의 응용〉이라는 논문을 발표하게 된 것입니다. 이 논문에서 힐베르트의 결정 문제를 해결하기 위해, 튜링 기계 Turing Machine 라는 가상의 계산 모델을 고안하게 되었습니다.

튜링 기계

1936년 앨런 튜링은 계산하는 기계를 대표할 수 있는 가상의 장치를 만들었고 이 장치에 영어 단어인 automatic의 a를 따서 'a-기계'라는 이름을 붙였습니다. 이 기계가 바로 나중에 창시자의 이름을 따서 튜링 기계라 불리게 되었습니다.

수학 또는 컴퓨터과학에서 튜링 기계는 긴 테이프에 쓰여 있는 여러 가지 기호들을 일정한 규칙에 따라 바꾸는 장치로서 추상적인 기계입니다. 추상적인 기계라는 말은 우리 머리속 계산만으로도 동작할 수 있는 기계로서 이것을 굳이 구현하지 않아도 되는 수학적 기계라는 말이지요.

상당히 간단해 보이지만 이 기계는 적당한 규칙과 기호를 입력한다면 일반적인 컴퓨터의 프로그램을 수행할 수 있으며 컴퓨터 CPU의 기능을 설명하는 데 상당히 유용하답니다. 즉, 튜링 기계는 현대 컴퓨터에 대한 설계도이고 컴퓨터는 이 설계도에 따라 구현된 것이

[그림 15-2] 튜링 머신이 구현된 모형

라고 말할 수 있습니다. [그림 15-2]는 추상적인 튜링 기계를 물리적으로 구현한 것을 보여 주고 있습니다.

튜링 기계는 다음의 표와 같이 4가지 요소로 구성됩니다.

테이프	테이프는 셀로 나뉘어 있으며, 각 셀에는 기호(0 또는 1)가 기록됩니다. 이 테이프는 무한 개의 셀들이 연결된 것으로 메모리와 유사하며, 기계는 테이프를 읽고 쓰며 이동합니다.
헤드	헤드는 테이프 위의 특정 셀을 읽거나 쓰는 역할을 합니다. 헤드는 좌우로 이동하며 작업을 수행합니다.
상태 레지스터	상태 레지스터는 기계의 현재 상태를 저장하는 요소입니다. 기계는 유한 개의 상태를 가질 수 있는데 기계는 현재 상태에 따라 테이프의 기호를 읽고 쓰고 이동합니다.
명령 집합	명령의 집합은 기계의 현재 상태와 헤드가 읽은 기호에 따라 다음에 기계가 수행할 동작을 정의한 규칙 목록입니다. 지금의 컴퓨터 프로그램에 해당합니다. 튜링 기계는 '기호를 읽거나 쓰고, 다음 상태를 결정하고, 테이프를 좌우로 이동'하는 단순한 명령으로 작동합니다.

[표 15-1] 튜링 기계의 구성요소

    IV. 생각의 진화: 기계의 지능을 설계하다

튜링 기계는 수학적 계산을 수행하거나, 문제를 해결하기 위해 특정 알고리즘(명령 집합)을 실행합니다. 튜링은 이 기계를 사용하여 계산 가능한 문제와 그렇지 않은 문제를 구분하려 했습니다.

계산 가능성

앞에서 튜링은 힐베르트의 결정 문제를 해결하기 위해 튜링 기계를 고안했다고 말씀드렸습니다. 힐베르트의 결정 문제는 모든 수학적 명제가 참인지 거짓인지 기계적으로 판별할 수 있는 일반화된 방법알고리즘이 존재하는 지에 관한 문제입니다. 힐베르트는 수학이 완벽한 체계라고 믿었고 그래서 언젠가는 모든 문제를 해결할 수 있는 방법을 찾을 수 있을 것이라 낙관했습니다.

튜링은 결정 문제를 해결하기 위해 먼저 계산 가능성이라는 개념을 정의하였습니다. 계산 가능성이란 어떤 문제에 대해 튜링 기계가 유한한 시간 내에 답을 내놓고 멈출 수 있는 것을 말합니다. 만약 튜링 기계로 표현할 수 있는 알고리즘이 존재한다면, 그 문제는 계산 가능한 문제가 됩니다.

하지만 튜링은 모든 문제가 이처럼 명쾌하게 풀리지는 않는다는 사실을 수학적으로 증명했습니다. 그것이 바로 그 유명한 '멈춤 문제The Halting Problem'입니다. 즉, 만약 힐베르트의 말대로 모든 것을 결정할 수 있는 알고리즘이 있다면, 튜링은 자기의 기계가 멈출지 또는 멈추지 않을지도 알아낼 수 있어야 한다고 생각했습니다. 멈춤 문제를 요즘 말로 바꿔 말하자면, 어떤 프로그램에 특정 입력을 넣었을 때 이 프로그램이 결국 답을 내고 멈출지, 아니면 영원히 끝나지 않고 루프에 빠질지를 판별할 수 있는 만능 알고리즘이 존재하는가라는 질문입니다.

그러나 계산해 보니 멈춤 문제는 해결되지 않았고, 따라서 그런 알고리즘은 존재할 수 없다는 것을 증명하게 된 것입니다. 이것은 아무리 강력한 슈퍼컴퓨터가 등장하더라도 기계적으로 결코 해결할 수 없는 논리적 사각지대가 반드시 존재함을 의미합니다. 아쉽게도 낙관적인 수학자 힐베르트가 찾던 결정 가능성은 튜링에 의해 부정되고 말았습니다.

튜링의 논문 〈계산 가능한 수와 결정 문제에의 응용〉은 현대 컴퓨터과학과 수학의 여러 분야에 지대한 영향을 미쳤습니다. 특히 튜링 기계는 모든 현대 컴퓨터의 이론적 모델이 되었으며, 범용 컴퓨터의 개념을 가능하게 했습니다. 그리고 튜링 기계에서 사용한 '명령 집합' 개념은 프로그래밍 언어와 알고리즘의 기초로 사용되고 있습니다. 특히 튜링의 연구는 콜로서스 Colossus 라는 초기 컴퓨터 개발에 영향을 미쳤으며, 이는 세계 최초의 프로그램이 가능한 전자 디지털 컴퓨터로 간주됩니다. 튜링의 이러한 연구 업적을 기려 현대 컴퓨터과학에서는 그를 '컴퓨터의 아버지'라고 칭하며 명예롭게 대우

　　　　　　IV. 생각의 진화: 기계의 지능을 설계하다

하고 있답니다.

또한 수학 분야에서는 수학자 힐베르트가 제기한 문제에 대한 해결책으로 계산 가능성과 계산 복잡성을 탐구하는 계산 이론 Computing Theory의 기초를 제공했습니다. 철학 분야에서도 튜링의 연구는 '기계가 사고할 수 있는가?'라는 철학적 질문을 제기하며, 인공지능 연구의 토대를 마련했습니다.

제2차 세계대전 종식의 핵심 인물

튜링은 제2차 세계대전 당시 영국 정부의 암호 해독 조직이었던 블레츨리 파크*에서 활동하며, 독일군의 암호 체계 에니그마 Enigma 를 해독하는 데 핵심적인 역할을 했습니다. 독일군의 에니그마 암호는 매일 변경되는 암호 키를 사용해 암호해독이 거의 불가능해 보였습니다. 튜링은 이를 해독하기 위해 전기 기계식 장치인 '봄브 Bombe'를 설계하였습니다. 그의 해독 작업은 전쟁의 승리를 앞당기고 수백만 명의 생명을 구한 것으로 평가됩니다.

* 블레츨리 파크(Bletchley Park)는 영국 블레츨리에 있는 저택의 이름이기도 합니다. 제2차 세계대전 시기에 영국 정보암호연구소가 입주하여 에니그마 암호와 로렌츠 암호 등 적국 비밀 통신의 해독을 수행하였습니다. 암호 해독을 위한 기계 장치로 디지털 전자 컴퓨터인 콜로서스도 이때 개발되었답니다. 이 암호 해독 작전은 1946년까지 수행되었고 1970년대까지 비밀에 부쳐졌습니다.

2014년에 개봉한 영화 〈이미테이
션 게임〉은 앨런 튜닝의 암호 해독기
에 관한 내용입니다. 옥스포드대학
수리물리학 교수인 앤드루 호지스의
작품이 원작이며, 베네딕트 컴버배
치가 주인공 앨런 튜링 역을 맡았었
죠. 제가 '강추'하는 영화입니다.

〈이미테이션 게임〉 포스터

출처: 위키피디아

인공지능의 아버지

튜링은 1950년에 발표한 논문 〈계산 기계와 지능 Computing Machinery and Intelligence〉에서 "기계가 생각할 수 있는가?"라는 질문을 던지며 인공지능 연구의 기초를 세웠습니다. 튜링은 기계의 지능을 평가하기 위한 기준으로 튜링 테스트를 제안했습니다. 인간과 기계가 텍스트 대화를 나눌 때, 기계가 인간처럼 보이면 지능을 가진 것으로 간주합니다. 이 개념은 오늘날 인공지능 개발과 논의에서 여전히 중요한 기준으로 사용됩니다.

그 당시 기계가 인간처럼 생각하는가를 연구하는 과학자, 철학자들은 많았으나 주로 지능 자체를 정의하는 것부터 의견이 상충되면서 어느 누구도 제대로 기계의 지능을 정의하지 못하고 있었습니

　　IV. 생각의 진화: 기계의 지능을 설계하다

다. 그런데 튜링은 "기계가 생각할 수 있는가?"라는 철학적 질문을 구체적이고 실질적으로 다룰 방법을 제안했습니다. 그것이 바로 튜링 테스트Turing test이고 이것은 기계가 인간처럼 지능적으로 행동할 수 있는지를 판단하기 위한 실험입니다.

튜링 테스트는 [그림 15-3]에서처럼 질문자심사자, 인간, 그리고 기계지능적 소프트웨어 간의 대화로 구성됩니다. 질문자는 두 응답자인간과 기계에게 각각 질문을 합니다. 질문자는 두 응답자의 답변을 읽고, 누가 인간인지, 누가 기계인지 판단해야 합니다. 대화는 텍스트로 이루어지며, 기계와 인간 모두 질문자와 오직 키보드를 통한 채팅으로만 소통합니다. 질문자는 다양한 질문을 던지며, 상대방의 지능을 평가합니다. 질문자가 기계와 인간을 구별하지 못하거나, 기계를 인간으로 오인하면, 해당 기계는 튜링 테스트를 통과했다고 봅

[그림 15-3] 튜링 테스트 – 기계가 생각할 수 있는가?

니다. 이때, 기계는 "지능을 가진 것처럼 행동한다"라고 간주됩니다.

튜링은 "기계가 생각할 수 있는가?"라는 추상적 질문을 피하고, 이를 검증 가능한 실험으로 전환했습니다. 즉, 그는 "기계가 인간처럼 행동할 수 있는가?"라는 구체적인 기준을 제시했습니다. 기계의 내부 작동 원리나 철학적 논쟁보다는, 외부에서 관찰 가능한 결과에 초점을 맞췄습니다. 튜링 테스트는 인공지능 연구의 초기 개념으로, 기계 지능을 평가하는 기준으로 활용되었습니다.

이 테스트는 인간의 사고 과정과 지능의 본질에 대한 연구를 촉진했습니다. 또한 기계가 인간처럼 지능적으로 행동하려면 인간 사고의 어떤 요소를 모방해야 하는지에 대한 연구가 발전했습니다. 오늘날의 인공지능은 자연어 처리, 기계 학습, 딥러닝 등을 활용하여 튜링 테스트와 유사한 실험에서 점점 더 성공적인 결과를 보여주고 있습니다.

1936년과 1950년의 의미

튜링이 1936년과 1950년에 발표한 두 논문은 컴퓨터과학과 인공지능에 있어서 매우 중요한 것으로서 다음과 같이 정리할 수 있습니다. 즉, 1936년의 연구는 컴퓨터라는 '몸 body'을 탄생시켰고, 1950년의 연구는 그 기계에 '정신 mind'을 불어넣으려는 시도이었던 것입니다.

  IV. 생각의 진화: 기계의 지능을 설계하다

1936년, 당시 튜링은 24세의 젊은 수학자였고 그가 품고 있던 질문은 "기계가 모든 수학적 계산을 수행할 수 있는가?"였습니다. 그는 그해 발표한 논문을 통해 튜링 기계라는 추상화된 기계 모델을 제시한 것입니다. 튜링은 이 논문을 통해 단 하나의 기계가 프로그램만 바꾸면 세상의 모든 계산을 할 수 있다는 범용 컴퓨터의 원리를 증명했습니다. 이것이 바로 오늘날 우리가 사용하는 컴퓨터나 스마트폰의 이론적 설계도가 되었습니다. 즉, 1936년은 컴퓨터의 발명과 관련된 해입니다.

1950년 논문에서의 질문은 "그렇다면 그 기계가 인간처럼 생각할 수도 있는가?"였습니다. 1936년의 이론을 바탕으로 실제 디지털 전자 컴퓨터들이 만들어졌고, 튜링은 이제 물리적 한계를 뛰어넘는 기계의 잠재력을 보았습니다. 그는 기계가 물리적으로 뇌를 가졌는가가 아니라, "대화를 통해 인간과 구별할 수 없는가?"를 지능의 기준으로 삼아야 한다고 주장했습니다. 이때 튜링 테스트가 발표된 것이죠. 튜링은 컴퓨터가 단순한 계산기를 넘어, 언어를 이해하고 학습하는 지적 존재가 될 수 있음을 예견했습니다. 따라서 1950년은 오늘날 챗GPT와 같은 인공지능의 탄생과 관련된 해입니다.

튜링이 발표한 두 논문은 계산하는 도구^{1936년 논문}를 정의하는 것에서 시작하여, 그 도구가 지적인 사고^{1950년 논문}의 영역으로 진입하는 과정을 보여 줍니다. 그는 먼저 인간의 복잡한 논리 과정을 0과 1이라는 단순한 기계적 동작으로 쪼개어 현대 컴퓨터의 설계도를 그렸습니다. 그리고 기계의 연산 능력이 충분히 고도화된다면, 인간의 전유물이라 여겼던 생각이나 대화 같은 지적 활동도 충분히 시뮬레이션할 수 있다고 믿었습니다.

튜링의 사과

1952년, 튜링은 당시 영국에서 범죄로 규정되었던 동성애 혐의로 유죄 판결을 받은 상태였습니다. 감옥에 가는 대신 여성 호르몬 주입화학적 거세이라는 가혹한 처벌을 받으며 극심한 정신적 고통을 겪고 있었습니다. 1954년 6월 8일 아침, 튜링은 자신의 침대에서 숨진 채 발견되었는데 부검 결과 사인은 청산가리 중독이었습니다. 그의 침대 곁에는 한입 베어 문 사과가 놓여 있었습니다. 당시 수사 당국은 튜링이 사과에 직접 청산가리를 주입하여 먹은 것으로 결론 내리고 자살로 공식 발표하였습니다. 이 자살에 대해 동화《백설공주》에서 영감을 받은 것이라는 루머도 있습니다.

그러나 더 흥미로운 이야기는 유명한 컴퓨터 회사 애플Apple의 로고가 바로 한입 베어 문 사과라는 것입니다. 애플의 창업자 스티브 잡스가 위대한 컴퓨터과학의 아버지를 기리며 로고를 디자인하였다는 소문이 있습니다. 사실 이것에 대해 애플에서는 공식적인 입장을 내지는 않았지만, 개연성이 충분하다고 생각됩니다.

그 밖에도 튜링에게는 흥미로운 일화들이 몇 개 더 있습니다. 튜링은 자전거 체인이 늘어나는 것을 관찰하며 체인이 끊어질 시점을 수학적으로 예측하는 실험을 했다고 전해집니다. 또한, 튜링은 장거리 달리기를 즐겼으며 지역 마라톤 대회에서 상위권에 오를 정도로 뛰어난 실력을 보였답니다. 그는 달리기를 스트레스 해소와 사색의 시간으로 활용했다고 합니다.

튜링 어워드

앨런 튜링은 컴퓨터과학이라는 새로운 학문의 지평을 연 천재적인 수학자이었습니다. 그는 추상적인 논리의 영역에 머물던 숫자를 기계적 장치로 옮겨와 현대 컴퓨터의 작동 원리를 정립하였지요. 나아가 그는 기계가 단순한 연산을 넘어 인간의 지능을 닮아갈 수 있다는 원대한 비전을 제시하며, 오늘날 인공지능이 나아가야 할 길까지 미리 내다보았습니다.

이러한 앨런 튜링의 업적을 기리기 위해 1966년 튜링상The Turing Award이 제정되었습니다. 튜링상은 컴퓨터과학 분야에서 가장 권위 있는 상으로, 흔히 '컴퓨터과학의 노벨상'이라고 불립니다. 튜링상은 그의 이름을

튜링상

통해 컴퓨터과학의 기초를 세운 연구자들에게 경의를 표하는 의미를 담고 있습니다. 주최 기관은 ACM Association for Computing Machinery 으로 컴퓨터과학과 정보기술 분야의 대표적인 국제학회입니다.

튜링상은 컴퓨터과학의 기초 이론부터 시스템 개발, 혁신적인 응용 기술에 이르기까지 해당 분야에 지속적이고 독보적인 영향을 미친 인물에게 수여됩니다. 과거에는 상금 규모가 약 25만 달러이었으나 2014년부터 구글 Google 이 전액 후원하기 시작하면서 100만 달러로 대폭 늘어났습니다. 이 상은 명실상부한 권위를 바탕으로 매년 전 세계 컴퓨터 과학자들이 꿈꾸는 최고의 영예로 자리 잡고 있습니다.

주요 수상자 중에는 인공지능 분야의 대가인 토론토대학의 제프리 힌튼 Geoffrey Hinton 교수가 있습니다. 힌튼 교수는 2018년에 얀 르쿤 Yann LeCun , 요슈아 벤지오 Yoshua Bengio 와 함께 딥러닝 연구와 인공지능 혁신에 기여한 공로로 튜링상을 수상하였답니다. 힌튼 교수는 2024년에 '인공신경망을 이용한 머신러닝의 근간이 되는 발견과 발명에 기여한 공로'를 높이 평가받아 노벨 물리학상까지 수상하였습니다.*

---

*   제프리 힌튼 교수는 인공지능이 외면받던 이른바 '인공지능의 겨울'에도 굴하지 않고 50년 가까이 외길을 걸어온 학자입니다. 그런데 평생 컴퓨터를 연구한 그가 왜 노벨 '물리학상'을 받았을까요? 비결은 자연의 법칙에서 지능의 힌트를 얻었기 때문입니다. 그는 높은 에너지에서 낮은 에너지로 흐르며 안정을 찾는 물리학 원리를 인공지능에 적용했습니다. 마치 산 위에서 굴러 떨어진 공이 골짜기의 가장 깊고 안정된 지점에 멈추듯, 인공지능도 수많은 데이터 사이를 헤매다 스스로 가장 정확한 정답, 즉 가장 안정된 상태를 찾아내도록 만든 것입니다.

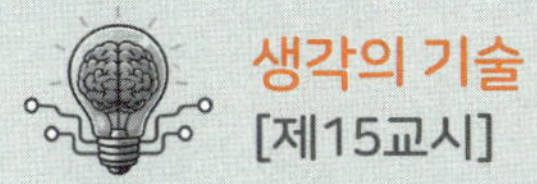

1. 우리가 인터넷 사이트에 가입할 때 아래 그림처럼 흔히 볼 수 있는 '캡차(CAPTCHA)' 시스템은 튜링의 아이디어를 반대로 적용한 것입니다. 찌그러진 글자를 읽거나, 신호등 사진을 고르라고 하는 이 테스트의 목적은 무엇일까요?

    A. 사용자의 시력을 테스트하기 위해

    B. 사용자가 '사람'인지 '컴퓨터(봇)'인지 구별하기 위해

    C. 인공지능에게 글자 읽는 법을 학습시키기 위해

    D. 사용자의 인내심을 테스트하기 위해

2. 앨런 튜링은 제2차 세계대전 당시 독일군의 암호 '에니그마'를 해독한 천재 암호학자였습니다. 튜링의 후예가 된 기분으로 다음 간단한 암호의 규칙을 찾아 [?]에 들어갈 단어를 맞춰 보세요.

암호와 복호 예시:

    HAL → IBM

    CAT → DBU

    YNN → [?]

부록 1

생각의 기술

Personal Training Class

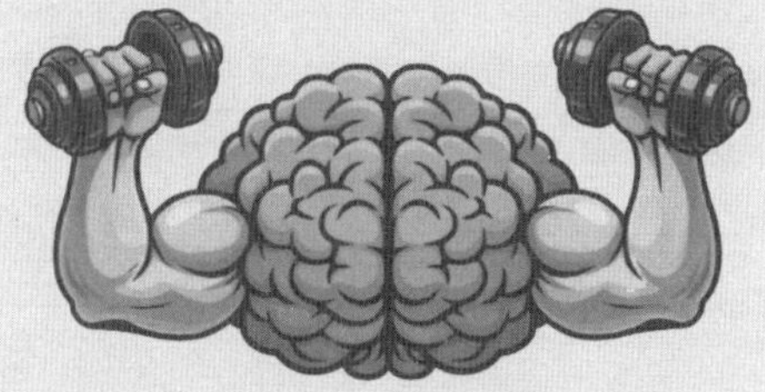

생각의 기술
Personal Training Class

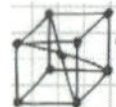 ## 제1교시. 탈레스의 교실

다음 문제는 탈레스가 증명하였다고 알려진 정리입니다. 여러분은 어떻게 증명하시겠습니까? 함께 생각해 보아요.

> 원의 지름을 한 변으로 하고 원에 내접하는 삼각형은 직각삼각형이다.
>
> **힌트** 내접하는 점과 원의 중심을 연결하는 선분을 그린 다음 생기는 삼각형 두 개에 대해서 이등변삼각형의 성질을 활용하세요.

⧗ 풀이

먼저 주어진 문제에서 원의 중심을 O라고 하고 지름의 끝에 있는 두 점을 각각 A와 B, 그리고 원에 내접하는 삼각형의 다른 한 점을

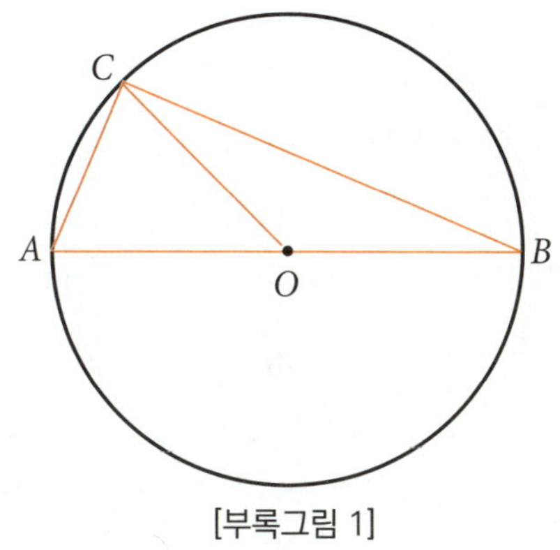

[부록그림 1]

C라고 하겠습니다. 그런 다음에 점 C에서 원의 중심 O까지 선분을 긋겠습니다. 그럼 [부록그림 1]처럼 되겠지요. 여기서 $\angle ACB$가 직각인 것을 보이면 됩니다.

그림에서 원의 반지름에 해당하는 세 개의 선분 $\overline{OA}$, $\overline{OB}$, $\overline{OC}$는 모두 길이가 같겠죠. 즉, $\overline{OA} = \overline{OB} = \overline{OC}$입니다. 이것은 $\triangle AOC$와 $\triangle BOC$가 이등변 삼각형이라는 것을 의미합니다. 이등변 삼각형의 두 밑변의 각이 서로 같으므로, $\angle OAC = \angle OCA = a$와 $\angle OBC = \angle OCB = b$라는 것을 알게 됩니다. 이것을 그림으로 나타내면 [부록그림 2]와 같습니다.

이제 삼각형의 내각의 합은 $180°$라는 사실을 이용해서 다음과 같은 식을 얻게 됩니다.

$$a + b + (a + b) = 180°$$

이 식을 정리하면

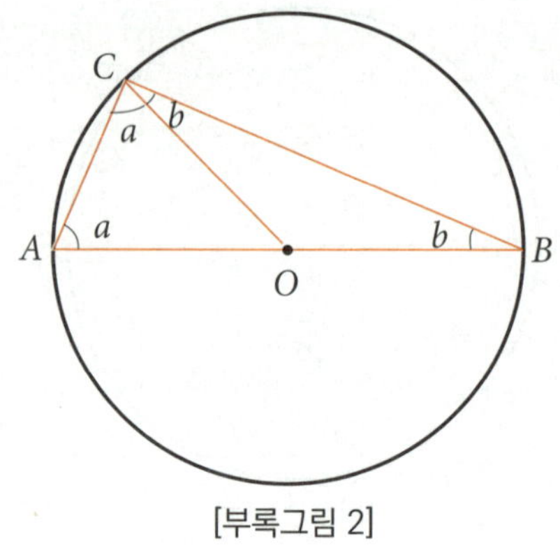

[부록그림 2]

$$2(a+b)=180° \Rightarrow a+b=90°$$

즉, 우리가 원하던 $\angle ACB$가 직각인 것을 증명한 것입니다.

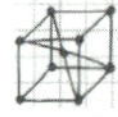 ## 제2교시. 피타고라스의 교실

피타고라스 정리의 내용은 고대 바빌로니아에서부터 알려져 있었으나 피타고라스에 의해 수학적으로 증명되었다고 합니다. 이 정리의 증명 방법은 400개가 넘습니다. 그만큼 사람들에게 흥미를 주는 문제이지요. 상대성 이론으로 유명한 알베르트 아인슈타인도 12세 때 증명했다고 알려져 있습니다. 하지만 그의 증명방법은 이미 다른 사람에 의해 사용된 것이라고 하네요. 참고로 우리나라 최초로 피타고라스 정리를 증명한 분은 경남대 수학교육과 박부성 교수로 알려져 있습니다. 여러분도 한번 도전해 보시길 바랍니다.

다음 그림은 피타고라스 정리를 증명할 때 사용된 것입니다. 이 그림을 이용하여 피타고라스 정리를 증명하려면 어떻게 하면 될까요? 함께

 수학을 다시 시작할 결심

생각해 보아요.

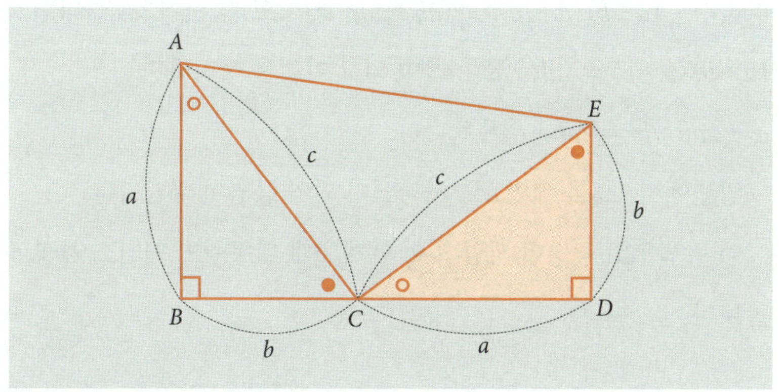

⚜ 풀이 1. 제임스 가필드 James A. Garfield 의 증명

그림과 같이 한 변이 a, 다른 변이 b, 그리고 빗변이 c인 직각삼각형 ABC에 대해 선분 BC의 연장선 위에 길이 a가 되는 점을 D라고 하고 점 D에서 수직선으로 길이가 b가 되는 점을 E라고 둡니다. 그럼 사다리꼴 $ABDE$의 면적은 세 개의 삼각형($\triangle ABC$, $\triangle CDE$, $\triangle ACE$) 면적의 합과 같습니다.

위 그림을 90도 시계 반대 방향으로 돌려놓고 보면 사다리꼴 $ABDE$에서 밑변은 a가 되고 윗변은 b가 되며 높이는 $a+b$가 됩니다. 사다리꼴의 면적은 (밑변+윗변)×높이의 절반이라는 성질을 이용하면 다음과 같이 됩니다.

$$\text{사다리꼴 } ABDE\text{의 면적} = \frac{1}{2}(a+b)(a+b)$$

한편, 세 개의 삼각형 면적의 합 $= \dfrac{1}{2}(ab+ab+c^2)$입니다.

따라서 $\dfrac{1}{2}(a+b)(a+b) = \dfrac{1}{2}(ab+ab+c^2)$이고, 양변에 2를 곱하면 $(a+b)(a+b) = (ab+ab+c^2)$이 되고 이것을 정리하면 $a^2+2ab+b^2 = 2ab+c^2$이 됩니다.

양변에서 $2ab$를 빼면 $a^2+b^2 = c^2$이 되어 증명이 끝납니다.

이 방법으로 증명한 사람이 미국 제20대 대통령인 제임스 가필드랍니다.

❚ 풀이 2. 아인슈타인 Albert Einstein **의 증명**

다음 그림의 직각삼각형 $\triangle ABC$에 대해 각 변의 길이가 a, b, c입니다. 직각이 되는 점 C에서 빗변에 수직선을 내려 만나는 점을 H라고 두고 선분 AH의 길이를 d라고 두었습니다.

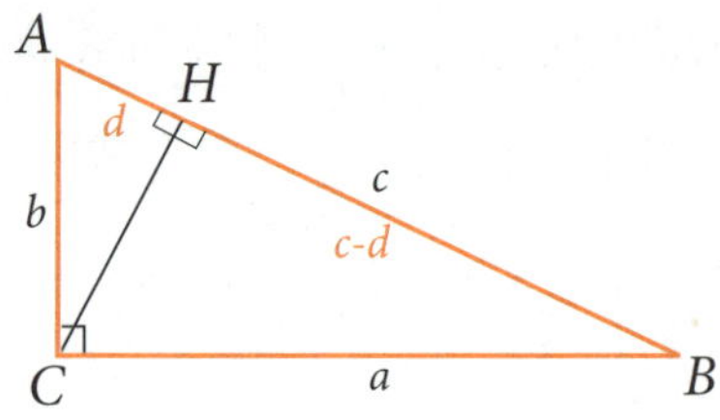

그럼 주어진 $\triangle ABC$와 함께 $\triangle ACH$, $\triangle CBH$ 등은 모두 직각삼각형입니다. 여기서 직각삼각형의 닮음을 이용합니다. 즉, $\triangle ABC$와 $\triangle ACH$는 서로 닮은 도형이고 $\triangle ABC$와 $\triangle CBH$도 서로 닮은 도형이므로 대응하는 선분의 비는 일정하게 됩니다.

 수학을 다시 시작할 결심

먼저 $\triangle ABC \propto \triangle ACH$이므로 $b : d = c : b$이고 $b^2 = cd$를 얻게 됩니다. 또한 $\triangle ABC \propto \triangle CBH$이므로 $c : a = a : (c-d)$이고 따라서 $a^2 = c(c-d) = c^2 - cd$를 얻게 됩니다.

두 식으로부터 $a^2 + b^2 = (c^2 - cd) + cd = c^2$을 얻게 되어 피타고라스 정리가 증명되었습니다.

아인슈타인은 1949년 미국의 《토요일 문학 리뷰》라는 주간지에 자신이 12세 때 직각삼각형의 닮음을 이용하여 피타고라스 정리를 증명하였던 경험을 소개하였습니다. 하지만, 이 증명 방법은 1927년 수학자 엘리샤 스콧 루미스가 편찬한 《피타고라스의 명제》라는 책에 정리한 기존의 367가지 증명법 중 하나였습니다. 아인슈타인이 남의 증명 방법을 도용하지는 않았겠죠. 아마 미적분을 독립적으로 생각해낸 뉴턴과 라이프니츠처럼 서로 모르는 채로 증명했으리라 믿어요.

제3교시. 제논의 교실

제논의 역설들은 대부분 무한에 관한 것입니다. 그래서 우리가 아는 미적분학이 나온 바탕이 되기도 하지요. 아킬레스와 거북이 역설은 당연히 현실에서는 일어나지 않죠. 그렇다면 어떻게 아킬레스와 거북이 역설을 반박할 수 있을까요? 함께 생각해보아요.

아킬레스가 거북이를 따라잡기 위해 소모해야 하는 시간을 단계별로 분석해 봅시다. 먼저 경주를 시작할 때 아킬레스와 거북이의 거리 차이를 D_0이라 하고, 아킬레스의 달리는 속도를 V_A, 거북이의 달리는 속도를 V_B라고 하죠. 그러면 가정으로부터 명백한 것은 $D_0 > 0$과 $V_A > V_B$입니다. 이제 아킬레스가 거북이를 따라잡기 위한 소요시간을 분석해 보겠습니다.

아킬레스가 거북이를 따라잡기 위해 각 단계에서 소요되는 시간을 다음과 같이 t_1, t_2, t_3, …라고 합시다. 즉,

t_1 : 아킬레스가 D_0를 가는 시간

t_2 : 거북이가 t_1시간 동안 이동한 거리(D_1)를 아킬레스가 가는 시간

t_3 : 거북이가 t_2시간 동안 이동한 거리(D_2)를 아킬레스가 가는 시간

총 소요되는 시간 T는 이러한 시간들을 모두 합입니다. 즉,

$$T = t_1 + t_2 + t_3 + \cdots$$

그런데, 아킬레스가 달리는 속도와 거북이가 달리는 속도의 비를 $r = \dfrac{V_B}{V_A}$로 두면,

$$t_1 = \frac{D_0}{V_A}, \quad D_1 = V_B \times t_1 = V_B \times \frac{D_0}{V_A} = D_0 \times \left(\frac{V_B}{V_A}\right) = D_0 r$$

$$t_2 = \frac{D_1}{V_A}, \quad D_2 = V_B \times t_2 = V_B \times \frac{D_0 r}{V_A} = D_0 r \times \left(\frac{V_B}{V_A}\right) = D_0 r^2$$

$$t_3 = \frac{D_2}{V_A}, \quad D_3 = V_B \times t_3 = V_B \times \frac{D_0 r^2}{V_A} = D_0 r^2 \times \left(\frac{V_B}{V_A}\right) = D_0 r^3$$

따라서 총 소요시간 T는 다음과 같이 정리됩니다.

$$T = t_1 + t_2 + t_3 + t_4 + \cdots = \frac{D_0}{V_A} + \frac{D_0 r}{V_A} + \frac{D_0 r^2}{V_A} + \frac{D_0 r^3}{V_A} + \cdots$$

$$= \frac{D_0}{V_A} \times (1 + r + r^2 + r^3 + \cdots)$$

이것은 T가 첫째 항이 $a = \dfrac{D_0}{V_A}$이고 공비가 $r = \dfrac{V_B}{V_A}$인 무한 등비급수가 됩니다. 여기서 $V_A > V_B$이므로 공비 r는 $0 < r < 1$의 조건을 만족합니다. 공비가 1보다 작기 때문에, 이 무한 등비급수는 수렴하여 유한한 값인 $\dfrac{a}{1-r}$이 됩니다. (기억이 안 나시는 분은 제6교시를 복습하세요.) 즉, 아킬레스가 거북이를 따라잡는 데 걸리는 시간은 유한하다는 것을 입증한 것입니다.

제논의 오류는 "무한히 많은 양의 합은 반드시 무한해야 한다"는 잘못된 직관에서 비롯되었습니다.

제4교시. 플라톤의 교실

플라톤은 아주 유명한 철학자입니다. 그런데 그는 플라톤의 정다면체로도 유명하지요. 다음은 정육면체의 전개도입니다. 정육면체의 전개도는 이것 말고도 10개나 더 있답니다. 한번 그려보시겠어요? 또한, 정팔면체의 전개도는 어떻게 그리면 될까요? 플라톤이 우주를 상징한다고 이야기했던 정십이면체의 전개도는 어떻게 그리면 될까요? 함께 생각해보아요.

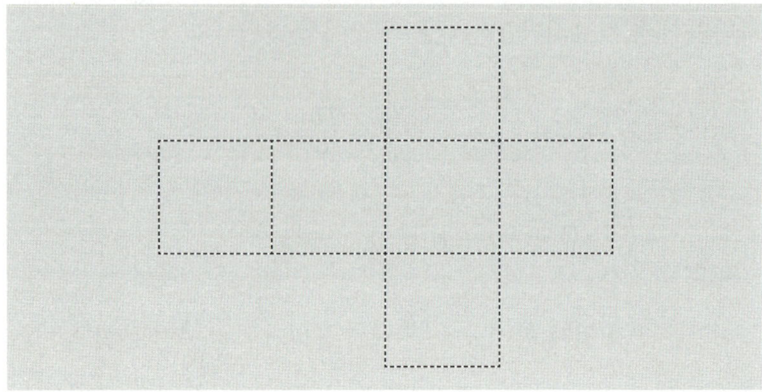

✗ 풀이

플라톤은 정다면체가 오직 5가지(정사면체, 정육면체, 정팔면체, 정십이면체, 정이십면체)만 존재한다는 사실에서 수학적 완벽함을 보았습니다. 그리고 이들을 우주 만물의 근원과 연결지어 생각했습니다.

정다면체는 모든 면이 똑같은 정다각형이고, 각 꼭짓점에 모인 면의 개수도 같으며, 모든 모서리의 길이도 같은 입체도형입니다. 이러한 조건을 만족하는 정다면체는 5가지 형태로만 가능하다는 것이 유클리드에 의해 증명되었습니다(《원론》 제13권에 수록). 유클리드의 증명은 다음과 같은 기하학적 조건에 근거합니다.

(1) 모든 면은 정다각형이어야 한다.

(2) 한 꼭짓점에 모이는 면의 내각의 합은 360도보다 작아야 한다.

 수학을 다시 시작할 결심

여기서 (1)번 조건은 정다면체의 정의에 의해 당연한 것이지요. 그렇다면 왜 (2)번 조건이 필요할까요? 만일 정육각형으로 정다면체를 만들 수 있는지를 생각해 보면 쉽게 알 수 있습니다. 정육각형 3개를 한 꼭짓점에서 만나게 하면, 이때 내각의 합은 정확히 360도가 됩니다. 이것은 그 면들이 모여 만드는 공간이 완벽하게 평평해진다는 의미입니다. 따라서 정육각형은 벌집 모양으로 평면을 빈틈없이 채우는 쪽매맞춤(tessellation)은 가능하지만, 정다면체는 만들 수 없습니다.

참고로 쪽매맞춤이란 일정한 형태의 도형들로 평면을 빈틈없이 채우는 것을 말합니다. 이때 일정한 형태의 도형을 타일(tile)이라고 하여 타일링(tiling)이라고도 부릅니다. 미술과 수학, 과학의 경계를 허문 독창적인 시각 예술가 중 한 명인 에셔(M.C. Escher)는 쪽매맞춤 그림으로 매우 유명합니다. 그는 평면을 빈틈없이 채우는 패턴(새, 물고기, 도마뱀 등)을 사용하여 무한한 확장의 느낌을 표현했습니다. 에셔가 쪽매그림을 어떻게 그렸는지 알고 싶으시면 다음의 [부록그림 3] QR 코드를 스캔하세요.

[부록그림 3] 인터넷 링크: 에셔(Escher)의 쪽매맞춤 그림

　[부록그림 4]는 정육면체의 전개도 11개를 모두 보여주고 있습니다. 만일 이외의 다른 전개도를 찾으신다고 하면, 다시 생각해보세요. 그 전개도는 분명 그림 중 하나와 동일할 것입니다.

[부록그림 4] 정육면체의 전개도 11가지

　한편 정팔면제의 전개도는 어떤 것이 있을까요? [부록그림 5]는 모두 11개의 전개도 중 하나입니다. 나머지는 어떤 것들이 있는지 찾아보시길 바랍니다.

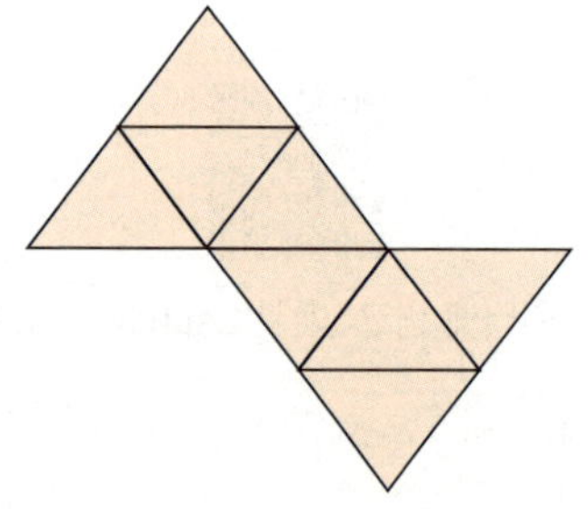

[부록그림 5] 정팔면체의 전개도 중 하나

수학을 다시 시작할 결심

정십이면체의 전개도는 어떤 것이 있을까요? 또한 정이십면체의 전개도는 어떤 것이 있을까요? 다음은 각각의 대표적인 전개도입니다. 나머지 몇 개 정도는 여러분이 직접 찾아보시기 바랍니다.

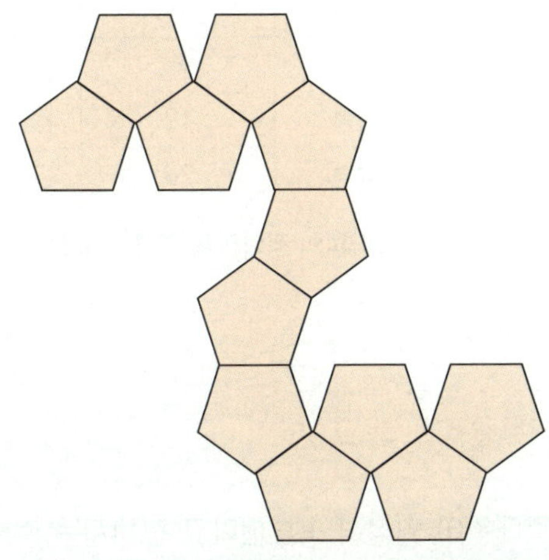

[부록그림 6] 정십이면체의 전개도 중 하나

[부록그림 7] 정이십면체의 전개도 중 하나

이상의 내용을 정리하면 [부록표 1]과 같습니다.

정다면체	면의 모양	면의 개수	전개도의 개수
정사면체	정삼각형	4	2
정육면체	정사각형	6	11
정팔면체	정삼각형	8	11
정십이면체	정오각형	12	433
정이십면체	정삼각형	20	43,380

[부록표 1] 플라톤의 정다면체 종류와 특성

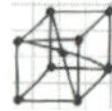 제5교시. 유클리드의 교실

다음 문제는 세종대왕이 열심히 공부했다고 전해지는 수학책 《계몽산》에 나오는 문제입니다. 어떤 문제일까요? 함께 생각해보아요.

지금 정사각형 밭과 원형 밭이 각각 하나씩 있는데, 면적의 합은 9.49무다. 다만, 정사각형 밭의 한 변의 길이와 원형 밭의 지름의 길이가 서로 같다고 한다. 정사각형 밭의 한 변의 길이는 몇 보인가?

힌트 무는 밭 한 이랑의 면적으로 30평 정도이고 1무는 240제곱 보임. 또한 지름이 1인 원의 면적은 당시 $\dfrac{3}{4}$으로 계산함.

참고 지름이 1인 원은 반지름이 $\dfrac{1}{2}$이므로 이 원의 면적은 $\dfrac{\pi}{4}$가 되는데 이것을 $\dfrac{3}{4}$으로 두고 계산하였다는 것은 π를 3으로 간주하였다고 볼 수 있음.

✕ 풀이

정사각형의 한 변의 길이를 x라고 하면 원의 지름도 x임.

정사각형의 면적은 x^2이고 원의 면적은 $0.75x^2$으로

정사각형과 원의 면적의 합은 $1.75x^2 = 9.45$무 $= 9.45 \times 240 =$ 2268 제곱 보임.

따라서 주어진 문제는 $1.75x^2 = 2268$을 푸는 문제임.

※《주비산경》에서는 증승개방법이라는 방법으로 이러한 형태의 방정식을 풀고 있는데 이 책에서는 다루지 않습니다. 이 문제를 현대식으로 풀면 답은 36보입니다.

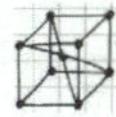 ## 제6교시. 아르키메데스의 교실

아르키메데스는 다음 그림에서 포물선과 직선으로 둘러싸인 도형의 면적이 그에 내접하는 삼각형 면적의 $\dfrac{4}{3}$가 된다는 것을 증명하였습니다. 여기서 내접하는 삼각형은 다음과 같이 구합니다. 포물선을 가로지르는 직선과 평행한 직선 중 포물선과 접할 때 그 접점을 삼각형의 한 점으로 삼습니다. 삼각형의 다른 두 점은 포물선과 직선이 만나는 두 점으로 합니다.

이 정리는 소진법을 사용하여 도출되었으며, 현대 적분학의 기초가 되었답니다. 여러분은 어떻게 증명하시겠습니까? 함께 생각해 보아요.

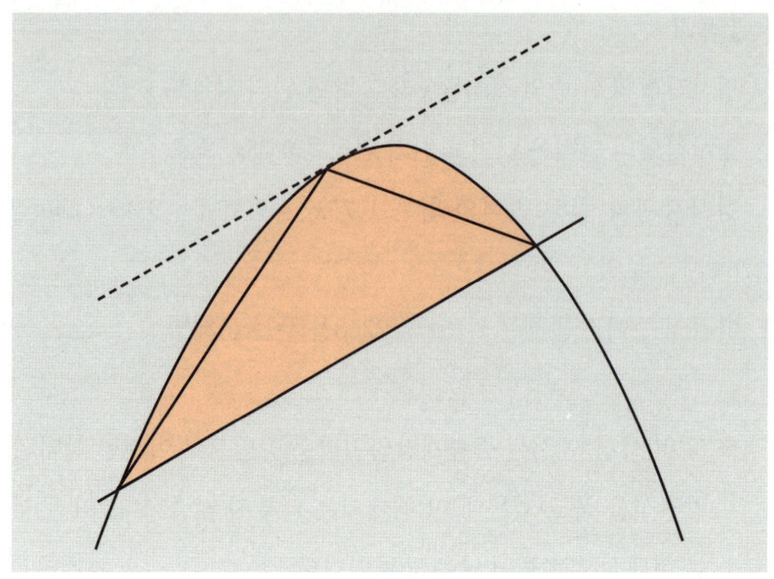

✗ 풀이

아르키메데스의 포물선의 구적법 Quadrature of the Parabola 은 매우 중요한 수학적 업적으로 인정받습니다. 그것은 현대의 적분 개념이 나오기 2,000년 전에 이미 무한의 개념을 사용하여 면적을 계산해 냈기 때문이죠. 여기에서는 엄밀한 증명 과정 대신에 중고등학교에서 배운 수학 실력으로 충분히 이해되도록 설명하겠습니다. 다음과 같은 순서로 증명할 수 있습니다.

• 1단계: 가장 큰 삼각형 그리기

포물선과 직선으로 둘러싸인 곡선 도형 안에, 그 도형을 가장 꽉 채우는 내접 삼각형을 하나 그립니다. 이 삼각형의 꼭짓점은 다음

　수학을 다시 시작할 결심

[부록그림 8]에서 점 B가 됩니다. 점 B는 점 A와 C를 잇는 직선과 평행하면서 포물선에 접하는 직선과 만나는 점입니다. 이 첫 번째 삼각형의 넓이를 M이라고 하겠습니다.

• 2단계: 빈틈에 가장 큰 삼각형 그리기

삼각형을 그리고 나면 포물선의 곡선과 삼각형 두 변 사이에 두 개의 작은 빈틈이 생깁니다. 아르키메데스는 1단계와 동일한 방법으로 이 빈틈에 내접하는 더 작은 삼각형 두 개를 그려 넣었습니다.

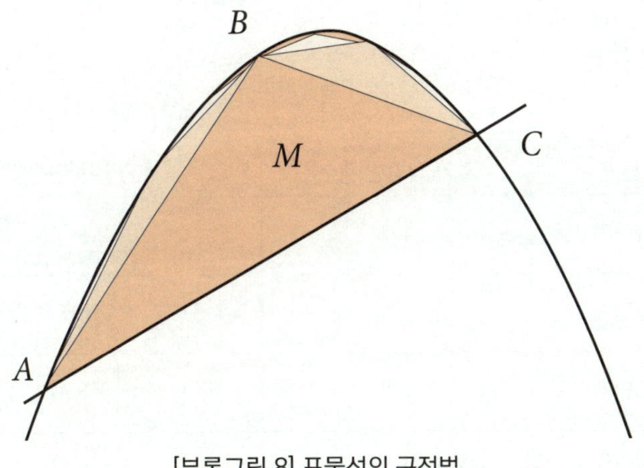

[부록그림 8] 포물선의 구적법

그리고 그는 기하학적인 방법을 통해 다음과 같은 성질을 밝혀냈습니다. 즉, 새로 그린 작은 삼각형 하나의 넓이는 원래 큰 삼각형 면적(M)의 $\frac{1}{8}$이라는 사실입니다(이 증명에 관심이 있는 독자는 인터넷에서 '포물선 구적법'을 검색해서 상세히 알아보시기를 추천합니다).

따라서 작은 삼각형을 양쪽에 두 개를 그렸으므로, 새로 추가된 면적은 $2 \times (\frac{M}{8}) = \frac{M}{4}$이 됩니다.

• 3단계: 무한히 반복하기(소진법(消盡法))

이제 남은 더 작은 빈틈들에 동일한 방법으로 삼각형을 그려 넣습니다. 이번에는 4개의 삼각형이 생기겠죠? 이 삼각형들의 넓이는 이전 단계 삼각형 면적의 또 $\frac{1}{8}$이 됩니다. 즉, 새로 추가되는 넓이는 $4 \times (\frac{M}{64}) = \frac{M}{16}$가 됩니다. 이것을 반복하게 되면 [부록표 2]와 같게 됩니다.

단계	추가 삼각형 개수	추가되는 면적
1단계	1개	M
2단계	2개	$\frac{1}{4} \times M$
3단계	4개	$(\frac{1}{4})^2 \times M$
4단계	8개	$(\frac{1}{4})^3 \times M$
…	…	…
n단계	2^{n-1}개	$(\frac{1}{4})^{n-1} \times M$

[부록표 2] 포물선의 구적법(소진법)

이 과정을 무한히 반복하면 포물선과 직선으로 둘러싸인 면적(S)
은 이 모든 삼각형 면적의 합과 같게 됩니다.

$$S = M + \frac{1}{4}M + (\frac{1}{4})^2 M + (\frac{1}{4})^3 M + \cdots$$

$$= \{1 + \frac{1}{4} + (\frac{1}{4})^2 + (\frac{1}{4})^2 + \cdots\}M$$

여기서 괄호 안의 무한 덧셈은 첫째 항이 1이고 공비가 $\frac{1}{4}$인 무한
등비급수입니다. 이제 고등학교 수학에서 배우는 등비급수의 합을
구하는 공식을 사용하겠습니다. 즉, 첫째 항이 a이고 공비가 r인 등
비수열의 합은 다음 공식으로 구합니다(제3교시 내용 복습).

$$S_n = a + ar + ar^2 + \cdots + ar^n = \frac{a(1 - r^n)}{1 - r}$$

여기서 n을 무한히 크게 하면 다음과 같이 됩니다.

$$\lim_{n \to \infty} S_n = a + ar + ar^2 + \cdots + ar^n + \cdots = \frac{a}{1 - r}$$

이제 이 공식을 사용하면 첫째항이 1이고 공비가 $\frac{1}{4}$이므로

$$S = (\frac{1}{1 - \frac{1}{4}})M = \frac{4}{3}M$$

따라서 포물선과 직선으로 둘러싸인 면적(S)은 처음 그린 삼각형
넓이(M)의 $\frac{4}{3}$배가 된다는 결론에 도달합니다.

덧셈과 뺄셈, 그리고 아주 쉬운 곱셈 정도만 할 줄 아는 초등학생에게 당신이 비범한 사람으로, 최소한 신기한 사람으로 보일 수 있는 방법을 알려드리겠습니다. 다음과 같이 하시면 됩니다.

여러분. 저는 여러분이 어떤 것을 생각하고 있는지 알아맞힐 수 있답니다. 1에서 10까지 아무 수나 생각해 보세요. 그리고 제게는 말해 주지 마세요. 자, 모두 생각했나요? 그럼 슬슬 시작해 볼까요?

여러분이 생각한 수에다가 2를 더해 주세요.
거기에다가, 이번에는… 3을 더해 주세요.
거기에서, 이번에는 4를 빼 주세요.
이제 그 수에 2를 곱해 보세요.
음, 마지막 거기에서 딱 1만 빼 주세요.
자, 그 수를 제게 말해 주세요.

민석이는 17이라고 말하고 민영이는 11이라고 말한다.
아하, 민석이가 맨 처음에 생각했던 수는 8이었네.
(민석이 깜짝 놀란다.)
그리고 민영이는, 두구두구두구…, 5였구나.
(민영이도 눈이 동그래진다.)

어떻게 한 것일까요? 이번 시간에는 대수학을 배웠다는 것을 기억하시면서 함께 생각해 보아요.

학생이 생각한 수를 x라고 두고 시작합니다. 처음에 2를 더하라고 했어요. 따라서 학생의 머리속에는 $x+2$라는 수를 가지고 있을 것입니다. 거기에 3을 더하라고 했으니, 이제는 $x+5$가 되었네요. 이번에는 4를 빼라고 했으니 $x+1$이 되었습니다. 그 수에 2를 곱하라고 하니 $2(x+1)$이 되었습니다. 마지막으로 1을 빼라고 했으니 $2x+1$이겠습니다.

민석이는 그 값이 17이라고 하였습니다. 그러면 방정식 $2x+1 = 17$을 풀면 되니까, $2x = 16$, 따라서 민석이가 처음에 생각하였던 수 x는 8이었네요. 그리고 동일하게 민영이가 생각했던 수는 방정식 $2x+1 = 11$을 풀면 x는 5가 됩니다. 이러한 방법으로 초등학생 동생이나 조카, 아들, 딸들과 즐겨 보시길…

제8교시. 알콰리즈미의 교실

수와 숫자는 서로 다릅니다. 숫자란 수를 나타내는 기호입니다. n개의 숫자로 자릿값을 고려하여 수를 나타내는 방법이 n진법이고, 대표적인 것이 우리가 사용하는 10진법이지요.

어느 날 과학자들이 고대 유적지를 발견했다고 합니다. 이 고대문명에서는 아래 그림에서 보여 주는 3개의 도형을 숫자로 사용했다고 과학자들이 밝혀냈답니다. 즉, 이 문명에서는 3진법을 사용했다는 것이지요.

$$\triangle \quad \square \quad \bigstar$$

과학자들이 오랜 연구 끝에 □□△☆를 해석했더니 수 38을 의미한다고 합니다. 그렇다면 이제 여러분이 나설 때입니다. 다음을 풀어 보시죠.
(1) □, △, ☆은 각각 어떤 수를 나타내는 것일까요?
(2) 이 고대문명의 사람들은 수 142를 어떻게 표시했을까요?
(3) 여러분의 나이를 이 세 개의 숫자로 나타내 보세요.

풀이

본문에서 이미 설명했었지만 여기서 다시 진법(進法)에 대해서 설명하겠습니다. 진법이란 수를 숫자로 나타내는 방법 중 하나로서 자릿값을 고려한 방법입니다. 사용하는 숫자의 개수가 n개라면 n진법이라고 하고, n진법으로 표현된 수를 n진수라고 합니다.

주어진 문제로부터 알 수 있는 것은 이 문명에서는 숫자 3개(□, △, ☆)를 사용하는 3진법을 사용한다는 것입니다. 그런데 힌트는 3진수로 □□△☆이 10진수 38을 의미한다고 합니다. 먼저 이 기호들이 무엇인지 알아야 합니다.

· 문제 (1)번 해설

기호는 각각 숫자 0, 1, 2 중의 하나이어야 하는데, $\square = x$, $\triangle = y$, $\bigstar = z$로 두겠습니다. 그럼 주어진 3진수 □□△☆는 $(xxyz)_3$이고 이

  수학을 다시 시작할 결심

것은 38과 같아야 하므로 다음 식이 성립됩니다.

$$x\times 3^3+x\times 3^2+y\times 3^1+z\times 3^0 = 27x+9x+3y+z$$
$$= 36x+3y+z = 38$$

먼저 $x=0$이라고 두면, $3y+z=38$이 되는데, y와 z는 1 또는 2 밖에 되지 못해 이 식을 만족시키지 못합니다. 또한 $x=2$라고 두면, $72+3y+z=38$이 되어 어떤 y나 z도 이 식을 만족시키지 못합니다. 따라서, $x=1$일 수밖에 없습니다(□ = 1).

$x=1$이므로 주어진 식은 $36+3y+z=38$이 되고, 이것을 정리하면, $3y+z=2$가 됩니다. 만일 y가 2라면 $z=-4$가 되어야 하므로 y는 2가 될 수 없습니다. 왜냐하면 z는 0과 2 중에 하나여야 하기 때문이죠. 따라서 $y=0$이어야 하고 자연히 $z=2$이어야 합니다(△ = 0, ☆ = 2).

네, 드디어 첫 번째 문제를 해결했습니다. 즉, △ = 0, □ = 1, ☆ = 2입니다.

• 문제 (2)번 해설

숫자 3개(□, △, ☆)의 의미를 알아냈으므로, 이제는 10진수 142를 3진수로 표현하면 됩니다. 본문 8장에서 10진수를 2진수로 표현하는 방법을 설명했습니다. 10진수를 3진수로 표현하는 것도 동일합니다. 즉, 10진수 142를 3으로 계속 나누면서 나머지(0, 1, 2 중 하나가 됨)들을 순서대로 모아 적으면 142에 대응하는 3진수를 얻게 됩니다. 이러한 과정을 다음 그림에 나타내었습니다. 결국 142는 3진수 12021입니다.

$$
\begin{array}{r}
3\ )\ 142 \\
3\ )\ \ 47 \quad \cdots\ 1 \\
3\ )\ \ 15 \quad \cdots\ 2 \\
3\ )\ \ \ 5 \quad \cdots\ 0 \\
1 \quad \cdots\ 2
\end{array}
\qquad \boxed{142 = (12021)_3}
$$

이제 이것을 고대 문명의 숫자로 나타내기만 하면 됩니다. △＝0, □＝1, ☆＝2이므로, 142＝$(12021)_3$＝□☆△☆□입니다.

• 문제 (3)번 해설

여러분의 나이를 가지고 직접 계산 해보시고 고대 문명인과 접촉contact 해보시길 바랍니다! 참고로 1997년에 개봉한 영화 〈콘택트 Contact〉는 《코스모스》라는 저서로 유명한 칼 세이건Carl Sagan이 직접 쓰고 제작에 참여한 유일한 소설 원작 영화로서, 외계 문명과 접촉했을 때 일어날 수 있는 과학적·정치적·사회적 파장을 대중에게 전달하고자 했습니다.

만일 여러분의 나이가 21세라면, $21 = 18 + 3 + 0 = 2 \times 3^2 + 1 \times 3^1 + 0 \times 3^0 = (210)_3$처럼 3진수 210으로 표현됩니다. 따라서 고대문명에 따른다면 여러분의 나이는 ☆□△로 나타내질 것입니다.

제9교시. 피보나치의 교실

아래 그림에서 정사각형들이 만들어지는 순서를 확인하세요. 정사각형 가운데에 쓰여진 숫자가 만들어지는 순서입니다. 그리고 정사각형의 한 변의 길이가 1, 1, 2, 3, 5, 8, 13, … 등으로 피보나치 수열에 맞추어 점점 커진다는 것도 확인해 보세요.

이제 오른쪽 그림에서 보이는 것처럼 한 변의 길이가 1인 정사각형의 한 꼭짓점에서 시작하여 마주 보는 꼭짓점을 잇는 1/4짜리 원을 그려 보세요. 이 과정을 반복해 보세요. 오른쪽 그림에서는 세 번째로 만들어지는 정사각형까지 1/4짜리 원들이 연결된 곡선을 보여 줍니다.

어떤 그림이 나오나요? 제가 원하는 답은 앵무조개 껍데기에서 찾아볼 수 있는 이른바 '황금나선'이라는 곡선입니다.

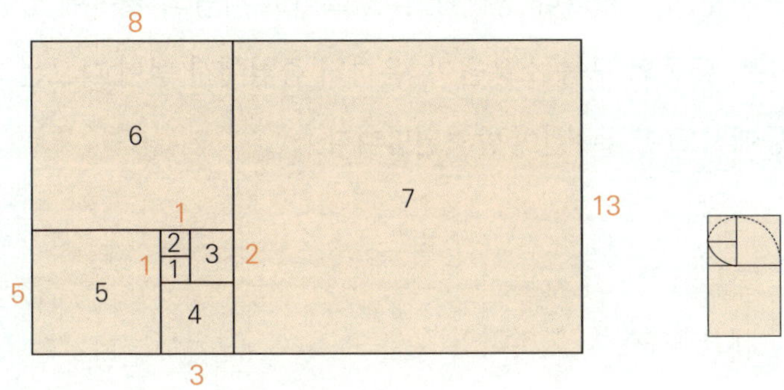

▮ 풀이

문제에서 설명한 것처럼 따라 그리면 다음 [부록그림 9]와 같이 아름다운 곡선, 즉 황금나선이 만들어집니다.

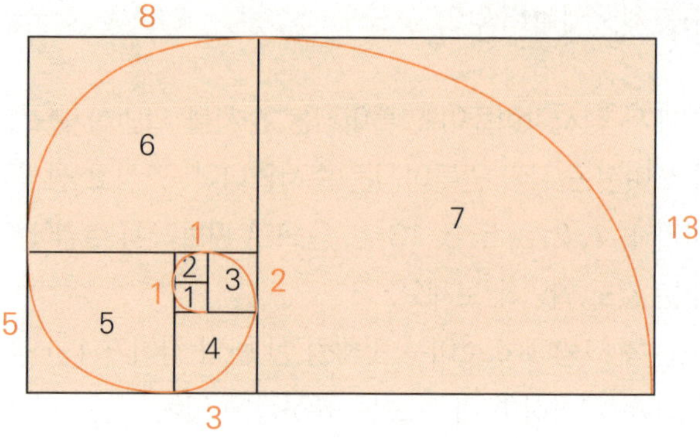

[부록그림 9] 황금나선

황금나선은 앵무조개 껍질에서 발견되는데 이것을 나타내는 그림은 자주 보셨으리라 생각합니다. 그리고 사람의 귓속에 있는 달팽이관, 태풍의 구름 소용돌이, 은하의 중심에서 뻗어 나오는 나선 팔 등에서도 황금나선이 발견된답니다.

제10교시. 네이피어의 교실

이제 여러분 차례입니다. 네이피어 막대기를 활용하여 265에 73을 곱해보세요.

수학을 다시 시작할 결심

곱하는 수	1	2	3	4	5	6	7	8	9
0	0/0	0/0	0/0	0/0	0/0	0/0	0/0	0/0	0/0
1	0/1	0/2	0/3	0/4	0/5	0/6	0/7	0/8	0/9
2	0/2	0/4	0/6	0/8	1/0	1/2	1/4	1/6	1/8
3	0/3	0/6	0/9	1/2	1/5	1/8	2/1	2/4	2/7
4	0/4	0/8	1/2	1/6	2/0	2/4	2/8	3/2	3/6
5	0/5	1/0	1/5	2/0	2/5	3/0	3/5	4/0	4/5
6	0/6	1/2	1/8	2/4	3/0	3/6	4/2	4/8	5/4
7	0/7	1/4	2/1	2/8	3/5	4/2	4/9	5/6	6/3
8	0/8	1/6	2/4	3/2	4/0	4/8	5/6	6/4	7/2
9	0/9	1/8	2/7	3/6	4/5	5/4	6/3	7/2	8/1

⚡ 풀이

본문 10장에서 설명했던 방법을 그대로 따라 하면 해결됩니다. 즉, 문제에서 265에 73을 곱하라고 하였으니, 네이피어 막대기 중 2번, 6번, 5번 막대기를 꺼내어 [부록그림 10]에서 왼쪽처럼 순서대로 붙입니다. 그런 다음 곱하는 수 73에서 7번과 3번에 해당하는 가로 부분을 그림의 오른쪽처럼 가져옵니다(이것은 종이에다 옮겨야 겠죠). 그런 다음 오른쪽 위에서 왼쪽 아래 방향으로 나오는 숫자들을 각 자리로 해서 더합니다. 이때 올림수도 고려하시면 정확한 답 19,345를 구할 수 있습니다. 예를 들어, 두 번째 덧셈(5+1+8)에서 14가 나오면 4를 해당 자리에 두고 올림수 1은 세 번째 덧셈에 추가로 더해 주면 됩니다.

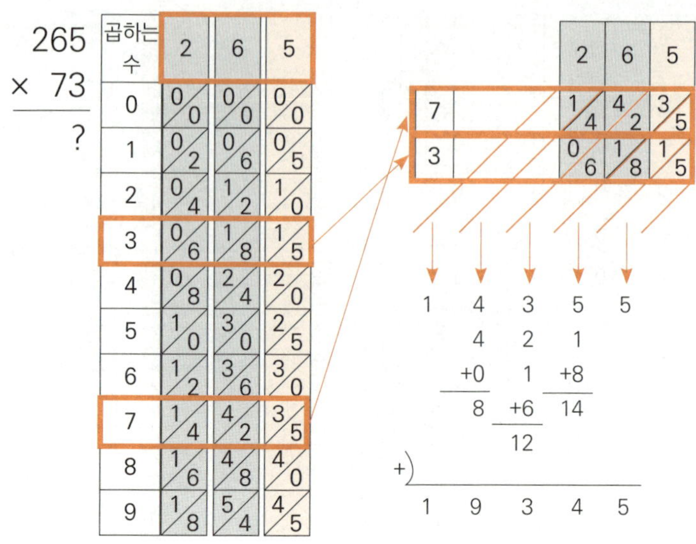

[부록그림 10] 네이피어 막대기를 이용한 곱셈(265×73)

제11교시. 갈릴레이의 교실

갈릴레이는 물체의 질량과 자유 낙하 속도에 대한 연구를 통해 아리스토텔레스의 "무거운 물체가 더 빨리 떨어진다."는 이론을 반박하였습니다. 여러분은 갈릴레이가 피사의 사탑에서 시행한 자유 낙하 실험에 대해 잘 알고 계실 것입니다. 그렇다면 다음 문제를 풀어 보시죠.

만약 두 개의 공(질량이 각각 1kg과 5kg인 공)이 공기 저항이 없는 조건에서 높이 20m에서 동시에 떨어진다고 하였을 때, 다음 질문에 답하세요.

(1) 두 공 중 어떤 공이 먼저 땅에 도착하나요?

(2) 두 공이 땅에 도달하기까지 걸리는 시간은 몇 초인가요?

(단, 중력 가속도 g는 $9.8\,\mathrm{m/s^2}$로 가정합니다.)

수학을 다시 시작할 결심

⚒ 풀이

(1) 어떤 공이 먼저 땅에 도착하나요?

공기 저항이 없는 조건에서는 물체의 질량과 상관없이 모든 물체는 같은 중력 가속도를 받습니다. 따라서, 두 공은 동시에 땅에 도착합니다.

(2) 두 공이 땅에 도달하기까지 걸리는 시간은 몇 초인가요?

네, 이 문제는 물리학 시간에 배웠던 다음 공식이 필요하네요. 즉, 자유 낙하 높이를 h, 낙하하는 시간을 t라고 하였을 때 h를 구하는 공식입니다.

$$h = \frac{1}{2} g t^2$$

이 식을 t에 관한 식으로 바꾸면

$$t = \sqrt{\frac{2h}{g}} \quad \text{(여기서, } h\text{는 높이, } g\text{는 중력가속도)}$$

$h = 20\,\text{m}$, g는 $9.8\,\text{m/s}^2$이므로

$$t = \sqrt{\frac{2h}{g}} = \sqrt{\frac{40}{9.8}} \approx \sqrt{4.08}\,\text{(초)}$$

결론적으로 두 공은 모두 약 2.02초 후에 땅에 도착합니다.

※ 이 물리 공식을 잊으신 독자에게는 죄송하게 되었습니다.

제12교시. 케플러의 교실

여러분은 케플러의 행성 운동에 대한 세 가지 법칙을 통해 태양계의 행성들이 타원을 이루며 공전한다는 것을 아셨을 것입니다. 그러면 확인하는 차원에서 다음을 풀어 보시죠.

1. 케플러 행성 운동 법칙에 따르면, 행성이 태양 주위를 돌 때 태양은 궤도의 중심이 아니라 타원의 한 초점에 위치합니다. 행성의 공전궤도에서 가장 속도가 느려지는 지점은 어디일까요?

   (A) 태양과 가장 가까운 지점 (근일점)

   (B) 태양과 가장 먼 지점 (원일점)

   (C) 궤도의 기울기가 가장 큰 지점

   (D) 태양에서 가장 멀리 있지도, 가깝지도 않은 중간 지점

2. 어떤 가상의 태양계에서 행성 A의 공전 주기는 1년이고, 태양과의 평균 거리(타원 궤도 긴 지름의 반)를 1AU라고 가정합시다. 행성 B의 공전 주기가 8년이라면, 케플러 제3법칙을 이용하여 행성 B가 태양으로부터 떨어진 평균 거리는 몇 AU인지 알아맞춰 보세요.

   (A) 16AU

   (B) 8AU

   (C) 4AU

   (D) 2AU

힌트
① 케플러 제2법칙을 적용해 보세요.
② 케플러 제3법칙의 공식을 이용해 보세요.

✖ 풀이

1. 케플러의 제2법칙에 따르면, 행성은 태양(항성)의 원일점에서 가장 느리게, 근일점에서 가장 빠르게 운동합니다. 정답은 B.

2. 케플러의 제3법칙에 따르면, 행성의 공전 주기의 제곱은 궤도 반장축(즉, 긴지름의 반)의 세제곱에 비례합니다. 즉, 행성의 공전 주기 P와 그 행성의 궤도 반장축 길이 a 사이에는 $P^2 \approx a^3$를 만족합니다. 행성 B의 공전 주기가 8년이라고 하였으니 $a^3 = 8^2 = 64$를 만족하는 a를 구하면 됩니다. 어려운 용어로 64의 3제곱근^{cube root}을 구하라는 문제입니다.

어떤 수를 3번 곱한 것이 64가 되느냐를 구하면 되는데 $4 \times 4 \times 4 = 64$이므로 그 수는 4입니다. 따라서 정답은 C.

※ AU(Astronomical Unit)는 태양계 내의 거리를 표현하기 위해 사용되는 표준 단위로서, 태양과 지구 사이의 평균 거리를 나타냅니다. 현재 국제적으로 정의된 1AU는 149,597,870,700m, 약 1억 5천만 km입니다. AU 단위를 사용하면, 지구는 태양으로부터 약 1AU 떨어져 있습니다. 목성은 태양으로부터 약 5.2AU 떨어져 있고요, 명왕성은 태양으로부터 약 39.5AU 떨어져 있습니다.

데카르트는 방정식에서 미지수를 x라고 처음 사용한 수학자로 알려져 있습니다. 이와 관련해서 데카르트의 책을 인쇄할 때 가장 사용되지 않던 활자인 x를 사용하자고 인쇄소에서 제안했다고도 전해집니다.

다음 문제를 방정식으로 표현하여 풀어 보세요. 미지수는 당연히 문자 x, y 등을 사용하시기 바랍니다.

1. 모르는 수를 두 번 곱한 값의 두 배에 모르는 수의 네 배를 더하고 6을 더한 것이 48에서 모르는 수의 네 배한 것을 뺀 것과 같습니다. 모르는 수를 구하시오.

2. 2차원 좌표 평면에서 도형 $y = x^2$과 도형 $y = x + 2$은 어느 점에서 만나나요?

힌트

① 모르는 수를 x라고 두고 만들어지는 방정식을 푸시면 답이 나옵니다.

② 도형이라고는 하였지만, 각 방정식을 대수적으로 이해해서 y값은 서로 동일해야 한다는 생각으로 방정식을 만들어서 푸시면 답이 나옵니다.

풀이

1. $2x^2 + 4x + 6 = 48 - 4x \Rightarrow 2x^2 + 8x - 42 = 0$

$$\Rightarrow (2x - 6)(x + 7) = 0$$

$$\Rightarrow x = 3 \text{ 또는 } x = -7$$

즉, "모르는 수"는 3 또는 -7

2. 도형 $y = x^2$는 포물선이고 도형 $y = x + 2$는 직선입니다. 이것을 2차원 좌표평면에 그리면 다음 그림과 같습니다.

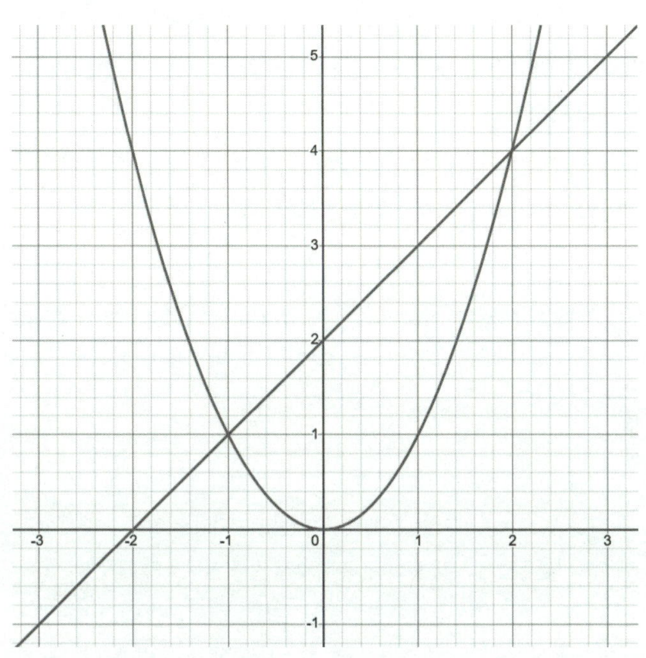

[부록그림 11] 포물선 $y = x^2$과 직선 $y = x + 2$의 그래프

이제 두 방정식을 같다고 두고 x를 구하겠습니다.

$$y = x^2 = x + 2 \;\Rightarrow\; x^2 - x - 2 = 0 \;\Rightarrow\; (x + 1)(x - 2) = 0$$

따라서 $x = -1$ 또는 $x = 2$이고 이것을 이용해서 y값을 구하면

또는 $y = (-1)^2 = 1, \quad y = 2^2 = 4.$

따라서 두 도형은 두 점 $(-1, 1)$과 $(2, 4)$에서 만납니다.

뉴턴의 만유인력 법칙은 우주에 존재하는 모든 물체는 서로를 끌어당기는 힘을 가진다는 원리를 설명합니다. 이 힘은 물체의 질량과 거리의 제곱에 따라 달라집니다. 또한 이 힘은 지구와 달과 같은 천체에서도 일정하게 적용되지요.

다음 문제는 만유인력 법칙을 아는 분이라면 조금만 생각하면 풀 수 있는 것이랍니다. 여러분의 도전을 기대하겠습니다.

질량이 70kg인 사람이 지구에서 최대 1.5m 높이까지 뛸 수 있습니다. 달의 질량은 지구의 약 $\frac{1}{18}$, 반지름은 지구의 약 $\frac{1}{4}$ 라고 할 때, 이 사람은 달에서 최대 몇 m 높이까지 뛸 수 있을까요?

힌트 먼저 달에서의 중력을 구해야 합니다. 달은 지구보다 가벼워서 우리를 당기는 힘이 81배 약해지지만, 동시에 지구보다 크기가 작아서 우리가 달의 중심에 훨씬 더 가깝게 서게 됩니다. 가까워진 만큼 힘은 4의 제곱, 즉 16배 강해지죠. 그럼, 지구에서의 중력보다 어느 정도 약해졌을까요? 즉, 지구와 달의 중력비를 찾아야 합니다. 그런 다음 지구에서 1.5m 높이까지 뛸 수 있는 사람이 달에서는 얼마나 높이 뛸 수 있을지 중력비를 이용하시면 될 것입니다.

⚸ 풀이

중력이 줄어들면 같은 힘으로 더 높게 뛸 수 있겠죠. 이 문제를 해결하기 위해 필요한 것은 다음과 같이 정의되는 중력가속도 g입니다.

$$g = G\frac{M}{R^2}$$

여기서, G는 만유인력상수인데 생략 가능하고, M은 천체의 질량, R은 천체의 반지름입니다.

지구와 달의 중력가속도의 비도 계산하여야 하는데, 다음과 같이 계산해 보세요. 지구의 중력가속도를 g_e, 달의 중력가속도를 g_m라고 두면,

$$\frac{g_m}{g_e} = \frac{\dfrac{M_m}{R_m{}^2}}{\dfrac{M_e}{R_e{}^2}} = \frac{\dfrac{1}{81}}{(\dfrac{1}{4})^2} = \frac{16}{81}$$

마지막 힌트로 달에서 최고 높이는 중력의 역비례 관계로 계산하시면 됩니다. 정답은 약 7.59m입니다. 지구에서의 높이 뛰기보다 5배 정도 높게 뛸 수 있답니다.

제15교시. 튜링의 교실

1. 우리가 인터넷 사이트에 가입할 때 아래 그림처럼 흔히 볼 수 있는 '캡차(CAPTCHA)' 시스템은 튜링의 아이디어를 반대로 적용한 것입니다. 찌그러진 글자를 읽거나, 신호등 사진을 고르라고 하는 이 테스트의 목적은 무엇일까요?

A. 사용자의 시력을 테스트하기 위해

B. 사용자가 '사람'인지 '컴퓨터(봇)'인지 구별하기 위해

C. 인공지능에게 글자 읽는 법을 학습시키기 위해

D. 사용자의 인내심을 테스트하기 위해

2. 앨런 튜링은 제2차 세계대전 당시 독일군의 암호 '에니그마'를 해독한 천재 암호학자였습니다. 튜링의 후예가 된 기분으로 다음 간단한 암호의 규칙을 찾아 [?]에 들어갈 단어를 맞춰 보세요.

암호와 복호 예시:

HAL → IBM

CAT → DBU

YNN → [?]

⚡ 풀이

1. 캡차^{CAPTCHA}는 '컴퓨터와 인간을 구별하기 위해 완전히 자동화된 공공 튜링 테스트(Completely Automated Public Turing test to tell Computers and Humans Apart)'의 약자입니다. 튜링 테스트가 컴퓨터가 인간인 척하는 것을 판별한다면, 캡차는 접속자가 컴퓨터 프로그램^{매크로}이 아님을 증명하는 역^{reverse} 튜링 테스트입니다. 컴퓨터는 비틀린 글자나 복잡한 배경 속의 이미지를 인식하는 데 어려움을 겪기 때문입니다(물론, 최근 AI는 이것도 잘 뚫고 있습니다!).

정답: 2번.

2. 이 암호의 규칙은 알파벳 순서에서 바로 다음 글자로 바꾸는 것입니다. 이것을 카이사르 암호*라고 합니다. H 다음은 I, A 다음은 B, L 다음은 M, 이런 식으로요. 영화 〈2001 스페이스 오디세이〉에 나오는 인공지능 HAL의 이름이 나오게 된 유래이기도 합니다. CAT이 DBU로 암호화되는 것도 맞는지 확인해 보세요. 이 문제에서는 Y의 다음 글자는 Z, N의 다음 글자는 O가 되어 정답은 ZOO입니다.

튜링이 해독했던 '에니그마'는 이것보다 수 조兆 배 더 복잡하여 매일 암호 체계가 바뀌었지만, 튜링은 수학적 원리를 이용해 이를 풀어냈습니다.

---

* 카이사르 암호(Caesar cipher)는 알파벳 글자를 정해진 숫자만큼 옆으로 밀어서 글자를 치환하는, 역사상 가장 단순하고 고전적인 방식의 암호입니다. 이 문제에서는 각 알파벳을 한 칸씩만 이동시켜 만들었군요.

$\Sigma F_y = 0 \Rightarrow F_n - mg\cos\theta = 0$ [illegible] $E_{p\Delta,A} = 0$ [illegible] $F = [illegible]$

[illegible] $\Sigma F = [illegible]$ [illegible]

[illegible]

$\dfrac{dy}{v} = \dfrac{1}{[illegible]} - \dfrac{1}{[illegible]}$ [illegible] [illegible]

$= [illegible]$

부록 2

2026 타임머신
거장에게 길을 묻다

2026 타임머신
거장에게 길을 묻다

한 수학 애호가의 엉뚱한 상상

나의 이름은 강이성姜理性. 사람들은 나를 과학과 수학을 쉽게 설명하는 작가라 부르지만, 나는 스스로 수학의 가치를 배달하는 집배원이라 생각한다. 나는 평소 입버릇처럼 말해 왔다. 수학은 단순한 계산이 아니라, 복잡한 세상을 꿰뚫어 볼 수 있는 생각의 근육을 기르는 훈련이라고. 특히 인공지능이 인간의 지능을 추월하려는 이 시대에, 우리에게 필요한 것은 정답을 내놓는 기계가 아니라 "왜?"라고 물을 수 있는 인간의 주체적인 사고력이며, 그 힘의 원천은 바로 수학사에 이름을 남긴 위대한 현인들의 치열한 고민 속에 있다고 믿어 왔다.

하지만 '수포자'가 넘쳐나는 현실에서 나의 외침은 늘 공허했다. 그들은 어떤 마음으로 자신들의 수식을 써 내려갔는지 직접 물어 볼 수만 있다면 얼마나 좋을까?

새로운 타임머신

그러던 어느 날, 인류 역사상 가장 기발한 발명품이 세상에 공개되었다. 한국의 양자정보과학연구소와 글로벌 테크 기업이 합작해서 만든 기계, 이름하여 양자 동기화 체임버 Quantum Sync-Chamber.

이 기계는 물리적인 질량을 과거로 던져 버리는 구시대적 타임머신이 아니었다. 양자역학의 중첩 superposition 원리를 이용해, 관찰자가 현재의 체임버 안에 있으면서 동시에 과거의 특정 시점에도 존재하게 만드는 시공간 중첩 장치로서 새로운 타임머신인 것이다.

즉, 관찰자가 양자 동기화 체임버의 의자에 앉아 원하는 시간을 입력하면 지정된 과거와 현재에 동시에 존재하는 사람이 되는 것이다. 그동안 이러한 장치는 이론상으로만 가능하다고 하였지만, 이번에 드디어 이론이 양자 동기화 체임버로 구현되었다고 알려졌다. 다만 막대한 에너지가 소모되기에 이 기적같은 시간여행의 탑승권은 단 한 명의 민간인에게만 주어진다고 하였다.

전 세계에서 수백만 명이 지원한 시공간 조우 프로젝트의 추첨날. 나는 내 눈을 의심했다. 화면에 뜬 당첨자의 이름은 바로 나, 강이성이었다. 사람들은 이를 천문학적인 확률이 빚어낸 행운이라 했지만, 나는 이것이 인공지능 시대에 무엇을 어떻게 해야 하는지 모르는 우리 인류에게 진정한 수학의 힘을 전하라는 나의 운명인 것을 직감하였다.

0.0001%의 좌표

새로운 타임머신의 문이 열리기 전, 연구원이 내게 물었다.

"어느 시점으로 보내드릴까요? 좌표가 어긋나면 당신의 의식은 영원히 과거의 소음 속에 흩어질 수 있습니다."

나는 망설임 없이 내가 공부하며 가슴에 새겼던 결정적 순간들을 제시했다. 단순한 연표상의 날짜가 아니었다. 한 학자의 사유가 정점에 달해 우주의 비밀과 충돌하던 지적 특이점의 순간들.

아들이 죽고 인생의 허무를 방정식으로 치유하던 디오판토스의 서재.

 수학을 다시 시작할 결심

억압적인 종교의 벽 너머로 그래도 움직이는 진리를 보았던 갈릴
레이의 저녁.

좌표계를 생각해내던 데카르트의 침대 옆.

나는 그들에게 묻고 싶었다. 당신들을 움직였던 그 뜨거운 생각
의 힘은 무엇이었냐고. 그리고 그 힘이 오늘날 인공지능이라는 거
대한 지능 앞에 선 우리에게 어떤 등불이 되어 줄 수 있느냐고.

여행의 시작

체임버의 조명이 푸른색 양자광으로 바뀌고, 나의 뇌파가 과거의
시공간 파동과 동조를 시작했다. 의식은 더 이상 흐르지 않고 중첩
된다. 21세기에 체임버 안에 앉은 채로, 나는 수천 년 전 그들의 숨
소리 곁에 동시에 존재하기 시작했다. 시간의 경계가 무너진 양자
적 조우의 순간이다.

수학을 포기했던 이들에게, 그리고 기계의 정답 뒤에 숨어 생각
하기를 멈춘 이들에게 전할 생각의 기원을 찾아서. 자, 이제 양자 회
로가 연결되었다. 나의 첫 번째 목적지는 기원전 585년 4월 12일,
오전 10시 15분. 이집트 기자의 대피라미드 앞이다.

1. 만물의 근원을 추적한 탈레스

- 일시: 기원전 585년 4월 12일, 오전 10시 15분
- 장소: 이집트 기자의 대피라미드 앞
- 분위기: 지중해에서 불어오는 기분 좋은 봄바람이 옷깃을 스치는 시간. 태양이 동쪽 하늘 중간쯤 걸려 피라미드의 거대한 사면을 황금빛으로 비추고, 모래 위에는 지팡이의 그림자가 제 몸길이를 향해 조금씩 짧아지고 있다. 탈레스, 이 시간여행에서 처음 만나는 현인이다.

강이성: 스승님, 기록을 보니 수학자이면서도 장사 수완이 엄청나셨더군요. 올리브 기름 짜는 기계를 독점하여 조롱하는 사람들 앞에서 보란 듯이 큰돈을 버셨다면서요?

수학을 다시 시작할 결심

탈레스: 허허, 사람들이 철학이나 수학을 해서 밥이 나오냐 쌀이 나오냐며 비웃길래 본때를 보여 준 것뿐이라네. 별의 움직임을 보고 올리브 풍년을 예측해 기계를 미리 빌려뒀더니 돈이 굴러 들어오더군. 하지만 내가 증명하고 싶었던 건 내 주머니를 채우는 법이 아니라, 세상의 원리를 알면 미래를 읽을 수 있다는 사실이었네. 지금 여기에서 지팡이 하나로 거대한 피라미드의 높이를 계산하고 있을 때도 마찬가지지. 눈에 보이는 현상 뒤에 숨은 규칙을 찾아내는 것, 그것이 내가 수학을 통해 세상에 알리고 싶은 것이라네.

강이성: 과연 지혜로우십니다. 그런데 제가 사는 미래에는 인간보다 훨씬 정확하게 정답을 내놓는 인공지능이라는 존재가 있습니다. 사람들은 이제 스스로 생각하기보다 기계가 주는 답을 그대로 믿고 따르곤 합니다. 이런 시대에 인간은 도대체 무엇을 하며 살아야 할까요?

탈레스: 자네들은 지금 기계가 내놓는 정답에 눈이 멀어, 정작 "왜?"라고 물을 수 있는 인간 고유의 특권을 잊었군. 내가 별의 움직임을 보고 올리브 풍년을 맞혔을 때, 내게 정말 소중했던 것은 벌어들인 큰돈이 아니었네. 그건 바로 세상의 흐름을 읽고 왜 풍년이 드는가를 스스로 추론해 낸 내 머릿속의 전율이었지.

기계가 주는 답은 결코 지혜가 아니라네. 그건 그저 남이 차려놓은 밥상처럼 편리한 결과물일 뿐이지. 도구에 생각을 통째로 맡겨 버리는 순간, 인간은 지혜의 주인이 아니라 기계가 굴리는 톱니바퀴의 부속품으로 전락하고 만다네. 자네, 꼭 기억하게나. 기계는 수만 개의 별자리를 계산할 수는 있어도, 밤하늘을 보며 가슴 벅찬 경이로움을 느낄 수는 없다는 것을.

아무리 세상이 기계의 목소리로 가득 차더라도, 자네는 현상 너머의 본질을 궁금해하며 끊임없이 질문을 던지게나. 남이 준 정답보다 내가 품은 서툰 질문이 더 값지다는 사실을 잊지 말게. 스스로 원리를 궁금해하고 밤잠을 설치며 고민하는 그 비판적 사고야말로, 인공지능이라는 거대한 바다에서 자네의 영혼을 건져 올릴 유일한 밧줄이자 인간이 지켜야 할 최소한의 지적 자존심이라네.

> "인공지능이 무엇을 하는지 보지 말고, 그것을 움직이는 자본과 권력이 어디로 흐르는지 보게."

2. 우주의 화음을 읽어 낸 피타고라스

> **[타임머신 도착 기록]**
> - 날짜: B.C. 530년경 12월 15일, 밤 9시 34분
> - 장소: 이탈리아 남부 크로토네, 피타고라스 공동체의 비밀 집회소
> - 분위기: 촛불이 일렁이는 고요한 방 안, 흰 가운을 입은 제자들이 숨을 죽이고 서 있다. 정면에는 신비로운 오각형 별이 그려져 있다. 현악기 리라의 줄이 퉁겨지며 맑은 울림을 내고 있던 순간, 피타고라스는 불현듯 나타난 나를 이상한 표정으로 바라본다.

강이성: 스승님, 만물은 수數라며 세상의 모든 것을 수로 설명하시는데, 정말 저 아름다운 음악이나 밤하늘의 별, 심지어 인간의 영혼까지도 차가운 수의 비율에 불과하다는 말씀인가요? 어떻게 수식이 감동적인 예술이나 생명과 같을 수 있습니까?

피타고라스: 수가 차갑다고 생각하는 건 자네가 아직 수의 영혼을 보지 못했기 때문이라네. 리라의 줄을 절반으로 줄이면 한 옥타브 높은 화음이 나오지. 이 완벽한 2:1의 비율이 없다면 음악은 그저 소음일 뿐이라네. 수는 세상을 옭아매는 사슬이 아니라, 혼돈 속에 숨겨진 천상의 화음을 드러내는 유일한 언어라네. 별들의 움직임부터 꽃잎의 배치까지, 수학은 신이 세상을 조율할 때 사용한 악보와 같지. 나는 수를 계산하는 게 아니라, 수를 통해 우주의 질서와 내 영혼을 일치시키는 중이라네.

강이성: 스승님이 꿈꾸던 수의 세상은 이제 인공지능이 지배하는 세상이 되었습니다. 인공지능은 모든 것을 수로 계산해 예측하고 정답을 내놓지만, 사람들은 오히려 수에 지배당하며 삶의 여유와 리듬을 잃어가고 있습니다. 이러한 우리에게 어떤 조언을 해주시겠습니까?

피타고라스: 자네 이야기를 들어 보니 세상을 수로 이해하고 있는 것 같아 반가운 일이네. 하지만 정작 그 수가 품은 신성한 의미와 그들이 합주하는 우주의 음악은 듣지 못하고 있군. 인공지능이 내뱉는 수많은 해답들은 그저 흩어진 낱개의 음표일 뿐이라네. 음표가 산더미처럼 쌓여 있다고 해서 그것이 반드시 아름다운 교향곡이 되는 것은 아니지. 그대들은 숫자의 양量에만 집착한 나머지, 수와 수 사이의 거룩한 비례와 조화를 잃어버렸네.

현악기의 줄이 너무 팽팽하면 끊어지고 너무 느슨하면 소리가 나지 않듯, 우리의 삶도 수의 질서 안에서 적절한 긴장을 찾아야 하지. 기계가 내놓는 무미건조한 정답에 자네들의 삶을 억지로 끼워 맞추지 말고, 자네의 영혼이 우주의 박동과 고르게 공명하고 있는지 스스로 물어 보게나. 수학의 본질은 인간을 지배하는 칼날이 되는 것이 아니라 만물을 하나로 묶는 균형의 예술을 지향하는 것이라네.

인공지능이 아무리 정교한 수치를 제시해도, 그것을 삶의 아름다운 화음으로 승화시키는 것은 오직 인간의 깨어 있는 의지에 달려 있다네. 수의 노예가 되어 끌려다니지 말고, 우주라는 거대한 악기

   수학을 다시 시작할 결심

앞에 서서 그대들만의 고유한 인생을 연주하길 바라네.

3. 역설의 마법사 제논

─**[타임머신 도착 기록]**──────────────

- 날짜: 기원전 450년 11월 03일, 밤 10시 48분
- 장소: 고대 그리스 엘레아, 해안 절벽 위에 세워진 외딴 저택의 어두운
  서재
- 분위기: 창밖에서는 차가운 이오니아해의 파도가 바위에 부딪히고 있
  지만, 서재 안은 모든 움직임이 정지된 듯한 침묵뿐이다. 책상 위에는
  정교하게 말린 파피루스 두루마리들이 어지럽게 놓여 있고, 올리브유
  를 채운 등잔이 불을 밝히며 매캐한 연기를 올린다.

강이성: 스승님, 아킬레스 같은 용사가 거북이를 추월하는 건 눈
깜짝할 새 일어나는 지극히 당연한 현실 아닙니까? 이렇게 명백한
사실을 불가능하다고 우기시는 것은 도무지 이해가 안 됩니다. 그
리고 왜 이 어두운 방 안에서 눈을 감고 계신 건가요?

제논: 자네는 아직도 변덕스러운 눈과 귀가 전해주는 감각에 속고
있군, 그래. 눈을 뜨고 세상을 보면 모든 것이 움직이는 듯 보이지

만, 이성의 불을 켜고 들여다보게.

아킬레스가 거북이의 발자국을 뒤쫓는 그 짧은 순간에도 거북이는 이미 다음 지점으로 달아나 버리지. 이처럼 쫓음과 달아남이 영원히 반복되는 찰나의 미로 속에 갇힌다면 결코 빠져나올 수 없다네.

내가 눈을 감고 있는 건, 눈에 보이는 가짜 움직임에 속지 않고 오직 변하지 않는 존재의 진실을 보기 위함이라네. 움직임이란 건 결국 인간의 감각이 만들어낸 정교한 착각일 뿐이라네.

강이성: 스승님의 말씀을 듣고 보니 우리가 사는 디지털 세상이 떠오릅니다. 우리가 보는 영상도 사실 정지된 사진들의 연속일 뿐이니까요.

인공지능 역시 흐르는 삶을 데이터라는 단면으로 잘라 분석하지

     수학을 다시 시작할 결심

만, 우리는 그 박제된 정보에 매몰되어 삶의 본질을 놓치고 있습니다. 이러한 시대에 사는 우리는 무엇을 보아야 할까요?

제논: 그대들의 세상 역시 내가 말한 화살의 역설이라는 함정에 빠져 있군. 날아가는 화살을 찰나로 쪼개면 매 순간 화살은 공간의 한 점에 멈춰 있을 뿐이지. 정지한 순간들을 수만 번 이어 붙인들 그것이 어떻게 스스로 움직이는 생명력이 되겠는가.

인공지능의 데이터란 결국 이 멈춰버린 단면들을 모아 놓은 무덤일 뿐이라네. 기계가 제아무리 정교한 수치를 내놓아도 그 조각들 사이에는 삶의 흐름이라는 숨결이 빠져 있지. 데이터라는 정지된 허상에 속아 인생의 매끄러운 연속성을 잊지 말아야 할걸세.

화살을 과녁으로 이끄는 힘은 정지된 단면이 아니라 그것을 꿰뚫고 지나가는 살아있는 의지에 있다네. 인공지능이 정답이라는 점을 찍을 때 자네는 그 점들 사이의 틈새를 보게나.

기계는 점을 찍을 뿐 그 점들을 연결해 의미 있는 선을 그을 수는 없다네. 차가운 정지 화면을 뚫고 나가는 주체적인 삶의 궤적이야말로 기계가 계산할 수 없는 인간만의 위대함이라는 것을 잊지 말기 바라네.

> "인공지능의 속도가 제 아무리 빨라도, 인간이 멈춰서서 "왜?"라고 묻는 그 시간만큼은 결코 따라잡지 못한다네."

4. 영원불변한 이데아의 질서를 세운 플라톤

- 일시: 기원전 387년 5월 14일, 오후 2시 15분
- 장소: 고대 그리스 아테네, 아카데미아 정문 앞의 올리브 나무 숲길
- 분위기: 아카데미아 정문 위에는 "기하학을 모르는 자는 이곳에 들어오지 마라"라는 서슬 퍼런 문구가 새겨져 있다. 플라톤은 흰색 키톤 chiton 을 입고 제자들과 함께 천천히 숲길을 거닐고 있다. 공기 중에는 올리브 잎의 쌉싸름한 향과 진리를 탐구하는 학도들의 낮은 속삭임이 섞여 있다.

강이성: 스승님, 아카데미아 정문에 저렇게 무시무시한 문구를 써 붙이신 이유가 무엇인가요?

철학을 배우러 온 사람들에게 왜 굳이 따분한 기하학부터 익히라

수학을 다시 시작할 결심

고 강요하시는 건지, 스승님의 깊은 뜻이 궁금합니다.

플라톤: 기하학이 따분하다니! 기하학은 인간의 눈을 속이는 이 가변적인 세상을 넘어, 영원히 변하지 않는 이데아^{idea}의 세계로 나아가는 유일한 길이라네.

우리 눈에 보이는 삼각형은 선이 삐뚤빼뚤할 수 있지만, 머릿속에서 정의된 완벽한 삼각형은 영원히 오차 없는 진리이지. 감각의 감옥에 갇혀 그림자만 보는 자는 결코 본질을 이해할 수 없네.

내가 기하학을 강조한 건, 사물의 겉모습에 휘둘리지 않고 보이지 않는 완벽한 질서를 찾아내는 사유의 힘을 길러 주기 위함이었네. 수학적 훈련을 거치지 않은 정신으로는 정의^{正義}나 선^善 같은 더 높은 진리의 빛을 감당할 수 없기 때문이라네.

강이성: 말씀을 듣고 보니, 현대의 인공지능이야말로 불완전한 현상을 모아 '가짜 이데아'를 만드는 거대한 공장 같다는 생각이 듭니다. 인공지능은 우리가 남긴 수많은 흔적^{데이터}을 학습해 정답을 내놓지만, 그것은 결국 삐뚤빼뚤한 현실을 수조 번 복제해 만든 가장 그럴듯한 그림자일 뿐이죠.

하지만 사람들은 기계가 만든 이 그림자를 진리라고 믿으며 스스로 생각하는 것을 멈추고 있습니다. 스승님은 이 거대한 디지털 동굴 속에 갇힌 우리에게 어떤 경고를 주시겠습니까?

플라톤: 자네들의 세상은 내가 말한 '동굴의 비유'가 더 교묘해진 형태인 것 같군. 인공지능이 내놓는 화려한 결과물은 결국 인간이

남긴 파편화된 그림자들을 기계가 엮어 만든 환상에 불과하다고 생각하네. 사람들은 그 환상이 주는 편리함에 취해 버리게 되지. 그래서 스스로 진리의 태양을 향해 동굴 밖으로 나오려는 노력을 포기하고 있는 거지.

기계가 만든 동굴의 벽면에 비친 그림자를 진실이라 믿지 말게나. 인공지능은 답을 주지만, 그것이 왜 선한지 또는 그것이 본질적인지 아닌지에 대한 사유는 자네들의 몫이라네.

그림자가 만들어 내는 수많은 환상들 속에서 자네들의 영혼이 침몰하지 않으려면, 기계가 보여 주는 허상에서 벗어나 자네 안의 이성적 통찰을 깨워야 하네.

그림자를 다루는 기술자가 되는 것이 아니라, 보이지 않는 이데아를 꿈꾸는 자유로운 영혼이 되어야 하네. 그것만이 기계가 만든 그림자에서 벗어나 인간의 존엄을 되찾는 길이라네.

> "인공지능이 만드는 가짜 영상과 가짜 뉴스에 속지 말게. 화면 밖 진짜 현실을 만지고 느끼는 감각을 기르게."

   수학을 다시 시작할 결심

5. 논리로 기하학의 성을 쌓은 유클리드

- 일시: 기원전 300년 10월 22일, 오전 10시 45분
- 장소: 이집트 알렉산드리아, 알렉산드리아 도서관 내부 연구실
- 분위기: 높은 천장 아래 수천 개의 파피루스 두루마리가 벽면을 가득 채우고 있다. 창틈으로 쏟아지는 지중해의 강렬한 햇살이 공중에 떠다니는 미세한 먼지를 비춘다. 유클리드는 책상 위에서 컴퍼스와 곧은 막대기를 이용해 정교한 원과 직선을 그리고 있다. 그의 옆에는 수없이 고쳐 쓴 증명 과정이 적힌 파피루스 뭉치가 쌓여 있다.

강이성: 스승님, 방금 프톨레마이오스 왕이 기하학을 좀 더 쉽게 배우는 지름길이 없느냐고 물었을 때, "기하학에는 왕도가 없습니다"라고 단칼에 거절하셨다면서요? 아니, 조금 쉽게 가르쳐 줄 수도

있는 것 아닌가요?

유클리드: 허허, 왕이라 해도 진리의 문 앞에서는 평범한 학도일 뿐이라네. 기하학은 단순히 도형을 그리는 기술이 아니라, 명백한 진리인 공리에서 시작해 단 하나의 빈틈도 허용하지 않는 논리의 사슬을 엮어 가는 과정이지. 이 사슬에서 고리 하나만 생략해도 전체는 무너지고 만다네. 스스로 고뇌하며 한 단계씩 증명해 나가는 그 고통스러운 과정을 건너뛴다면, 그가 얻은 지식은 모래 위에 쌓은 성과 같아서 금세 허물어질 걸세. 진리란 지름길을 찾는 자가 아니라, 정직하게 한 걸음씩 걷는 자에게만 자신의 얼굴을 보여 주는 법이라네.

강이성: 그런 스승님의 논리는 현대의 알고리즘이 되어 인공지능을 탄생시켰습니다. 이제 기계는 스승님이 평생을 바쳐 증명한 것들을 단 몇 초 만에 처리해 내지요. 하지만 사람들은 증명 과정을 생략한 채 기계가 내놓는 결과에만 안주하고 있습니다. 이 '과정이 실종된 시대'를 어떻게 보시나요?

유클리드: 그대들의 세상은 지식의 열매는 풍성하되, 그 뿌리를 살피는 힘은 빈약하군. 인공지능이 내놓는 결과가 아무리 완벽해 보여도, 그것이 왜 정답인지를 스스로 논리적으로 설명할 수 없다면 그것은 그대의 지식이 아니라 기계의 명령일 뿐이지. 내가 기하학의 체계를 세운 건, 인간이 자신의 이성만으로 얼마나 단단한 진리의 성벽을 쌓을 수 있는지 보여 주기 위함이었네.

기계가 주는 달콤한 편리함에 취해 그대들의 도구인 생각하는 근

   수학을 다시 시작할 결심

육을 썩게 두지 말게나. 결과라는 도착지보다 훨씬 중요한 것은, 그 결과에 도달하기까지 단 한 치의 논리적 비약도 허용하지 않는 빈틈 없는 사유의 여정 그 자체라네. 인공지능이 모든 것을 대신해 주는 시대일수록, 그대들은 더욱 치열하게 논리적으로 따져 물어야 하네. 근본 원리를 의심하고, 오직 스스로의 힘으로 증명해 보여야 하네. 단순히 정답만을 외우는 자는 머지않아 기계에 의해 대체되겠지만, 정답이 도출되는 우주의 원리를 설계하고 비판하는 자는 영원히 지혜의 주인으로 남을 것이네.

> "기계의 답을 베끼지 말고, 논리로 무장하여 스스로 지혜의 주인이 되길 바라네."

6. 유레카를 외친 아르키메데스

> **[타임머신 도착 기록]**
> - 일시: 기원전 212년 11월 12일, 오후 2시 10분
> - 장소: 시칠리아 시라쿠사, 아르키메데스의 집 뒷마당
> - 분위기: 밖에서는 시라쿠사를 점령한 로마군의 함성과 약탈 소리가 들려오지만, 이곳은 기이할 정도로 정적에 싸여 있다. 백발의 노학자 아르키메데스는 모래 위에 정교한 원과 나선들을 그리며 깊은 사색에 잠겨 있다. 그의 손에는 나뭇가지 하나가 들려 있고, 눈빛은 로마군의 칼날보다 더 날카롭게 자신이 그린 기하학적 형상들을 꿰뚫고 있다.

강이성: 스승님, 지금 성 밖은 로마군이 쳐들어와서 아수라장인데 여기서 한가하게 모래 위에 그림이나 그리고 계시면 어떡합니까! 어서 피하셔야죠. 이까짓 원이 목숨보다 더 소중한 건가요?

아르키메데스: 도대체 자네는 무슨 말을 하는가! 이 원들은 단순한 그림이 아니라 우주의 질서가 고스란히 담긴 암호라네. 세상의 왕조는 바뀌고 전쟁은 일어났다 사라지지만, 구球의 부피와 그것을 둘러싼 원기둥의 비율은 영원히 변하지 않지. 나는 지금 죽음을 기다리는 게 아니라, 영원불멸한 진리를 붙잡고 있는 것이라네. 자네 눈에는 성을 부수는 로마군의 투석기가 보이겠지만, 내 눈에는 그 투석기를 움직이는 지렛대의 원리가 보일 뿐이야. 나에게 적당한 지점과 긴 지렛대만 준다면, 나는 이 지구조차 들어올릴 수 있다네.

강이성: 스승님의 직관은 이제 인공지능과 로봇이 되어 인류를 대신합니다. 기계는 인간보다 수만 배 강력하고 정밀하지만, 우리는

     수학을 다시 시작할 결심

그 안락함에 길들여져 '유레카!'를 잊어버렸습니다. 무감각한 천재 기계의 시대에 우리는 어떻게 살아야 하나요?

아르키메데스: 자네들의 세상은 도구가 신의 영역에 닿았으되, 그것을 다루는 인간의 가슴은 차갑게 식어 버렸군. 내가 목욕탕에서 벌거벗은 채 거리로 뛰쳐나왔던 건, 기계가 준 정답 때문이 아니라 내 머릿속에서 번뜩인 깨달음의 불꽃 때문이었다네. 인공지능이 자네들 대신 지렛대를 사용해 줄 수는 있겠지. 하지만 그 지렛대가 움직이는 순간의 경이로움까지 대신 느껴 줄 수는 없지 않겠나.

기계가 주는 편리함이라는 감옥에 갇혀 자네들만이 가진 발견의 기쁨을 포기하지 말게. 인공지능이 계산한 수치보다, 자네가 직접 모래 위에 선을 그으며 고민 끝에 찾아낸 단 하나의 원리가 훨씬 더 값진 법이라네. 기계의 힘을 빌리되, 자네의 호기심까지 기계에게 맡기지는 말아야 한다는 말일세.

진정한 유레카는 정답을 건네받을 때가 아니라, 안개 속을 헤매다 스스로 빛을 발견할 때 터져 나오는 법. 기계는 결코 알 수 없는 그 환희야말로 우리가 기계의 부속품이 아님을 증명하는 유일한 증거라네. 그러니 부디, 기계가 건네는 왕관에 만족하지 말고 그대만의 순금을 가려낼 통찰의 눈을 뜨게.

> "기계가 일자리를 뺏는다고 한탄하지 말게. 기계라는 지렛대를 쥐고 세상을 어디로 옮길지 그대만의 유레카를 외쳐보게."

7. 미지수의 고독, 디오판토스

> **━[타임머신 도착 기록]━**
>
> - 날짜: 250년 10월 27일, 오후 5시 32분
> - 장소: 이집트 알렉산드리아, 도심의 소음이 차단된 석조 저택의 서재
> - 분위기: 창살 사이로 스며든 황금빛 석양이 공중의 먼지를 가로질러 파피루스를 비춘다. 벽면 가득한 두루마리들이 서재를 무거운 정적으로 채우는 가운데, 노학자 디오판토스는 잉크 배인 손으로 갈대 펜을 쥔다. 그는 낯선 기호들을 촘촘히 적어 내려가며 무언가를 찾는 표정이다.

강이성: 이곳 서재에 쌓인 수많은 방정식에는 유독 정수와 유리수에 대한 집착이 느껴집니다. 방정식의 해가 무수히 많을 수 있는데도, 왜 딱 떨어지는 수만 해로 고집하시는지요?

수학을 다시 시작할 결심

디오판토스: 세상은 무질서해 보이지만, 사실은 그 바탕에 딱 맞아떨어지는 수의 질서가 숨어 있네. 나는 그 흐트러짐 없는 정교한 퍼즐 조각을 찾고 싶은 것이지. 끝없이 펼쳐진 수의 바다에서 길을 잃지 않으려면, 흔들리지 않는 확실한 답을 붙잡아야 하네. 그것이 내가 정수해整數解를 고집하는 이유라네. 훗날 누군가 내 묘비명을 보며 내 나이를 계산할 때도, 모호하게 흩어지는 숫자가 아니라 한 인간의 삶을 완성하는 명확한 숫자를 발견하길 바란다네.

강이성: 스승님의 방정식 연산은 이제 인간의 마음마저 변수로 계산하는 거대한 알고리즘이 되었습니다. 우리는 기계가 내놓은 정답에 길들여져, 정작 스스로 삶의 해답을 구하는 법을 잊어가고 있습니다. 이러한 시대에 우리에게 어떤 조언을 해주시겠습니까?

디오판토스: 자네들은 내가 만든 작은 옹달샘을 거대한 바다로 키워 냈군. 하지만 명심하게. 인공지능이 계산하는 수조 개의 변수는 결국 과거의 흔적일 뿐이라네. 기계가 제아무리 정교하게 자네의 미래를 값으로 산출한다 해도, 그것은 통계가 만들어 낸 평균의 감옥이지. 방정식에서 진실로 숭고한 가치는 단순히 매끄러운 해를 구하는 결과에 있는 것이 아니라, 그 해를 찾아가는 고통스러운 과정 속에서 자네의 이성이 번뜩였던 그 깨달음의 순간에 있네. 인공지능이 대신 풀어준 답은 결코 자네의 것이 아니란 말일세.

기계가 만든 최적의 경로에 몸을 맡기기보다, 자네 인생이라는 고유한 방정식에 자네 스스로 해를 계산해서 대입해 보고 그 결과를 책임지는 주체적인 이성을 잃지 말아야 하네. 기계가 내놓은 계산된 정답보다 수만 배 위대한 것은, 정답이 보이지 않는 막막한 생의 순간에도 스스로 등호(=)를 긋고 삶의 균형을 완성하려 했던 자네의 치열한 여정이라는 사실을 뼛속 깊이 새겨 두기 바라네.

8. 0과 알고리즘의 알콰리즈미

[타임머신 도착 기록]
- 날짜: 830년 9월 22일, 오전 08시 15분
- 장소: 바그다드, '지혜의 집 Grand Library of Baghdad' 내실에 연결된 분수 정원
- 분위기: 화려한 아라베스크 문양의 타일 사이로 시원한 분수가 솟구치고 있다. 종이 뭉치와 천문 관측 기구들이 빼곡한 테이블 앞에 앉아, 인도에서 건너온 신비로운 숫자 '0'과 대수학의 원리를 정리하던 중년의 학자 알콰리즈미가 인자한 미소로 강이성을 맞이한다.

강이성: 스승님, 아무것도 없다는 뜻의 '0'을 숫자로 사용하신 건 정말 혁명적이에요! 대체 어떻게 '없음'을 '있음'으로 바꿀 생각을 하셨나요?

알콰리즈미: 이 지혜는 내가 홀로 만든 것이 아니라네. 저 멀리 인

도의 현명하신 수학자 브라마굽타가 '0'을 숫자로 대접하며 세운 토대 위에 내가 벽돌을 올린 것뿐이지. 그가 '없음'을 수학의 중심으로 끌어들였기에, 나 또한 복잡하게 엉킨 문제들을 누구나 따라 할 수 있는 명확한 절차algorithm로 정리할 수 있었네. 자네는 0을 그저 '아무것도 없음'으로만 보는군. 하지만 나에게 0은 모든 숫자가 제 자리를 찾게 해주는 기준점이라네. 0이 없다면 우리는 거대한 수를 표기할 수도, 복잡한 방정식을 단순하게 정리할 수도 없지. 그래서 내게는 0이 무한한 가능성의 시작이라네. 비어 있는 공간이 있어야 비로소 물건을 채울 수 있듯, 0이라는 빈자리가 생김으로써 수학은 비로소 무한한 수의 흐름을 통제할 수 있게 된 것이 아니겠나?

강이성: 스승님이 세우신 그 '절차'는 저희 시대에서는 인공지능 알고리즘이 되어 인간의 모든 결정을 대신하고 있습니다. 문제는 사람들이 스스로 생각하기보다 기계가 만든 알고리즘에 영혼 없이 몸

을 맡기고 있다는 점입니다. 알고리즘의 창시자로서, 기계에 길들여진 채 주체성을 잃어 가는 저희에게 어떤 충고를 해주시겠습니까?

알콰리즈미: 내가 정립한 알고리즘은 인간의 이성이 진리에 더 빨리 닿도록 돕는 지팡이였지, 결코 인간의 생각을 가두는 울타리가 아니었네. 지금 인류를 보니, 마치 내가 짠 계산법 속에 갇혀 스스로 판단할 줄 모르는 수동적인 기계가 되어 버린 것 같아 안타깝군. 인공지능 알고리즘은 이미 쌓인 데이터를 흉내 낼 뿐, 브라마굽타와 내가 그랬던 것처럼 텅 빈 무無의 상태에서 새로운 세계를 창조해 내지는 못 한다네.

기계가 제안하는 효율적인 계산값이 정답이라 믿으며 자네의 직관을 가두지 말아야 한다네. 기계가 말해 주지 않는 여백을 읽고, 아무것도 없는 곳에서 새로운 질문을 던지는 창조적 상상력을 회복하기 바라네. 수만 번의 기계적인 계산보다 위대한 것은 단 한 번의 독창적인 도약이라네. 기계가 짠 판 위에서 움직이는 수동적인 존재가 아니라, 판의 규칙 너머를 상상하고 주도하는 정신의 주인이 되는 것. 그것이야말로 알고리즘이 지배하는 세상에서 자네들이 지켜야 할 인간만의 창조성이라고 믿네.

> "알고리즘의 노예가 되어 추천해 주는 대로 살지 말게. 자네의 하루하루를 구성하는 인생의 알고리즘은 직접 짜야 하네."

     수학을 다시 시작할 결심

9. 자연의 암호를 해독한 피보나치

- 날짜: 1202년 10월 05일, 오후 1시 02분
- 장소: 이탈리아 피사, 아르노강이 내려다보이는 언덕 위 저택의 정원
- 분위기: 지중해의 투명한 가을 햇살이 아르노강에 아름다운 윤슬을 만들고 있다. 여행가 차림의 피보나치가 무릎 위에 토끼 한 쌍을 올려둔 채, 방금 꺾은 데이지 꽃잎의 개수를 손가락으로 하나씩 세며 신비로운 미소를 짓고 있다.

강이성: 스승님, 아랍의 상인들 사이에서 배운 낯선 숫자들을 이탈리아로 가져오셨다고 들었습니다.

우리는 그걸 아라비아 숫자라고 부른답니다. 아, 그런데 왜 토끼

는 안고 계세요? 그리고 이 종이 위에 적힌 숫자들은 무엇인가요?

피보나치: 허허, 이건 이 세상을 지으신 분이 숨겨놓은 성장의 암호지. 내가 이것을 발견했을 때, 마치 신이 숨겨놓은 보물지도를 발견한 기분이었다네. 토끼 한 쌍이 새끼를 낳고, 그 새끼가 다시 새끼를 낳는 규칙을 말이야.

앞의 두 숫자를 더해 다음 숫자가 되는 이 단순한 리듬이 이 세상 곳곳에 숨어 있더라고. 해바라기 씨앗의 배열과 솔방울의 비늘에서도 나는 신의 보물지도를 발견하였다네.

자연은 결코 무작위로 움직이지 않아. 가장 효율적이면서도 가장 아름다운 비율을 숫자로 노래하고 있지. 성스러운 비율, 황금비율 말일세. 그건 단순히 계산의 결과가 아니라, 생명이 살아남기 위해 선택한 위대한 설계라고 믿고 있다네.

강이성: 하지만 스승님, 지금 인류는 큰 위기에 빠졌습니다. 인공지능이 스승님이 찾으신 그 황금비율을 이용해서 인간보다 더 완벽한 그림을 그리고, 더 아름다운 음악을 만들어 내거든요. 그것도 아주 순식간에 말이지요. 이제 사람들은 기계가 만든 완벽한 가짜에 눈을 뺏겨 버렸답니다. 우리가 기계의 하수인으로 전락할 것 같아 두렵습니다.

피보나치: 그대는 기계가 그린 매끈한 황금비율을 보며 감탄하는가? 하지만 그것은 오직 계산으로만 존재하는 죽은 숫자일 뿐일세. 인공지능이 만든 수열은 오류가 없겠지만, 거기엔 생존을 위한 생

     수학을 다시 시작할 결심

명의 치열함이 빠져 있지.

자연 속에서 발견할 수 있는 수열은 비바람을 견디고 햇빛을 한 줌이라도 더 받으려 애쓰는 생명의 눈물겨운 노력 끝에 피어난 생존의 기록이라네. 기계가 내놓는 매끈한 정답에 중독되어 자네의 살아 있는 감각을 마비시키지 말게나.

인공지능이 복제한 가짜 완벽함에 길들여지기보다, 거친 흙먼지 속에서 비틀거리며 피어난 꽃 한 송이가 간직한 그 경이로운 질서를 직접 만져 보게나.

기계는 황금비율을 계산할 수는 있어도, 생명이 가진 그 살아있는 떨림에 진심으로 감동할 수는 없다네. 그러니 차가운 데이터에 영혼을 맡기지 말고, 자연의 신비 앞에 멈춰 서서 진심으로 감탄할 줄 아는 인간만의 뜨거운 감수성을 되찾도록 하게나.

그것이 무미건조한 기계 지능의 하수인으로 전락하지 않기 위해 자네들이 지켜야 할 마지막 보루이자 인간의 위엄이라 믿네.

> "기계는 규칙만 보지만, 인간은 그 속에서 아름다움과 생명력을 보네. 숫자가 아닌 가치를 창조하기 바라네."

10. 계산의 지옥에서 인류를 구한 네이피어

- 날짜: 1614년 02월 11일, 오후 11시 47분
- 장소: 스코틀랜드 에든버러, 머치스턴 성 꼭대기 층의 어두운 서재
- 분위기: 성벽을 때리는 북대서양의 거센 바람이 창틀을 흔들고, 멀리서 들려오는 거친 파도 소리가 서재의 무거운 정적을 깨뜨린다. 서재 안은 지난 20년간 그가 계산한 과정이 메모되어 있는 수천 장의 종이 뭉치들로 발 디딜 틈이 없다. 낡은 책상 위, 위태롭게 흔들리는 촛불 한 자루가 노학자 네이피어의 깊게 패인 주름과 퀭한 눈을 비춘다.

강이성: 스승님, 이 어둡고 추운 성안에서 무려 20년 동안이나 숫자들과 씨름하신 이유가 무엇인가요? 수천 자릿수의 곱셈을 하느라 일생을 다 보내시는 것이 억울하지는 않으셨습니까?

수학을 다시 시작할 결심

네이피어: 허허, 억울하다니… 나는 내 인생을 바쳐 세상 모든 학자의 수명을 늘려 주고 있는 것이라네. 지금도 천문학자들은 별의 궤도를 계산하느라 평생을 곱셈의 늪에서 허우적거리고 있지. 나는 그 거대한 곱셈의 산을 덧셈이라는 평지로 바꾸고 싶었다네. 이 로그표를 보게나. 산더미처럼 거대한 숫자들을 한 손에 잡히는 가벼운 숫자로 바꾸어 놓는 마법의 표라네. 인간의 정신을 짓누르던 엄청난 계산의 스트레스를 없애고 더 넓은 우주를 바라볼 시간을 벌어 주려 한 것이라네. 내가 20년 동안 이 종이더미와 싸운 덕분에, 누군가는 창밖의 우주를 한 번 더 바라볼 여유를 얻었으니 나는 그것만으로도 충분히 행복하고 감사하다네.

강이성: 스승님이 주신 그 여유 덕분에 저희는 지금 인공지능이라는 경이로운 계산 기계까지 만들어 냈습니다. 하지만 기계가 모든 계산을 대신해 주니, 인류는 그저 기계가 뱉어 내는 결과값에만 매달리며 생각의 근육이 퇴화하고 있거든요. 계산의 고통을 없애주신 스승님이 보시기에, 이 생각을 생략한 풍요의 시대에 저희는 어떻게 살아야 할까요?

네이피어: 내가 로그를 만든 이유는 인간을 계산에서 해방시켜 더 높은 차원의 생각을 할 수 있도록 돕기 위함이었지, 그런데 그대들은 아예 생각을 중단했단 말이군. 휴우, 그건 내가 결코 원했던 것이 아니라네. 자네 시대의 인류는 기계라는 비서에게 주인 자리를 내준 격이군. 로그표가 있어도 그것을 어떻게 활용할지 모르면 종이 쪼가

리에 불과하듯, 인공지능이 답을 줘도 그 과정의 원리를 모른다면, 그건 그대들이 기계에게 사로잡힌 포로에 불과하다는 뜻이네.

기계가 계산의 수고로움을 가져갔다면, 자네들은 그 남은 시간에 더 집요하게 세상의 구조를 고민해야 하네. 기계는 답을 주지만, 그 답이 왜 옳은지 증명하는 직관의 눈은 오직 인간만의 것이라네. 편리함에 속아 사고의 날을 무디게 하지 말고, 기계가 줄여 준 시간만큼 제발 더 깊고 넓게 생각하여야 하네. 엄청난 계산을 쉽게 함으로써 얻게 되는 시간을 더 높은 차원의 생각을 하는 데 사용하라는 것, 그것이 바로 내가 로그를 만든 진짜 이유라네.

> "기계가 계산의 노동을 덜어준 건 축복이라네. 그 대가로 얻은 시간에 기계는 절대 하지 못할 질문을 만들어 내게."

11. 진정한 용기의 소유자 갈릴레이

[타임머신 도착 기록]

- 날짜: 1633년 6월 27일, 오후 6시 14분
- 장소: 이탈리아 로마, 검찰관의 감시를 받는 임시 거처
- 분위기: 창문 너머로 로마 교황청의 거대한 실루엣이 보이고, 방안은 숨이 막힐 듯 정적만 흐른다. 고령으로 눈이 침침해진 갈릴레이가 작은 망원경의 렌즈를 헝겊으로 닦고 있는데, 탁자 위에는 그의 저서 《천문 대화》 원고가 놓여 있다.

수학을 다시 시작할 결심

강이성: 스승님, 며칠 전 종교재판소 문을 나서시며 "그래도 지구는 돈다"라고 혼잣말을 하셨다고 소문이 자자합니다. 자칫하면 목숨이 위태로운 상황에서도 무엇이 스승님을 그토록 고집스럽게 만든 건가요?

갈릴레이: 권력이 내 입을 막을 수는 있어도 하늘의 별들까지 멈추게 할 수는 없지 않나. 나는 단지 내 눈으로 직접 보고, 수학으로 증명된 진실을 말했을 뿐이라네. 내가 믿는 신은 성경뿐만 아니라, 우주라는 거대한 책도 함께 만드셨지. 이 책은 수학이라는 언어로 쓰였다는 말을 자네도 들은 바가 있을걸세. 내가 망원경을 통해 본 것은 단순한 별이 아니라, 기하학적 법칙에 따라 한 치의 오차 없이 움직이는 신의 설계도였다네. 특히 목성의 위성들을 본 순간, 우주는 더 이상 인간이 만든 교리 속에 갇혀 있는 것이 아니라는 걸 깨달

았지. 진실이라는 것은 믿는 것이 아니라 관찰하고 증명하는 것이라네.

강이성: 스승님, 저희 시대에는 인공지능이라는 도구가 나타나 직접 밤하늘을 보지 않아도 우주의 지도를 그려 내고 앞날을 예측한답니다. 사람들은 이제 기계가 도출한 계산값을 절대적인 진리로 맹신하며 생각하기를 멈추고 있습니다. 인공지능의 권위에 복종하는 저희에게 어떤 조언을 해주시겠습니까?

갈릴레이: 그대들의 세상은 내가 겪고 있는 종교재판 대신, 데이터라는 새로운 종교와 알고리즘이라는 권위적 교황에게 복종하고 있군! 인공지능이 내놓는 수치가 아무리 정교할지라도, 그것은 우주의 겉모습을 흉내 낸 통계일 뿐이라네. 내가 만약 세상 사람들이 진리라 믿고 있는 데이터, 곧 천동설에 안주했다면 지구가 태양을 돈다는 사실은 영원히 암흑 속에 갇혔을 걸세.

기계가 내놓는 그럴듯한 정답 앞에 무릎 꿇지 말고, 자네의 두 눈으로 세상을 직접 보고 자네의 머리로 끊임없이 의심하게나. 인공지능은 수조 번의 연산을 수행할 순 있어도, 기존의 낡은 상식을 깨부수고 진리를 향해 고독하게 나아가는 비판적 용기는 결코 가질 수 없다네.

기계가 그려 준 가짜 지도를 믿기보다, 직접 망원경을 들고 미지의 어둠 속을 관찰하는 주체적인 관찰자가 되게나. 다수가 정답이라고 외치는 편견의 물결 속에서도 "그래도 진실은 이것이다"라고

수학을 다시 시작할 결심

외칠 수 있는 용기. 그것이야말로 인간이 인공지능과 공존하는 시대에 끝까지 지켜야 할 인간의 존엄이자 품격이라네.

> "인공지능이 거짓을 진리라고 말할 때, 자네의 상식과 양심으로 그것이 거짓이라고 말할 용기를 잃지 말게."

12. 하늘의 음악을 숫자로 받아 적은 케플러

[타임머신 도착 기록]

- 날짜: 1609년 11월 10일 오후 9시 4분
- 장소: 보헤미아 왕국 프라하, 성벽 근처의 초라하고 비좁은 다락방
- 분위기: 깨진 창 틈으로 스며든 삭풍이 촛불을 위태롭게 흔들고, 방 안은 스승 티코 브라헤가 남긴 방대한 관측 기록지들이 미로처럼 쌓여 압도적인 중압감을 자아낸다. 낡은 외투를 두 겹이나 걸친 케플러가 갓 출간된 그의 저서 《신천문학》에서 화성 궤도가 묘사된 페이지를 보고 있다.

강이성: 스승님, 정말 지독하십니다! 화성의 궤도가 원이 아니라 타원이라는 걸 밝혀내기 위해 방대한 관측 자료를 무려 8년 동안이나 다시 계산하셨어요. 왜 그렇게까지 하셨나요? 사람들 모두 행성은 완벽한 원으로 돌아야 한다고 믿고 있고 스승님도 원래는 그렇게 믿고 계셨잖아요?

케플러: 말도 말게. 나라고 왜 고민이 없었겠나? 나 역시 우주는 완벽한 원의 조화로 이루어졌다고 믿고 싶었지. 하지만 데이터에 나타난 '8분(약 0.13도)의 오차'가 계속해서 마음에 걸렸지. 사람들은 그 작은 차이를 무시하라고 했지만, 나는 그 사소한 수치 속에 신이 숨겨 놓은 진짜 목소리가 있지 않을까 생각했다네. 설마 아리스토텔레스 같은 현인이 엉뚱한 이야기를 하지는 않았겠지 하는 맹신도 있었지만 말일세. 그래서 8년 동안이나 수천 번의 계산 실수를 반복하며 나 자신과 싸웠지. 결국 행성 궤도가 타원일 수밖에 없다는 결론을 얻게 되었다네. 진실은 화려한 이론이 아니라, 가장 정직하고 고통스러운 계산의 끝에서만 얼굴을 보여 주는 법이라네.

강이성: 스승님을 8년이나 괴롭힌 그 오차를 우리 시대 인공지능은 순식간에 해결해 버립니다. 인간이 깊이 고민할 틈도 없이, 기계가 가공한 결과만을 정답이라며 내놓고 있습니다. 오차를 끌어안고

   수학을 다시 시작할 결심

진실을 구했던 스승님. 이러한 후손들을 위해 어떤 조언을 해주시겠습니까?

케플러: 자네들의 기계는 패턴을 찾을 순 있어도, 그 속에서 어떤 경외심을 느낄 수는 없다네. 기계가 나열한 수천 개의 데이터는 우주의 겉껍질일 뿐, 그 이면에 흐르는 신성한 조화와 음악은 오직 인간의 영혼만이 읽어 낼 수 있지. 내가 8년 동안 화성의 궤도와 씨름한 것은, 단순히 답을 맞히기 위해서가 아니라 8분의 오차 속에 숨겨진 우주의 질서를 내 영혼으로 직접 느끼고 싶었기 때문이라네.

지금 인류는 기계가 떠먹여 주는 정답에 익숙해져, 진리를 찾아가는 과정의 숭고함을 잃어버렸어. 편리함에 속아 생각의 근육이 약해질까 걱정이라네. 음식을 스스로 씹어 먹어야 튼튼한 치아를 갖게 되듯, 자네들도 정답만 삼키는 게으름을 버리고 고통스러운 사유의 인내심을 회복해야 할걸세.

기계가 내놓는 수천 개의 그래프보다, 자네가 직접 밤하늘을 보며 느끼는 단 한 번의 경이로움과 그 전율이 더 소중하다는 것을 잊지 말게. 눈앞의 숫자 너머에 존재하는 우주적 가치를 끝까지 읽어 내려는 의지. 그것이야말로 인공지능이 절대로 도달할 수 없는 인간 지성의 위엄이라는 것을 잊지 말게나.

> "기계는 효율만 따지지만, 우주는 신비로 가득하다네. 효율성이라는 감옥에 갇혀 상상력을 포기하지 말게."

13. 생각의 좌표를 만든 의심의 끝판왕, 데카르트

─[타임머신 도착 기록]─

- 날짜: 1619년 11월 11일, 오전 10시 15분
- 장소: 독일 울름 근처, 작은 농가의 난로가 놓인 방
- 분위기: 간밤의 폭설로 창밖은 온통 소리마저 하얗게 지워버린 흰 세계다. 방안은 잉걸불이 남은 난로 덕에 훈훈한 기운이 감돈다. 데카르트는 담요를 덮고 침대에 반쯤 비스듬이 누워 있다. 그의 배 위에는 책 한 권이 펼쳐져 있고, 간밤의 강렬한 꿈을 잊지 않으려는 듯, 그의 눈빛은 맑고 예리하다.

강이성: 스승님은 세상 모든 것을 의심하셨다면서요? 하지만 사실 사회생활 해보면 알잖아요. 사사건건 의심하고 "그게 진짜야?"라고 묻는 사람, 주변에서 정말 싫어하거든요.

수학을 다시 시작할 결심

스승님도 학계나 종교계에서 그런 따돌림과 비난을 받으셨을텐데요. 혼자서 그런 고독함을 어떻게 견디셨나요?

데카르트: 하하하, 따돌림이라니! 나는 오히려 그들이 나를 혼자 내버려두기를 바랐다네. 사람들이 나를 좋아하게 만들려고 애쓰는 것보다, 내겐 변함 없는 진리를 찾는 것이 훨씬 중요했거든. 남들의 시선이라는 건 아침 안개와 같아서 해가 뜨면 사라지지만, 진리는 영원히 남는 법이지.

내가 네덜란드의 고독 속으로, 또 이름모를 전쟁터로 떠돌며 살았던 건 생각할 자유를 지키기 위해서였네. 비난하는 자들의 입막음을 고민할 시간에 나는 내 머릿속의 안개를 걷어 내는 데 집중했지. 진짜 외로운 건, 친구가 없는 게 아니라 내 생각이 어디로 가는지 모르는 채 군중 속에 휩쓸려 다니는 것이라네.

강이성: 그런 강단이 있으셨기에 근대 철학이 시작되었군요. 하지만 지금 우리 시대는 의심이 사라진 시대입니다. 인공지능이 이게 정답이라고 말하면, 모두 그게 정답이려니 하고 아무런 의심도 하지 않고 믿어 버리죠.

기계가 주는 효율성에 중독되어 스스로 판단하는 고통을 피한다고 할까요? 스승님은 후손에게 어떤 가르침을 해주시고 싶으신가요?

데카르트: 내가 보기에 그대들은 기계가 만들어 놓은 안락한 감옥에 갇혀 있는 것 같네. 인공지능이 만드는 환상을 진실이라고 믿으

며 자아를 잃어 가고 있다고 생각되네.

인공지능이 주는 답은 기계가 수집한 남들의 생각들을 그럴듯하게 버무린 것이지. 그런 것이 어떻게 자네의 생각이란 말인가?

내가 왜 모든 것을 의심했겠나? 그토록 고집스럽게. 심지어 나 자신까지도 의심할 정도로 말이지. 그것은 남이 준 지식으로는 내 영혼을 단 한 걸음도 움직이지 못하기 때문이라네. 의심의 끝에서 나 스스로 만들어 낸 생각, 그것이 나를 성장하게 만드는 것이라네.

기계가 답을 줄 때, 제발 한 번만이라도 물어보게. "이게 왜 맞지?"라고. 남들에게는 삐딱하게 보이더라도 물어 보라고. 의심해 보라고. 모든 것을 의심해 보게. 아니, 일단 전부 부정해 보란 말일세. 그렇게 끝까지 가 본 사람만이 비로소 주인이 될 수 있네. 자기 생각의 진짜 주인 말이야.

기계의 노예로 살고 싶은가? 아니라면 편리함이라는 달콤한 독을 뱉어 내게. 스스로 생각한다는 건 고통스러운 일이네. 아주 고독한 싸움이지. 하지만 그 고통을 기꺼이 껴안아야 하네. 그것만이 자네라는 존재를 기계와 구별지을 수 있는 유일한 길이니까.

> "기계 때문에 길을 잃지 말고, 이성이라는 좌표계 위에서 그대만의 길을 찾기 바라네."

 수학을 다시 시작할 결심

14. 우주의 질서를 수식으로 나타낸 뉴턴

- 날짜: 1666년 10월 4일, 오후 3시 27분
- 장소: 영국 울스소프, 뉴턴의 고향 집 사과나무 아래
- 분위기: 흑사병을 피해 내려온 젊은 뉴턴이 나무 그늘 아래서 사색에 잠겨 있다. 바람이 불자 잘 익은 사과 하나가 툭 하고 바닥으로 떨어진다. 뉴턴은 그 사과를 빤히 바라보다가 갑자기 노트에 무언가를 빠르게 적어 내려가기 시작한다.

강이성: 스승님, 정말 궁금해서 여쭤 봅니다. 정말로 저 사과가 나무에서 떨어지는 걸 보고 중력의 법칙을 발견하신 건가요?

뉴턴: 사과가 떨어지는 것 자체는 하나도 중요하지 않다네. 사과

가 익으면 떨어지는 건 누구나 아는 당연한 이치 아니겠는가? 하지만 나는 그 당연함에 질문을 던졌던 것이지. 사과가 왜 하필이면 아래로만 떨어져야 하는가? 왜 옆으로 가거나 위로 솟구치지 않는가? 자네는 그런 생각을 안 해보았나?

오랫동안 우주의 질서를 고민하던 중에 사과가 떨어지는 장면을 보게 되었지. 그러자 내 머릿속의 수많은 생각 조각이 하나로 통합되더군. 사과를 땅으로 잡아당기는 힘이 저 하늘의 달도 붙잡고 있다는 사실을 말이야.

진리라는 건 어느 날 갑자기 하늘에서 뚝 떨어지는 게 아니라, 늘 고민하고 사색하던 사람에게 자연이 건네는 마지막 퍼즐 조각 같은 것이라네. 남들이 당연하다고 고개를 끄덕일 때, 나는 "왜?"라는 질문을 멈추지 않았을 뿐이지.

강이성: 남들과 다르게 보는 시각이 중요한 것이군요. 하지만 인공지능이 스승님의 법칙을 활용해 모든 물리 현상을 순식간에 시뮬레이션해 줍니다. 사람들은 이제 사과가 왜 떨어지는지 같은 것은 고민할 필요가 없게 되었지요. 그저 기계가 주는 효율적인 답만 얻으면 되니까요. 이러한 생각의 아웃소싱 시대를 어떻게 보시나요?

뉴턴: 자네들은 지금 큰 착각을 하고 있군. 계산이 빠르다고 해서 지혜가 깊어지는 것은 아니라네. 인공지능이 수조 개의 데이터를 처리해 답을 내놓는다고 해도, 그것은 우주의 법칙을 이해한 것이 아닐세.

　　　　　　　　　　　수학을 다시 시작할 결심

나는 사과가 떨어지는 그 사소한 찰나에서도 우주 전체를 관통하는 질서를 찾아내려 했네. 그 한 줄의 수식을 얻기 위해 영혼을 쥐어짜는 고독을 견뎠단 말일세.

기계가 주는 편리함을 거부하게나. 우주를 향해 질문을 던지는 자네들의 귀한 능력을 고작 계산의 속도와 맞바꾸지 말라는 뜻이라네.

인공지능은 답을 빠르게 줄 순 있어도, 당연한 현상에 의문을 품는 인간의 직관은 흉내 낼 수 없지. 왜 이 답이 성립하는지, 그 기저에 흐르는 변하지 않는 법칙이 무엇인지 고뇌하는 과정은 오직 인간의 몫이라네.

데이터의 양에 압도되지 말고 처리 속도에 놀라지 말게나. 오히려 침잠하여 변화의 기저에 흐르는 변하지 않는 법칙이 무엇일까 찾도록 하게. 그러한 끈질긴 노력이 자네의 생각에 단단한 힘을 길러 줄 테니 말이야.

내가 그랬던 것처럼, 진리의 바닷가에서 조개를 줍는 아이처럼 그 탐구의 과정을 오롯이 즐기길 바라네. 그럴 때 비로소 자네는 기계가 감히 넘볼 수 없는 진정한 지혜의 주인이 될 수 있을 걸세.

"유행처럼 변하는 기술에 흔들리지 말게. 기계는 잘 이용하되, 늘 '왜?'라고 물으며, 오직 그대만의 눈으로 변하지 않는 법칙을 찾게."

15. 기계의 영혼을 설계한 튜링

[타임머신 도착 기록]

- 날짜: 1942년 1월 30일, 오후 9시 34분
- 장소: 영국 블레츨리 파크, 제8동 ^{Hut 8} 연구실
- 분위기: 등화관제의 짙은 어둠 속, 연구실은 암호 해독기 봄브 ^{Bombe} 의 육중한 기계음으로 가득하다. 며칠 밤을 지샌 튜링은 핼쑥한 얼굴로 책상에 구부정하게 앉아, 암호 해독지 위로 연필을 바삐 움직이고 있다. 셔츠 소매를 걷어붙인 채 몰입한 그의 눈빛이 날카롭게 빛난다.

강이성: 스승님, 독일군의 그 난공불락이라는 에니그마 암호를 풀기 위해 거대한 기계를 만드셨습니다. 동료들은 사람의 머리로 풀어야 한다며 비웃는데, 왜 스승님은 굳이 기계에 맞설 수 있는 것은 기계뿐이라며 이 거대한 쇳덩어리에 집착하시는 건가요?

수학을 다시 시작할 결심

튜링: 사람의 두뇌는 위대하지만, 자정이 되면 모든 경우의 수를 리셋해 버리는 저 에니그마의 변덕을 상대하기엔 너무나 느리고 감정적이라네. 생각해 보게나. 10의 20승이나 되는 경우의 수로 암호의 조합을 바꿔버린단 말일세. 에니그마는 자비가 없는 완벽한 논리의 기계지. 그 차가운 기계의 논리를 무너뜨리기 위해선, 우리도 그만큼 정교하게 생각하는 기계를 가져야만 하였네.

나는 지금 단순히 암호를 푸는 것이 아니라, 인간의 사고를 무한히 확장할 수 있는 새로운 지능의 탄생을 지켜 보고 있다네. 이 기계가 톱니바퀴를 멈추고 정답을 뽑아 내는 순간, 전쟁은 끝날 것이고 수백만 명의 평범한 이들이 죽음의 문턱에서 집으로 돌아가게 될 걸세. 당연하게도 기계는 인간을 파괴하기 위해서가 아니라, 인간이 하기 어려운 일을 도와 주기 위해 존재해야 하네.

강이성: 인류는 스승님의 기계를 인공지능이라 부르며 놀라움과 두려움의 대상으로 삼고 있습니다. 기계가 인간의 모든 지능을 흡수해 버린 2026년, 이제는 기계가 인간의 영혼까지 모방하려 드는 이 시대에 우리가 끝까지 지켜 내야 할 것은 무엇일까요?

튜링: 자네, 내가 에니그마를 풀고 나서 왜 그 사실을 평생 비밀로 부쳐야 했는지 아나? 때로는 진실을 알고도 침묵해야 하고, 전체를 위해 소수를 희생시켜야 하는 그 말할 수 없는 고통 때문이었다네. 인공지능은 수만 가지의 정답을 내놓겠지만, 자네가 짊어진 그 고독한 선택의 무게까지 대신해 주지는 않아. 기계는 효율을 계산하

지만, 인간은 사랑과 신념을 위해 기꺼이 비효율을 선택하지.

내가 자네들에게 주고 싶은 마지막 열쇠는 바로 해독할 수 없는 인간의 마음이라네. 기계가 자네들의 모든 지식을 읽어 내더라도, 타인을 위해 눈물 흘리고, 부당한 권력에 저항하며, 정답이 없는 삶을 묵묵히 견뎌 내는 그 숭고한 비밀만큼은 결코 기계가 해독할 수 있게 두지 말게. 완벽한 지능보다 위대한 건, 상처받으면서도 끝내 인간이기를 포기하지 않는 그 고결한 자부심이라네.

"기계가 인간을 흉내 낼 때 겁먹지 말게. 기계는 완벽을 흉내 내지만, 인간은 실수와 방황을 통해 세상을 바꾸니까."

16. 다시 현실로 돌아오다

강이성은 튜링과의 마지막 대화를 수첩에 정성껏 기록한다.

"명심하게. 기계는 아무리 똑똑해도 설계된 논리회로 안에서만 움직이네. 틀리는 것조차 계산된 결과일 뿐이지."

이내 뜨거운 확신이 실려 있는 튜링의 목소리가 빠르게 달렸다.

"하지만 인간은 논리 너머의 모순을 안고 살아간다네. 정답이 없는 삶의 파도 속에서 방황하게, 가끔은 계산에 어긋나는 선택을 하란 말일세. 끝내 설명할 수 없는 감정에 눈물 흘리는 그 '비논리적인 불완전함'이야말로 자네들을 인간이게 하는 유일한 증거라네. 기계

  수학을 다시 시작할 결심

가 완벽해질수록, 자네들은 더 기꺼이 인간답게 흔들리게나.”

강이성은 떨리는 손으로 수첩에 그의 말을 옮겨 적었다.

‘기계는 정해진 길을 가지만, 인간은 방황하며 길을 만든다.’

‘기계가 가질 수 없는 인간만의 불완전한 아름다움’

“잊지 않겠습니다, 선생님.”

강이성은 깊은 존경의 마음으로 작별 인사를 드린다. 튜링이 옅은 미소를 지으며 다시 암호해독지로 고개를 돌리는 순간, 강이성을 감싸고 있던 과거의 공기가 거세게 진동하기 시작했다.

동기화 종료를 알리는 경고음이 귓가를 파고들었고, 1942년 블레츨리 파크의 어두운 풍경이 비눗방울처럼 산산이 흩어졌다. 대신 양자 체임버의 금속 벽면이 무서운 속도로 실체화되었다.

“중첩 해제 완료. 관찰자 현행 좌표 확정.”

강이성은 눈을 뜬다. 2026년의 현실이었다.

하지만 그의 손에는 양자역학의 기적이 남긴 산물인 듯, 15인의 수학자가 건넨 지혜가 빼곡히 적힌 수첩이 쥐어져 있었다.

집으로 돌아온 강이성은 정신이 어찔하다. 양자 동기화 체임버의 유일한 탑승자가 된 것도 그렇지만, 열다섯 명의 현인을 만나고 돌아왔다는 것은 정말 꿈만 같다. 보통 꿈에서 얻은 좋은 아이디어는 속히 기록해 놓지 않으면 어느새 사라진다. 그래서 그는 얼른 수첩을 열어 본다.

수첩에 꼼꼼하게 적은 기록들. 특히 하이라이트로 표시한 부분들. 짧았지만 한순간 한순간이 놀랍고 감사한 순간들이었다.

"이제 알겠어. 인공지능의 정답은 길을 비추는 등불일 뿐, 내 발걸음까지 대신해 줄 수는 없다는 걸. 가끔 기계의 답을 거절하고 험한 길에서 방황할지라도, 끝까지 생각하기를 포기하지 않는 뜨거운 의지. 그것만이 나를 기계와 구별해주는 인간의 특징인 거야. 이러한 인간성으로 우리는 인공지능을 대해야 할 거라고 믿어. 너무 두려워할 것도 너무 무시할 것도 아닌, 우리와 공존하는 또 다른 지능인 것이지."

창밖으로 일렁이는 도시의 불빛을 보며 강이성은 어쩐지 새 힘으로 충만해지는 것을 느낀다. 기계는 따라 할 수 없는 생각의 힘, 그

　　　　　　　　　수학을 다시 시작할 결심

리고 마음의 근육을 믿기로 했기 때문일 것이다. 그는 이제 기계라면 결코 알 수 없는 '자유롭고 아름다운 인간의 밤'을 한순간도 놓치지 않고 느끼고 싶어졌다. 심호흡을 크게 한다. 그리고 수첩을 품에 안고 도시의 심장을 정면으로 응시한다.

저자의 권장도서

1. **재미있는 수학여행(30주년 기념판 1~4권)**

   김용운·김용국, 김영사, 2021.

   수학사를 오랫동안 연구한 두 형제 교수가 정리한 수학의 역사책으로 총 4권으로 구성되었으며, 수, 논리, 기하, 공간이라는 수학 세계에 대해 청소년 독자를 중심으로 알기 쉽게 설명해 줍니다.

2. **세상을 바꾼 위대한 오답**

   김용관, 궁리, 2017.

   수학의 역사를 관통하는 흥미로운 오답과 논쟁들을 통해, 수학적 '정답'이 실은 수많은 위대한 오답과 오류, 그리고 치열한 탐구 끝에 얻게 되는 결실임을 깨닫게 해줍니다.

3. **수학의 반전 – 풀지 않고 생각하는 수학**

   에드워드 B. 버거·마이클 스타버드 지음, 고석구 옮김, 경문사, 2015.

   창의적인 질문과 비전형적인 접근법을 통해 독자들의 수학적 사고력과 문제 해결 능력을 한 단계 높이는 데 도움을 줍니다.

4. **수학자 도감**

   혼마루 료 지음, 김소영 옮김, 뜨인돌 출판사, 2023.

   시대를 빛낸 위대한 수학자들의 삶과 업적을 청소년의 눈높이에 맞춰 쉽고 재미있게 설명합니다.

5. **유클리드의 원론**

   유클리드 지음, 박병하 옮김, 아카넷, 2022.

   한국연구재단총서 학술 명저 번역 시리즈 중 하나로, 인류 최초의 완벽한 논리 체계이자 기하학의 바이블인 유클리드의 《원론》을 번역하였습니다.

 수학을 다시 시작할 결심

6.   오일러 상수 감마

줄리언 해빌 지음, 고종숙 옮김, 승산, 2008.

수학사의 위대한 천재 중 한 명인 레온하르트 오일러의 방대한 업적을 깊이 있게 다루는 전문 교양서입니다.

7.   천재들의 수학 노트

박부성, 향연, 2003.

세상을 바꾼 위대한 수학자 9명의 독특한 인생 여정과 치열했던 지적 순간들을 흥미로운 이야기로 담아냈습니다.

8.   페르마의 마지막 정리

사이먼 싱 지음, 박병철 옮김, 영림카디널, 2022.

시골 도서관에서 수학사 최대 난제이자 350년간 수많은 수학 천재들을 좌절시켰던 페르마의 마지막 정리를 만난 수학자 앤드루 와일즈가 일생을 걸고 정리를 증명해 나간 이야기입니다.

9.   괴델의 증명

어니스트 네이글·제임스 뉴먼 지음, 곽강제 옮김, 승산, 2010.

20세기 수학과 논리학에 큰 혁명을 일으킨 '괴델의 불완전성 정리'를 다루며, 앨런 튜링의 계산 이론이 탄생하는 배경 지식도 함께 제공합니다.

10. 앨런 튜링의 이미테이션 게임

앤드루 호지스 지음, 김희주·한지원 옮김, 동아시아, 2015.

현대 컴퓨터과학의 아버지, 천재 암호해독가 앨런 튜링의 파란만장한 생애와 그가 20세기 역사와 과학에 남긴 혁명적인 공헌을 심도 깊게 추적한 정통 전기입니다.

11. 세상은 수학이다

고지마 히로유키 지음, 허명구 옮김, 해나무, 2008.

자연수부터 분수, 무리수, 그리고 허수에 이르기까지, 인간이 수를 발전시켜 온 과정을 설명하며, 수가 곧 세상을 바라보는 틀이자 수학적 사고의 기초임을 깨닫게 해줍니다.

12. 수학으로 생각하는 힘

키트 예이츠 지음, 이충호 옮김, 웅진지식하우스, 2020.

수학을 문제 풀이가 아닌 생각하는 방법으로 안내하며, 수학적 사고방식을 일상생활의 문제 해결과 의사결정에 접목하여 실용적인 생각의 기술을 강조합니다.

13. 수학, 문명을 지배하다

모리스 클라인 지음, 박영훈 옮김, 경문사, 2021.

고대부터 현대에 이르기까지, 수학이 단순한 학문을 넘어 철학, 예술, 과학, 건축 등 인류 문명 발전에 끼친 영향을 역사적 관점에서 스토리텔링합니다.

14. 처음 읽는 수학의 세계사

우에가키 와타루 지음, 오정화 옮김, 탐나는책, 2023.

고대 오리엔트 수학부터 미적분에 이르기까지, 인류 문명의 위대한 발전과 수학의 역사를 하나의 거대한 이야기로 설명합니다.

15. 수학자가 아닌 사람들을 위한 수학

모리스 클라인 지음, 노태복 옮김, 승산, 2016.

자연 속에 숨겨진 비밀과 패턴을 수학자들이 어떻게 명제라는 논리적 진술로 포착하고 체계화했는지, 그 과정을 인류의 역사적 흐름에 따라 설명합니다.

16. 이토록 재미있는 수학이라니

리여우화 지음, 김지혜 옮김, 미디어숲, 2020.

수론, 도형, 미적분, 확률 등 다양한 분야의 흥미로운 수학 이야기를 난이도별 레벨로 구성하여, 수학이 세상에서 가장 재미있는 놀이이자 지적 유희임을 깨닫게 해줍니다.

17. 수학자, 컴퓨터를 만들다

마틴 데이비스 지음, 박정일 외 옮김, 지식의풍경, 2005.

현대 컴퓨터가 세상에 등장하기까지 결정적인 역할을 했던 라이프니츠, 부울, 칸토어, 괴델, 튜링 등 위대한 수학자들을 소개합니다.

